普通高等教育材料成型及控制工程
系列规划教材

特种焊接/连接技术

李亚江　陈茂爱　等编著

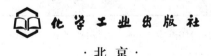

化学工业出版社

·北京·

特种焊接/连接技术是指除常规焊接方法（如焊条电弧焊、埋弧焊、气体保护焊）之外的先进焊接技术，众多的高新技术成果与特种焊接/连接技术有着密切的联系。本书对近年来受到人们关注的先进的特种焊接/连接技术（如激光焊、电子束焊、扩散连接、搅拌摩擦焊、超声波焊等）的原理、特点及应用前景等作了较系统阐述，反映出近年来特种焊接/连接技术的发展。

　　本书可作为普通高等院校本科生或研究生材料成型及控制工程、焊接科学与工程专业的教材，也可供与焊接技术相关的工程技术人员参考。

图书在版编目（CIP）数据

特种焊接/连接技术/李亚江，陈茂爱等编著. —北京：
化学工业出版社，2015.12
普通高等教育材料成型及控制工程系列规划教材
ISBN 978-7-122-25410-8

Ⅰ.①特… Ⅱ.①李… ②陈… Ⅲ.①焊接-高等学校-
教材 Ⅳ.①TG456

中国版本图书馆 CIP 数据核字（2015）第 243081 号

责任编辑：陶艳玲　　　　　　　　　　　　装帧设计：刘剑宁
责任校对：李　爽

出版发行：化学工业出版社（北京市东城区青年湖南街 13 号　邮政编码 100011）
印　　刷：北京永鑫印刷有限责任公司
装　　订：三河市宇新装订厂
787mm×1092mm　1/16　印张 13　字数 321 千字　2016 年 2 月北京第 1 版第 1 次印刷

购书咨询：010-64518888（传真：010-64519686）　售后服务：010-64518899
网　　址：http://www.cip.com.cn
凡购买本书，如有缺损质量问题，本社销售中心负责调换。

定　　价：35.00 元

前　　言

特种焊接/连接技术是指除常规焊接方法（如焊条电弧焊、埋弧焊、气体保护焊等）之外的先进焊接技术。历史上每一种热源的出现，都伴随新的焊接/连接工艺的出现并推动了焊接技术的发展。特种焊接/连接技术在科技进步和社会发展中发挥了重要的作用，众多的高新技术成果与特种焊接/连接技术有着密切的联系。

《特种焊接/连接技术》课程是材料成型及控制工程和焊接专业教学体系中一门重要的专业选修课。本课程以开阔学生视野和培养学生的科技创新能力为出发点，对一些先进的特种焊接/连接方法（如激光焊、电子束焊、扩散连接、搅拌摩擦焊等）的原理、特点及应用前景等作了简明阐述，力求突出科学性、先进性和新颖性等特色。

本书内容反映出近年来特种焊接/连接技术的发展，有助于扩展学生分析和解决问题的思路，培养学生了解先进的特种焊接/连接技术的基本方法，为学生从事本学科或其他相关学科的技术工作打下专业基础。学生应在完成有关基础课和专业基础课的基础上，才能进行本课程的学习。

本书由山东大学李亚江、陈茂爱等编著。参加本书编写的还有江苏科技大学邹家生、严铿、夏春智；山东建筑大学张元彬、刘鹏、李嘉宁；山东科技大学胡效东；山东大学王娟、孙俊生。马群双、刘坤、魏守征等参加全书图、表整理和多媒体课件编辑。

本书可作为普通高等学校本科、高职高专焊接技术与工程、材料成型及控制工程（焊接方向）本科生和研究生的教材，也可供与焊接技术相关的工程技术人员参考。

由于编著者的水平所限，书中不妥之处，敬请读者批评指正。

编著者

2015 年 6 月

目 录
CONTENTS

第1章 概　　述

特种连接技术是指除了常规的焊接方法（如焊条电弧焊、埋弧焊、气体保护焊等）之外的一些先进的连接方法。特种连接技术对于一些特殊材料及结构的焊接具有非常重要的作用，推动了社会和科学技术的进步。特种连接技术在航空航天、电子、计算机、核动力等高新技术领域中得到应用，并已扩大应用到国民经济生产的许多部门，创造了巨大的经济和社会效益。

1.1　特种连接方法的分类及发展

1.1.1　特种连接方法的分类

近半个世纪以来，随着近代物理、化学、材料科学、机械、电子、计算机等学科的发展，连接技术已经取得令世人瞩目的进展，成为制造业中不可缺少的基本制造技术之一。特别是近年来随着计算机与自动化技术的渗透，连接技术已经发展成为具有一定规模的机械化、半自动化和自动化焊接的独立加工领域。

这里所说的连接技术是指通过适当的手段，使两个分离的物体（同种材料或异种材料）产生原子或分子间结合而连接成一体的连接方法，不包括常规的机械连接（如螺栓连接、铆接和胶接等）。

连接需要外加能量，主要是热能。连接技术几乎运用了一切可以利用的热源，其中包括火焰、电弧、电阻、超声波、摩擦、等离子弧、电子束、激光、微波等。特种连接技术是指除了常规的焊接方法（如焊条电弧焊、埋弧焊、气体保护焊、电阻焊等）之外发展起来的一些先进的连接方法，如电子束焊、激光焊、等离子弧焊、扩散焊、摩擦焊、超声波焊等。众多的高新技术成果与这些先进的特种连接技术有着十分密切地联系。

从19世纪末出现的碳弧焊到20世纪末的微波焊的发展来看，历史上每一种热源的出现，都伴随着新的连接工艺的出现并推动了连接技术的发展。至今焊接热源的研究与开发仍未终止，新的连接方法和新工艺仍在不断涌现。特种连接技术已经渗透到国民经济的各个领域，对促进社会发展和技术进步起着非常重要的作用。

适用于焊接的不同热源的功率密度区域如图1.1所示。常用焊接热源的功率密度集中程度示意图如图1.2所示。随着热源功率密度的不同，熔化连接热源的功率密度可分为如下四个区域。

① 低功率密度区，功率密度约小于 $3 \times 10^2 \, \mathrm{W/cm^2}$。这时，热传导散失大量的热，被加热材料只有轻微的可以略而不计的熔化，这种热源难于实施对金属的焊接。

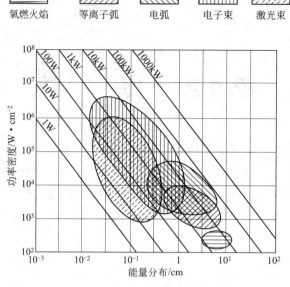

图1.1 适用于焊接的不同热源的功率密度区域

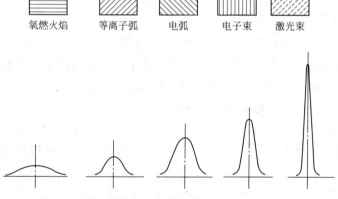

图1.2 常用焊接热源的功率密度集中程度示意图

② 中功率密度区，功率密度范围为 $3\times10^2\sim10^5\,\mathrm{W/cm^2}$。这时的热过程以径向导热为主，材料被加热熔化，几乎没有蒸发，绝大多数常规焊接方法的功率密度都在这个范围内，如氧-乙炔火焰、电弧焊（焊条电弧焊、埋弧焊、气体保护焊等）、等离子弧焊等。

③ 高功率密度区，功率密度范围为 $10^5\sim10^9\,\mathrm{W/cm^2}$。处于此范围内的焊接方法主要是电子束焊、激光焊和大功率等离子弧焊，这时除材料被熔化外，还有大量蒸发，强烈的蒸发会在熔池中产生小孔。

④ 超高功率密度区，功率密度大于 $10^9\,\mathrm{W/cm^2}$。这时的蒸发更厉害，高功率的脉冲激光聚焦成很小的束斑时即出现这种情况。超高功率密度的脉冲激光束可用于打孔，其加工的小孔精度高，小孔侧壁几乎不受热传导的影响。

科学技术的发展推动了焊接技术不断进步，使新的焊接方法不断产生。关于焊接方法的分类，传统意义上通常分为熔化焊（fusion welding）、压力焊（pressure welding）和钎焊（brazing and soldering）三大类；其次，再根据不同的加热方式、焊接工艺特点将每一大类方法细分为若干小类。但随着连接技术的飞速发展，新的连接技术不断涌现，原先的分类法变得越来越模糊。从冶金角度看，可将连接方法分为液相连接（即熔化连接）和固相连接（包括液-固相连接）两大类，见表 1.1。不同连接方法的温度、压力及过程持续时间的对比如图 1.3 所示。

表 1.1 连接方法的分类

根据母材是否熔化	大类	小类（划分举例）	是否易于自动化
液相（熔化）连接 利用一定的热源,使构件被连接部位局部熔化,然后再冷却结晶成一体的方法	气焊	氧-氢火焰	△
		氧-乙炔（丙烷）火焰	△
		空气-乙炔（丙烷）火焰	△
	电弧焊	焊条电弧焊	△
		非熔化极气体保护焊（TIG）	O
		熔化极气体保护焊（MIG、MAG）	O
		CO_2 气体保护焊	O
		埋弧焊	O
	电渣焊	丝极、板极电渣焊	O
	电阻焊	点焊、缝焊	O
	高能束流焊	电子束焊	O
		激光焊	O
		等离子弧焊	O
固相连接 利用摩擦、扩散和加压等作用,在固态条件下实现连接的方法	压力焊	冷压焊	△
		热压焊	O
		爆炸焊	△
		超声波焊	△
	扩散焊	真空扩散焊	△
		瞬间液相扩散焊	△
		超塑性成形扩散焊	△
	摩擦焊	连续驱动摩擦焊	O
		惯性摩擦焊	O
		搅拌摩擦焊	O

注:O 为易于实现自动化,△ 为难以实现自动化。

熔化焊属于最典型的液相连接。将材料加热至熔化，利用液相熔池的相容实现原子间的结合，即为液相连接。液相熔池由被连接母材和填充材料共同构成，填充材料可以是同质的，也可以是异质的。熔化焊时接头的形成主要靠加热手段，因此根据不同的热源，可把熔化焊分为气焊、电弧焊、电渣焊、电阻焊和高能束流焊等。

高能束流加工是用光量子/电子/等离子为能量载体的高能量密度束流（如激光束、电子束、等离子弧）实现对材料和构件加工的新型特种加工方法。高能束流焊（或高能密度焊），是指焊接功率密度比通常的氩弧焊（TIG、MIG）或 CO_2 气体保护焊高的一类焊接方法。严格地讲，焊接能量和焊接功率密度是两个不同的概念，但二者具有相关性。习惯上，人们在谈及高能密度焊时，常常被认为是高功率密度焊（功率密度大于 $10^5\ W/cm^2$），如电子束焊、激光焊、等离子弧焊等。

固相连接（solid phase welding）可分为两大类，一类是温度低、压力大、时间短的连接方法，通过塑性变形促进工件表面的紧密接触和氧化膜破裂，塑性变形是形成连接接头的

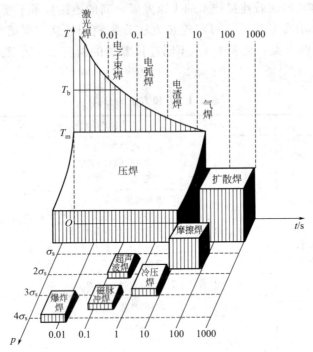

图 1.3　不同连接方法的温度、压力及过程持续时间的对比

主导因素。属于这类的连接方法有摩擦焊、爆炸焊、冷压焊和滚轧焊等，通常把这类连接方法称为压力焊。另一类是温度高、压力小、时间相对较长的扩散连接方法，一般是在保护气氛或真空中进行。这种连接方法仅产生微量的塑性变形，界面扩散是形成接头的主导因素。属于这一类的连接方法主要是扩散连接（diffusion welding），如真空扩散焊、瞬间液相扩散焊、热等静压扩散焊、超塑性成形扩散焊等。

　　有的教材或书籍把扩散连接方法归类到压力焊范畴，但以扩散为主导因素的扩散连接和以塑性变形为主导的压力焊在连接机理、方法和工艺上是有很大区别的。特别是近年来随着各种新型结构材料（如高技术陶瓷、金属间化合物、复合材料、非晶材料等）的迅猛发展，扩散连接的研究和应用受到各国研究者的普遍关注，新的扩散连接工艺不断涌现，如瞬间液相扩散焊、超塑性成形扩散焊等。再把扩散连接归类为压力焊已不适宜，把以扩散为主导因素的扩散连接列为一种独立的连接方法已逐渐成为人们的共识。

　　钎焊属于典型的液-固相连接。钎焊连接时，选用比母材熔点低的填充材料（钎料），在低于母材熔点、高于钎料熔点的温度下，通过熔融钎料与母材的相互作用并借助熔化钎料的毛细作用填满被连接件间的间隙，冷却凝固形成牢固的接头。钎焊时只有钎料熔化而母材保持固态，故为液-固相连接。

　　摩擦焊（friction welding）是在外力作用下，利用焊接接触面之间的相对摩擦和塑性流动所产生的热量，使接触面及其附近区域金属达到粘塑性状态并产生适当的宏观塑性变形，通过两侧材料间的相互扩散和动态再结晶而实现焊接。多年来，摩擦焊以其高效、节能、无污染的技术特色，深受制造业的重视，特别是近年来开发的搅拌摩擦焊新技术，利用搅拌头高速旋转，特型指棒迅速钻入被焊板的焊缝，与金属摩擦生热形成很薄的热塑性层。一方面，轴肩与被焊板表面摩擦，产生辅助热；另一方面，搅拌头和工件相对运动时，在搅拌头前面不断形成的热塑性金属转移到搅拌头后面，填满后面的空腔，形成连续的焊缝。

搅拌摩擦焊（stir friction welding）是 20 世纪 90 年代初由英国焊接研究所开发出的一种专利焊接技术，它可以焊接采用熔化焊方法较难焊接的有色金属。搅拌摩擦焊具有连接工艺简单、焊接接头晶粒细小、疲劳性能、拉伸性能和弯曲性能良好、无需焊丝、无需使用保护气体以及焊后残余应力和变形小等优点。

搅拌摩擦焊已在欧、美等发达国家的航空航天工业中应用，并已成功应用于在低温下工作的铝合金薄壁压力容器的焊接，完成了纵向焊缝的直线对接和环形焊缝沿圆周的对接。该技术及其工程应用开发已在新型运载工具的新结构设计中采用，在航空航天、交通和汽车制造等产业部门也得到应用。搅拌摩擦焊的主要应用领域见表 1.2。

表 1.2　搅拌摩擦焊的主要应用领域

领域	应　用
船舶和海洋工业	快艇、游船的甲板、侧板、防水隔板、船体外壳、主体结构件、直升机平台、离岸水上观测站、船用冷冻器、帆船桅杆和结构件
航空、航天	运载火箭燃料贮箱、发动机承力框架、铝合金容器、航天飞机外贮箱、载人返回舱、飞机蒙皮、衍条、加强件之间连接、框架连接、飞机壁板和地板连接、飞机门预成形结构件、起落架仓盖、外挂燃料箱
铁道车辆	高速列车、轨道货车、地铁车厢、轻轨电车
汽车工业	汽车发动机引擎、汽车底盘支架、汽车轮毂、车门预成形件、车体框架、升降平台、燃料箱、逃生工具等
其他工业	发动机壳体、冰箱冷却板、天然气和液化气贮箱、轻合金容器、家庭装饰、镁合金制品等

我国的搅拌摩擦焊工艺开发时间还不长，但发展很快，在焊接铝及铝合金方面受到极大重视，在航空航天、交通运输工具的生产中有很好的前景，在异种材料的焊接中也初露头角。搅拌摩擦焊工艺将使铝合金等有色金属的连接技术发生重大变革。

1.1.2　高能束流焊接现状及发展

高能束流（high energy density beam）加工技术包含了以激光束、电子束和等离子弧为热源对材料或构件进行特种加工的各类工艺方法。作为先进制造技术的一个重要发展方向，高能束流加工技术具有常规加工方法无可比拟的特点，并已扩展应用于新型材料的制备和特殊结构的制造领域。高能束热源以其高能量密度、可精密控制的微焦点和高速扫描技术特性，实现对材料和构件的深穿透、高速加热和高速冷却的全方位加工，在高技术领域和国防科技发展中占有重要地位。

（1）高能束流加工的特点

高能束流加工技术是利用功率密度大于 10^5 W/cm^2 的热源（如激光束、电子束、等离子弧等）对材料或结构进行的特种加工技术。这里所指的"加工技术"不仅仅是把材料加工制成具有先进技术指标的构件，还包括利用高能束流制备新型材料。

20 世纪 80 年代以后，高能束流加工技术呈现出加速发展的趋势。在世界高科技市场竞争中，一些发达国家相继建立了各自的研究开发中心，支持开展高能束流加工技术的研究和应用工作。我国在这一领域的研究和应用也取得了高速发展。

高能束流由单一的光量子、电子和等离子或两种以上的粒子组合而成，高能束流焊接的功率密度达到 10^5 W/cm^2 以上。几种常见热源的功率密度见表 1.3。属于高功率密度的热源有：等离子弧、电子束、激光束、复合热源（激光束＋电弧）等。高能束流焊热源功率密度的比较如图 1.4 所示。

表 1.3　几种常见热源的功率密度

热源		最小加热面积 /cm²	功率密度 /W·cm⁻²		正常焊接温度 /K
光	聚焦的太阳光束	—	$(1\sim2)\times10^3$		—
	聚焦的氙灯光束	—	$(1\sim5)\times10^3$		—
	聚焦的激光	—	$10^7\sim10^9$		—
电弧	电弧(0.1MPa)	10^{-3}	1.5×10^4		6000
	钨极氩弧(TIG)	10^{-3}	1.5×10^4		8000
	熔化极氩弧(MIG)	10^{-4}	$10^4\times10^5$		$8000\sim9000$
高能束流	等离子弧	10^{-5}	射流 $10^4\sim10^5$	$18000\sim24000$
			束流 $10^5\sim10^6$	
	电子束	10^{-7}	连续 $10^6\sim10^9$	—
			脉冲 $10^7\sim10^{10}$	
	激光束	10^{-8}	连续 $10^5\sim10^9$	—
			脉冲 $10^7\sim10^{13}$	

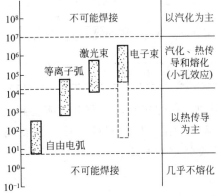

图 1.4　高能束流焊热源功率密度的比较

当前高能束流焊接被关注的主要领域是：高能束流设备的大型化，如功率大型化及可加工零件的大型化、设备的智能化以及加工的柔性化、束流品质的提高、束流的复合及相互作用、新材料焊接及应用领域的扩展。

高能束流加工技术被誉为 21 世纪最具有发展前景的加工技术，被认为"将为材料加工和制造技术带来革命性变化"，是当前发展最快、研究最多的领域。高能束流焊接越来越引起国内外更多相关研究者（如物理、材料、焊接、计算机等）的关注。高能束流焊接技术是现代高科技与制造技术相结合的产物，是焊接技术发展的前沿领域和必不可少的先进技术手段。国内在高能束流焊接设备水平上与国外有一定差距，但在工艺研究上，水平则较为接近，在某些方面甚至还有自己的特色。

在高能束流焊接过程中，由于热源能量密度高，在极短暂的作用时间内，随着热源与被焊工件的相对运动形成连续的而且完全熔透的焊缝，如图 1.5 所示。高能束流焊接技术的最大特点是焊接时产生"小孔效应"，焊缝深宽比比热传导焊接方法显著提高。

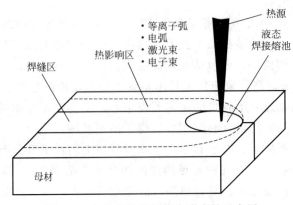

图 1.5　高能束流焊接接头形成的示意图

　　图1.6所示的"小孔效应"是高能束流焊接过程的显著特征。"小孔"的存在，从根本上改变了焊接熔池的传质、传热规律，与一般电弧焊方法相比有明显的优点。焊接时基本不需要开坡口和填丝、焊缝熔深通常大于熔宽、焊接速度快、热影响区小、焊缝组织细化、焊接变形小。"小孔效应"改变了焊接过程的能量传递方式，由一般熔焊方法的导热焊转变为

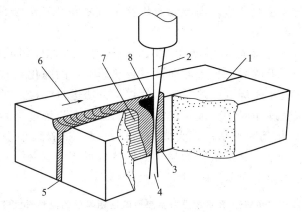

图1.6　高能束流焊接过程的"小孔效应"特征

1—紧密对接线；2—高能束流；3—熔融金属；4—穿过小孔的能量；5—全熔透的焊缝；

6—焊接方向；7—凝固的焊缝；8—液态金属

穿孔焊，这是包括激光焊、电子束焊、等离子弧焊在内的高能束流焊接的共同特点。在其他因素不变的条件下，高能束流的功率密度越高，熔深越大，焊缝的深宽比也越大。高能束流类型不同，工艺参数和被焊材料不同，焊缝的尺寸和形状也不同。对电子束焊接来说，典型的小孔直径为0.5mm，熔深可达200mm，焊缝深宽比达60∶1；对激光焊接来说，典型的小孔直径为0.1mm，熔深可达20mm。

　　高能束流加工技术在高技术及国防科技的发展中起着无可替代的作用。表1.4所示是高能束流加工技术的特点及其应用领域。

表1.4　高能束流加工技术的特点及其应用领域

特点	用途	适用性	产品示例
穿透性	重型结构的焊接	一次可焊透300mm	核装置、压力容器、反应堆潜艇、飞行器、运载火箭、空间站、航天飞机、重武器、坦克、火炮、厚壁件
精密控制、微焦点	微电子与精密器件制造	聚焦后的束斑直径<0.01mm	超大规模集成元器件、结点、航天（空、海）仪表、膜盒、陀螺、核燃料棒封装
高能密度、高速扫描	特殊功能结构件制造	扫描速度 $10^3/s$，400m/s	动力装置封严、高温耐磨涂层、沉积层、切割、气膜冷却层板结构、小孔结构、高温部件
全方位加工	特殊环境加工制造	薄板、超薄板、厚大件	太空及微重力条件下的零部件，真空、充气、水下及高压条件下的零部件
高速加热、冷却	新型材料制备、特殊及异种材料	速率 $10^5K/s$	超高纯材料冶炼、超细材料、非金属复合材料、陶瓷、表面改性、合成、非晶态、快速成形、立体制造

　　由于有上述优势，高能束流焊接技术可以焊接难熔合和采用常规方法难以实现焊接的材料，并且具有较高的生产率。在核工业、航空航天、汽车等工业部门得到广泛的应用。并

且，随着高能束流焊接技术的不断推广，也被越来越多的工业部门所采用。

高能束流焊接设备向大型化发展有两层含义，一是设备的功率增大，二是采用该设备焊接的零件大型化。由于高能束流焊接设备一次性投资大，特别是激光焊和电子束焊设备，因此增大功率，提高焊接深度和焊接过程的稳定性，可以相对降低焊接成本，才能为工业界所接受。大型焊接配套设备建立之后，高能束流焊接的成本可以进一步降低，有利于在军用、民用各个工业领域中扩大应用。

对于超细晶粒钢，不论是屈服强度 400MPa 级还是 800MPa 级的钢种，由于晶粒度细小，焊接加热时会出现严重的晶粒长大倾向，导致热影响区的脆化和软化。为了解决这一问题，可采用激光焊、等离子弧焊等低热量输入的焊接方法进行焊接。

表 1.5 给出了屈服强度 400MPa 级超细晶粒钢的激光焊与传统等离子弧焊、混合气体保护焊（MAG）热影响区粗晶区的晶粒长大倾向对比结果。试验结果表明，激光焊热影响区粗晶区的晶粒长大倾向最小，显微组织为强、韧性良好的下贝氏体（BL）＋ 少量板条马氏体（ML）＋ 少量铁素体和珠光体（F＋P）。

表 1.5　400MPa 级超细晶粒钢热影响区粗晶区的晶粒长大倾向

焊接方法	粗晶区最大晶粒尺寸 /μm	组织特征
激光焊（LW）	20	BL ＋ ML(少量)＋(F＋P)
等离子弧焊（PAW）	250	(F＋P)＋ B(少量)＋ W
混合气体保护焊（MAG）	250	(F＋P)＋ B(少量)＋ W

（2）高能束流焊接方法

1）电子束焊接

电子束焊（electron beam welding）是利用加速和聚焦的电子束轰击置于真空室或非真空中的焊件所产生的热能进行焊接的方法。利用高能量密度的电子束对材料进行工艺处理的方法统称为电子束加工，其中电子束焊接以及电子束表面处理在工业上的应用最为广泛，也最具竞争力。

电子束焊在工业上的应用已有 50 多年的历史，其技术的诞生和最初应用主要是为了满足当时核能工业的焊接需求。随着电子技术、高压和真空技术的发展，电子束焊接技术的研究及推广应用极为迅速，在大批量生产、大厚度件生产、大型零件制造以及复杂零件的焊接加工方面显示出独特的优越性。目前，电子束焊在核工业、航空宇航工业、精密加工以及重型机械等工业部门得到广泛应用，并已扩大应用到汽车、电子电器、工程机械、造船等工业部门，创造了巨大的经济和社会效益。

近年来，电子束加速电压由 20～40kV 发展为 60kV、150kV 甚至 300～500kV，其功率也由几百瓦发展为几千瓦，十几千瓦甚至数百千瓦。目前在工业中实际应用的电子束焊接设备的功率一般小于 120kW，加速电压在 200kV 以内。电子束焊接大厚度件具有得天独厚的优势，一次性焊接的钢板最大厚度可达到 300mm。电子束焊接不仅在大厚度、难焊材料的焊接领域得到广泛应用，还在高精度、自动化生产中得到推广应用。

为了适应更广泛的工业要求，还研制出局部真空和非真空的电子束焊接设备。局部真空和非真空避免了复杂的真空系统及真空室，主要用于大型、不太厚（一般小于 30mm）或小型薄件的大批量生产，其功率一般在 15～45kW，加速电压 150kV 左右。在美国，非真空电子束焊接应用最广泛，部分取代了传统电弧焊，用于汽车、舰船等，获得了良好的技术经济效益。

电子束焊接由于具有改善接头力学性能、减少缺陷、保证焊接稳定性、大大减少生产时间等优点，应用前景广阔。既可用于焊接关键和贵重零部件（如航空航天发动机部件），又可焊接廉价部件（如汽车齿轮）；既可焊接微型传感器，也可焊接结构庞大的飞机机身。可适用于大批量生产（如汽车、电子元件等），也适用于单件生产（如核反应堆）。可用于焊接极薄的锯片，也可焊接极厚的压力容器。

电子束焊可以焊接普通的结构钢，也可以焊接多种特殊金属材料（如超高强钢、钛合金、高温合金及其他稀有金属）。另外，电子束焊还可用于异种金属之间的焊接。在焊接大型铝合金零件中，采用电子束焊具有优势，在提高生产效率的同时也得到了良好的焊接接头质量。汽车变速箱齿轮普遍采用电子束焊接，在航空发动机的叶片修复、涡轮盘修复中也应用了电子束焊接工艺。

变截面电子束焊接技术的出现，为航空工业的发展起到了促进作用。正是由于这项技术使得许多复杂的飞机和发动机零件的一次性焊接完成成为可能，避免了多次焊接出现的局部焊接缺陷和重复加热造成的组织性能下降，提高了飞机的整体性能。

2）激光焊接

激光焊（laser beam welding）是以聚焦的激光束作为能源轰击焊件所产生的热量进行焊接的方法。激光束作为材料加工热源的突出优点是具有高亮度、高方向性、高单色性、高相干性等几大综合性能。激光焊接是激光工业应用的一个重要方面。从 20 世纪 60 年代开始，激光在焊接领域得到应用。80 年代以后，激光焊接设备被成功应用在连续焊接生产线中。

激光焊接技术经历了由脉冲波向连续波的发展、有效功率薄板焊接向大功率厚件焊接的发展、由单工作台单工件向多工作台多工件同时焊接的发展，以及由简单焊缝形状向可控的复杂焊缝形状的发展。激光焊接的应用也随着激光焊接技术的发展而不断扩展。

固体激光焊设备的功率不断增加，25kW 的 CO_2 激光器可以 1m/min 的速度焊接厚度 28mm 的板材，10kW 的激光器可以同样的速度焊接厚度 15mm 的板材。激光焊应用领域不断扩展，汽车车身的激光切割与焊接使轿车生产个性化，可以节省大量钢材，同时降低了结构重量。舰船、火车的铝合金车厢、管线钢等也都应用了激光焊技术。

激光束和熔化极氩弧焊（MIG）复合是目前研究比较多的一种工艺方法。由于 MIG 焊熔化母材使激光一开始吸收率显著增加因而很快形成稳定的熔深和焊缝。又由于 MIG 焊形成的熔池较宽，克服了激光焊缝过窄引起的一系列问题，保证了一次熔透的高生产率。因而复合方法强化了工艺，优化了焊缝成形，也节省了总的能量而且使控制方便。把激光和 MIG 复合的方法用于金属表面熔敷，可以在不改变原激光低稀释率的条件下使熔敷效率提高 3 倍。

尽管激光焊研究和应用的历史不长，但在船舶、汽车制造等工业领域，激光焊接加工已占有一席之地，并且通常与机器人结合在一起使用。激光焊接技术从实验室走向实际生产改变着新产品设计和制造过程。

用激光焊接取代铆接结构，在飞机机身结构的制造中广泛应用。与铆接相比，激光焊接不仅可以节省材料，降低成本，而且大大减轻了飞机的结构重量。

在航空航天领域中常用的材料铝合金、钛合金、高温合金和不锈钢等的激光焊接研究取得了良好的进展，特别是 10kW 以上的大功率激光器出现之后，激光焊接更具有了与电子束焊接竞争的能力。在 15mm 以下厚度板的焊接应用中，由于激光焊接兼有电子束的穿透力而又无须真空室，使其在航空航天关键零件的焊接中得到应用。

汽车工业是激光焊接应用较为广泛的领域，世界上著名的汽车制造公司都相继在车身制造中采用了激光焊接技术，尤其是 CO_2 激光焊接。激光焊接的另一个具有吸引力的特点是能够实现精密零件的局部连接，这个特点使其非常适合于电子器件或印刷电路板的焊接。激光束能在电子器件上很微小的区域实现连接，而接头以外的区域则几乎不受影响。此外，在食品罐身焊接、传感器焊接、电机定转子焊接等领域，激光焊接技术都得到了应用，并且已经发展成为先进的自动化的焊接生产线。

3）等离子弧焊接

等离子弧焊（plasma arc welding）是借助于水冷喷嘴对电弧的拘束作用获得较高能量密度的等离子弧进行焊接的方法。从热源物理本质上看，等离子弧也是一种自持性气体放电现象，通常认为等离子弧焊是钨极氩弧焊（TIG）方法的补充，可以归入电弧焊范畴。然而，与普通 TIG 焊电弧相比，等离子弧在热源特性方面独具特点，它的功率密度可达 $10^5 \sim 10^6 \text{W/cm}^2$，习惯上也把它归入高能束流焊接的领域。

采用穿孔等离子弧技术焊接大厚度的材料，以及提高焊接过程稳定性一直是研究人员积极致力的研究目标。与钨极氩弧焊（TIG）相比，等离子弧焊的生产率和焊接质量都明显提高。原来采用 TIG 焊需要一层封底焊和 3～5 层填充焊的工件，采用等离子弧焊接技术，只需一层穿透焊和一层盖面焊，省去了开坡口，焊接工时缩短了一半，而且焊接质量优于钨极氩弧焊。

变极性等离子弧焊接技术以其特有的工艺优势，在各个工业领域的钢结构焊接和铝合金结构焊接中得到广泛的应用，例如对焊缝质量和焊接变形要求很高的压力容器、导弹运载系统、航天飞机外储箱等。

我国的等离子弧焊接技术研究始于 20 世纪 60 年代，并在航空航天工业生产中得到成功地应用。例如大电流穿孔等离子弧焊接 30CrMnSiA 高强钢筒形容器、涡轮机匣毛坯组合件、火箭发动机壳体、钛合金高压气瓶等。

等离子弧独特的物理性能，为穿孔等离子弧焊带来焊接质量稳定性差的问题，而且厚板穿孔焊时问题更加突出。近 30 年来，焊接工作者在穿孔等离子弧焊接稳定性的影响因素及其作用规律、提高质量稳定性途径和方法等方面，开展了大量的研究工作并取得成效。穿孔等离子弧焊接过程中熔池的小孔行为被认为是影响焊缝成形稳定性及焊接接头质量的关键因素。为了获得高质量的焊接接头，必须在焊接过程中实施闭环质量控制，以稳定小孔的形态和尺寸。

目前，微束等离子弧焊接和中厚度材料的大电流穿孔等离子弧焊接技术在我国已得到广泛应用。在等离子弧焊接设备的研制方面，通过脉动等离子弧喷焊技术的研究，成功地实现了转移弧和非转移弧的高频交替工作，实现了单一电源下的等离子弧喷焊。近年来，国内外不断涌现关于等离子弧焊接新工艺、新技术的研究报道，不断推动等离子弧焊接技术向前发展。

1.2　特种连接技术的适用范围

1.2.1　选择焊接方法应考虑的因素

生产中选用焊接方法时，除了要了解各种焊接方法的特点和适用范围外，还要考虑产品的制造和使用要求，然后根据所焊产品的结构、材料以及技术条件等作出选择。选择焊接方法应在保证焊接产品质量可靠的前提下，有良好的经济效益，即生产率高、成本低、劳动条件好、综合经济指标好。为此选择焊接方法应考虑下列因素：

（1）产品结构类型

焊接产品的结构类型可归纳为以下四类。

① 结构件类　如桥梁、建筑、锅炉压力容器、船舶、金属结构件等。结构件类焊缝一般较长，可选用埋弧自动焊、气体保护焊，其中短焊缝、打底焊缝可选用焊条电弧焊、氩弧焊；重要的结构件可选用电子束焊、等离子弧焊等。

② 机械零部件类　如各种类型的机器零部件。对于机械零部件类产品，一般焊缝不会太长，可根据对焊接精度的不同要求，选用不同的焊接方法。一般精度和厚度的零件多用气体保护焊，重型件用电渣焊、等离子弧焊；薄件用电阻焊，圆断面件可选用摩擦焊；精度高的工件可选用电子束焊、激光焊、扩散焊等。

③ 半成品类　如工字钢、螺旋钢管、有缝钢管、石油钻杆等。半成品件的焊缝是规则的、大批量的，可选用易于机械化、自动化的埋弧焊、气体保护焊、高频焊、摩擦焊等。

④ 微电子器件类　如电路板、半导体元器件等。微电子器件接头一般要求密封、导电、定位精确，可选用激光焊、电子束焊、超声波焊、扩散焊、钎焊等方法。

总之，不同类型的产品有多种焊接方法可供选择，采用哪种方法更为适宜，除了考虑产品类型之外，还应综合考虑工件厚度、接头形式、焊缝位置、对接头性能的要求、生产条件和经济效益等因素。

（2）工件厚度

不同焊接方法的热源各异，因而各自有最适宜的焊接厚度范围。在指定的范围内，容易保证焊缝质量并获得较高的生产率。不同焊接方法适用的工件厚度如图 1.7 所示。

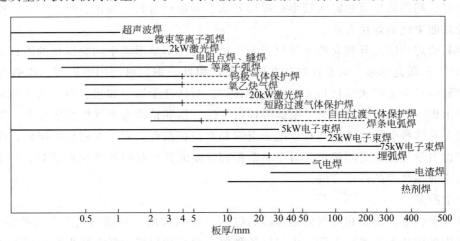

图 1.7　不同焊接方法适用的工件厚度

（图中虚线表示采用多道焊）

（3）接头形状、位置

接头形状、位置是根据产品使用要求和母材厚度、形状、性能等因素设计的，有对接、角接、搭接等形式。产品结构不同，接头位置可能需要立焊、平焊、仰焊、全位置焊接等，这些因素都影响焊接方法的选择。对接适宜于多种焊接方法。平焊位置是最易于实现自动化焊接的位置，适合于多种焊接方法。了解接头形状和位置便于选用生产率高、接头质量好的焊接方法。

不同焊接方法对接头类型、焊接位置的适应能力是不同的。表1.6给出了一些特种焊接方法所适用的接头类型及焊接位置。

表 1.6　一些特种焊接方法所适用的接头类型及焊接位置

适用条件		激光焊	电子束焊	等离子焊	扩散焊	冷压焊	热压焊	摩擦焊	超声波焊	闪光对焊	热剂焊	爆炸焊
接头类型	对接	A	A	A	A	A	A	A	A	A	A	A
	搭接	A	B	A	A	A	A	C	A	C	C	A
	角接	A	A	A	C	B	B	C	C	C	C	C
焊接位置	平焊	A	A	A	—	A	A	—	A	A	A	A
	立焊	A	C	A	—	B	B	—	—	—	—	—
	仰焊	A	C	A	—	—	—	—	—	—	—	—
	全位置	A	C	A	—	—	—	—	—	—	—	—
设备成本		高	高	高	高	中	中	高	高	高	低	低
焊接成本		中	高	中	高	中	中	低	中	中	低	低

注：A—好；B—可用；C——一般不用。

（4）母材性能

被焊母材的物理化学、力学和冶金性能不同，将直接影响焊接方法的选择。对热传导快的金属，如铜、铝及其合金等，应选择热输入大、焊透能力强的焊接方法。对热敏感材料可选用激光焊、超声波焊等热输入较小的焊接方法。对难熔材料，如钼、钨、钽等，可选用电子束焊等高能束流的焊接方法。

化学和物理性能差异较大的异种材料的连接可选用不易形成中间脆性相的固相焊接方法（如扩散焊）和激光焊接。对塑性区间宽的材料，如低碳钢，可选用电阻焊、电弧焊等。对母材强度和伸长率足够大的材料才能进行爆炸焊。对活性金属（如镁、铝、钛等）可选用惰性气体保护焊、等离子弧焊、电子束焊等焊接方法。钛和锆因为对气体溶解度大，焊后接头区易变脆，对这些金属可选用高真空电子束焊和真空扩散焊。对沉淀硬化不锈钢，用电子束焊可以获得力学性能优良的接头。对于冶金相容性差的异种材料可选用扩散焊、扩散-钎焊、爆炸焊等非液相结合的焊接方法。

（5）生产条件

技术水平、生产设备和材料消耗均影响焊接方法的选用。在能满足生产需要的情况下，应尽量选用操作技术水平要求低、生产设备简单、便宜和焊接材料消耗少的焊接方法，以便提高经济效益。电子束焊、激光焊、等离子弧焊等，由于设备相对较复杂，要求更多的基础知识和较高的操作技术水平。

真空电子束焊要有专用的真空室、电子枪和高压电源，还需要X射线的防护设施。激光焊需要大功率激光器以及专用的工装和辅助设备。设备复杂程度直接影响经济效益，是选择焊接方法时要考虑的重要因素之一。材料消耗的类型和数量也影响经济效益，在选择焊接方法时应给予充分重视。

1.2.2　特种连接方法的应用领域

提高焊接质量和生产率是推动焊接技术发展的重要驱动力。随着科学技术的发展，特种连接技术不断取得新的进展。提高焊接生产率的途径，一是提高焊接速度，二是提高焊接熔敷率，三是减少坡口断面及熔敷金属量。电子束焊、等离子弧焊能够一次焊透很深的厚度，对接接头可以不开坡口，对厚大件的焊接具有广阔的应用前景。

机械化、自动化是提高焊接生产率、保证产品质量、改善劳动条件的重要手段。焊接生产自动化是未来焊接技术发展的方向。焊接自动化的主要标志是焊接过程控制系统的智能化、焊接生产系统的柔性化和集成化。提高焊接生产的效率和质量，仅仅从焊接工艺着手有一定的局限性。电子束焊、激光焊、等离子弧焊、摩擦焊等特种连接方法对坡口几何尺寸和装配质量的要求严格，在自动施焊之后，整个焊接结构工整、精确、美观，改变了过去焊接车间人工操作的落后现象。电子及计算机技术的发展，尤其是计算机控制技术的发展，为先进连接技术的自动化打下了良好基础。

工业机器人作为现代制造技术发展的重要标志之一，对制造业和高技术产业各领域产生了重要影响。由于焊接制造工艺的复杂性和焊接质量要求严格，而焊接劳动条件往往较差，因而能使焊接过程的自动化的电子束焊、激光焊、搅拌摩擦焊等受到特殊重视。目前，全世界机器人中有 30％～50％用在焊接技术上。焊接机器人最初多应用于汽车工业中的点焊生产流水线上，近年来已经逐渐扩展到工程机械、电子仪表、食品工业、管线钢等生产领域。

焊接新热源的开发将推动特种连接技术的发展，促进新的连接方法的产生。焊接工艺已成功地利用电弧、等离子弧、电子束、激光、超声波、摩擦、微波等热源形成相应的连接方法。历史上每一种热源的出现，都伴随着新的焊接工艺的出现。今后的焊接发展将从改善现有热源和开发新的更有效的热源两方面开展工作。

在改善现有热源、提高焊接效率方面，如扩大激光器的能量、有效利用电子束能量、改善焊接设备性能、提高能量利用率等都取得了进展。在开发焊接新能源方面，为了获得更高的能量密度，采用叠加热源的复合技术受到研究者的关注，如在等离子弧中加激光，在电弧中加激光等。进行太阳能焊接试验也是为了寻求新的焊接热源。

特种连接技术是一项与新兴学科发展密切相关的先进工艺技术。计算机技术、电子信息技术、人工智能技术、数控及机器人技术的发展为特种连接技术的发展提供了强有力的技术基础，并已渗透到焊接技术的各个领域中。高新技术、新材料的不断发展与应用以及各种特殊环境对产品性能要求的不断提高，对特种连接方法及设备提出了更高的要求。在新兴工业和基础学科的带动下，特种连接技术将得到更加迅速的发展。

思　考　题

1. 简述特种连接方法与常规的焊接方法有什么本质上的不同。

2. 高能束流连接方法是指哪些连接方法，有什么主要的特点？其功率密度范围为多少？简述其应用领域。

3. 扩散连接和搅拌摩擦焊是否可归类于压力焊？它们与压力焊有什么共同之处，有什么不同之处？

第2章 激 光 焊

激光焊（laser welding）是利用高能量密度的激光束作为热源熔化并连接工件的一种高效精密的焊接方法。激光焊作为现代高科技的产物，同时又成为现代工业发展必不可少的技术手段。与常规焊接方法相比，激光焊具有高能量密度、深穿透、高精度、适应性强等优点而备受关注。激光焊对于一些特殊材料及结构的焊接具有非常重要的意义，这种焊接方法在航空航天、电子、汽车制造、核动力等领域中得到应用，并日益受到世界各国的重视。

2.1 激光焊的原理、分类及特点

激光 laser 是英文 light amplification by stimulated emission of radiation 的缩写，意为"通过受激辐射实现光的放大"。激光利用辐射激发光放大原理产生一种单色、方向性强、光亮度大的光束。经透射或反射镜聚焦后可获得直径小于 0.01mm、功率密度高达 $10^{12}\,W/m^2$ 的能束，可用作焊接、切割及材料表面处理的热源。

2.1.1 激光焊的基本原理

激光焊是以聚焦的激光束作为能源轰击焊件接缝处所产生的热量进行焊接的方法。激光焊能得以实现，不仅是因为激光本身具有极高的能量，更重要的是因为激光能量被高度集中于一点，使其能量密度很大。激光焊接实质上是激光与非透明物质相互作用的过程，微观上是一个量子过程，宏观上则表现为反射、吸收、加热、熔化、气化等现象。

CO_2 激光器的原理示意图如图 2.1 所示。反射镜和透镜组成的光学系统将激光聚焦并传递到被焊工件上。大多数激光焊接是在计算机控制下完成的，被焊工件通过二维或三维计算机驱动的平台移动；也可以固定工件，通过移动激光束的位置来完成焊接过程。

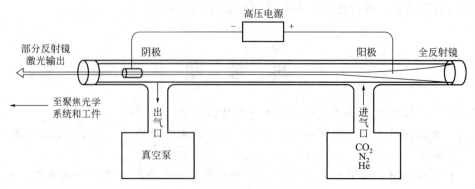

图 2.1 CO_2 激光器的原理示意图

14

（1）材料对激光的吸收

金属材料的激光加工主要是基于光热效应的热加工，其前提是激光为被加工材料所吸收并转化为热能。激光焊接时，激光照射到被焊接材料的表面，与其发生作用，一部分被反射，一部分进入材料内部。

激光焊接的热效应取决于工件吸收光束能量的程度，常用吸收率（系数）来表征。光亮的金属表面对激光有很强的反射作用，室温时材料对激光能的吸收率仅为 20% 以下，在熔点以上吸收率急剧提高。此外，激光束的功率密度超过某个门槛值时，吸收率也急剧提高。对于非透明材料，透射光被吸收，金属的线性吸收系数为 $10^7 \sim 10^8/m$。对于金属，激光在金属表面 $0.01 \sim 0.1 \mu m$ 的厚度中被吸收转变成热能，导致金属表面温度升高，再传向金属内部。

光子轰击金属表面形成蒸气，蒸发的金属可防止剩余能量被金属反射掉。如果被焊金属具有良好的导热性能，则会得到较大的熔深。激光在材料表面的反射、透射和吸收，本质上是光波的电磁场与材料相互作用的结果。激光光波入射材料时，材料中的带电粒子依着光波电矢量的步调振动，使光子的辐射能变成了电子的动能。

金属对激光的吸收，主要与激光波长、材料的性质、温度、表面状况以及激光功率密度等因素有关。一般来说，金属对激光的吸收率随着温度的上升而增大，随着电阻率的增加而增大。

（2）材料的加热、熔化及气化

物质吸收激光后，首先产生的是某些质点的过量能量，如自由电子的动能，束缚电子的激发能或者还有过量的声子。这些原始激发能经过一定过程再转化为热能。

激光光子一旦入射到金属晶体上，光子即与电子发生非弹性碰撞，光子将其能量传递给电子，使电子由原来的低能级跃迁到高能级。与此同时，金属内部的电子间也在不断地相互碰撞。每个电子两次碰撞间的平均时间间隔为 $10^{-13}s$ 的数量级，因此，吸收了光子而处于高能级的电子将在与其他电子的碰撞以及与晶格的相互作用中进行能量的传递。光子的能量最终转化为晶格的热振动能，引起材料温度升高，改变材料表面及内部温度。

激光是一种新的光源，它除了与其他光源一样是一种电磁波外，还具有其他光源不具备的特性，如高方向性、高亮度（光子强度）、高单色性和高相干性。激光加工时，材料吸收的光能向热能的转换是在极短的时间（约为 $10^{-9}s$）内完成的。在这个时间内，热能仅仅局限于材料的激光辐照区，而后通过热传导，热量由高温区传向低温区。

在不同功率密度的激光束的照射下，材料表面区域将发生各种不同的变化，这些变化包括表面温度升高、熔化、气化、形成小孔以及产生光致等离子体等。图 2.2 所示为不同功率密度激光辐射金属材料的几个主要物理过程。

当激光功率密度小于 $10^4 W/cm^2$ 数量级时，金属吸收激光能量只引起材料表层温度的升高，但维持固相不变，主要用于零件的表面热处理、相变硬化处理或钎焊。

当激光功率密度在 $10^4 \sim 10^6 W/cm^2$ 数量级范围时，产生热传导型加热，材料表层将发生熔化，主要用于金属的表面重熔、合金化、熔覆和热传导型焊接（如薄板高速焊及精密点焊等）。

当激光功率密度达到 $10^6 W/cm^2$ 数量级时，材料表面在激光束的照射下，激光热源中心加热温度达到金属的沸点，形成等离子蒸气而强烈气化，在气化膨胀压力作用下，液态表面向下凹陷形成深熔小孔；与此同时，金属蒸气在激光束的作用下电离产生光致等离子体。

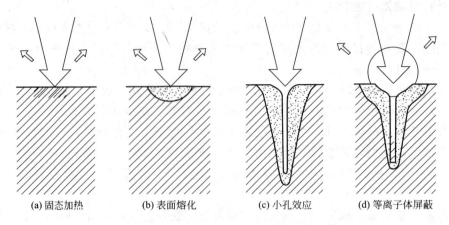

(a) 固态加热　　　(b) 表面熔化　　　(c) 小孔效应　　　(d) 等离子体屏蔽

图 2.2　不同功率密度激光辐射金属材料的主要物理过程

这一阶段主要用于激光深熔焊接、切割和打孔等。

当激光功率密度大于 $10^7\,\mathrm{W/cm^2}$ 数量级时，光致等离子体将逆着激光束的入射方向传播，形成等离子体云团，出现等离子体对激光的屏蔽现象。这一阶段一般只适用于采用脉冲激光进行打孔、冲击硬化等加工工艺。

上述的激光功率密度范围只是一个粗略的划分。在不同条件下，不同波长激光照射不同金属材料，每一阶段功率密度的具体数值会存在一定的差异，特别是第四阶段，其差异可能非常大。各种激光加工技术对应的功率密度范围如图 2.3 所示。

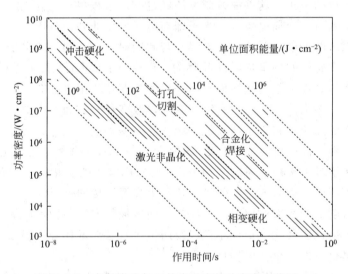

图 2.3　各种激光加工技术对应的功率密度范围

就材料对激光的吸收而言，材料的气化是一个分界线。当材料没有发生气化时，不论处于固相还是液相，其对激光的吸收仅随表面温度的升高而有较慢的变化；一旦材料出现气化并形成等离子体和小孔，材料对激光的吸收就会突然发生变化。

图 2.4 为激光焊接过程中激光功率密度对工件表面反射率和焊缝熔深的影响。当激光功率密度大于某一门槛值时（约 $10^6\,\mathrm{W/cm^2}$），反射率突然降至很低值，材料对激光的吸收剧增，熔深显著增加。

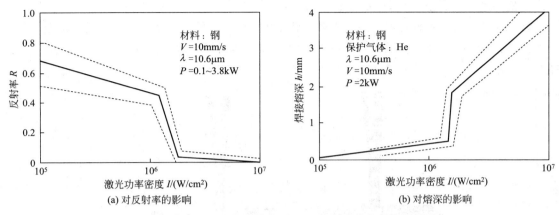

(a) 对反射率的影响　　　　　　　　　　　　　(b) 对熔深的影响

图 2.4　激光功率密度对工件表面反射率和焊缝熔深的影响

（3）熔化金属的凝固

激光焊接时，材料达到熔点所需的时间为微秒级；脉冲激光焊接时，当材料表面吸收的功率密度为 10^5 W/cm² 时，达到沸点的典型时间为几毫秒；当功率密度大于 10^6 W/cm² 时，被焊材料会产生急剧的蒸发。在连续激光深熔焊接时，正是由于蒸发，蒸气压力和蒸气反作用力等能克服熔化金属表面张力以及液体金属静压力而形成"小孔"。形成的"小孔"类似于"黑洞"，它有助于对光束能量的吸收。

激光焊过程中，工件和光束做相对运动，由于剧烈蒸发产生的强驱动力使"小孔"前沿形成的熔融金属沿某一角度得到加速，在"小孔"后面的近表面处形成如图 2.5 所示的熔流（大漩涡）。此后，"小孔"后方液态金属由于传热的作用，温度迅速降低，液态金属很快凝固，形成连续的焊缝。

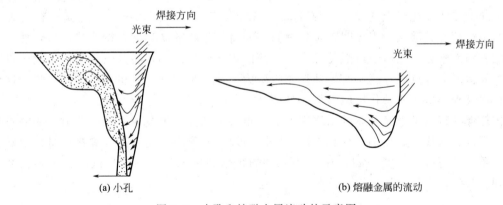

(a) 小孔　　　　　　　　　　　　　　(b) 熔融金属的流动

图 2.5　小孔和熔融金属流动的示意图

激光焊接最基本的优势是激光束可以被聚焦到很小的区域，从而形成高功率密度的集中热源。这种高功率密度的热源通过沿待焊接接头快速扫描实现焊接。

2.1.2　激光焊的分类

激光焊通常按激光对工件的作用方式以及作用在工件上的功率密度进行分类。按照激光发生器工作性质的不同，激光有固体、半导体、液体、气体激光之分。根据激光对工件的作用方式和激光器输出能量的不同，激光焊可分为连续激光焊（包括高频脉冲连续激光焊）和脉冲激光焊。连续激光焊在焊接过程中形成一条连续的焊缝。脉冲激光焊接时，输入到工件上的能量是断续的、脉冲的，每个激光脉冲在焊接过程中形成一个圆形焊点。

激光焊接有两种基本模式，按激光聚焦后光斑作用在工件上功率密度的不同，激光焊一般分为传热焊（功率密度 $P_d < 10^5\,W/cm^2$）和深熔焊（小孔焊，功率密度 $P_d \geq 10^5\,W/cm^2$），如图 2.6 所示。

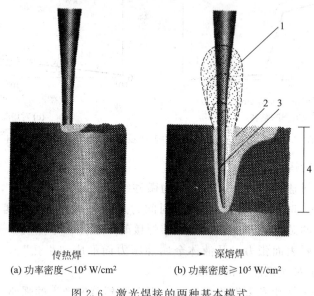

传热焊 ——————————→ 深熔焊

(a) 功率密度 $< 10^5\,W/cm^2$ (b) 功率密度 $\geq 10^5\,W/cm^2$

图 2.6 激光焊接的两种基本模式

1—等离子体云；2—熔化材料；3—小孔；4—熔深

（1）传热焊

激光传热焊类似于钨极氩弧焊（TIG），材料表面吸收激光能量，通过热传导的方式向内部传递。在激光光斑上的功率密度不高（$< 10^2\,kW/cm^2$）的情况下，金属材料的表面在加热时不会超过其沸点。焊接时，金属材料表面将所吸收的激光能转变为热能后，使金属表面温度升高而熔化，然后通过热传导方式把热能传向金属内部，将其熔化并使熔化区迅速扩大，凝固后形成焊点或焊缝，其熔池形状近似为半球形。这种焊接机理称为传热焊，这种传热熔化焊过程类似于非熔化极电弧焊，如图 2.7（a）所示。

传热焊的特点是激光光斑的功率密度小，很大一部分光被金属表面所反射，光的吸收率较低，焊接熔深浅、焊点小、热影响区小，因而焊接变形小、精度高，焊接质量也很好。传热焊主要用于薄板（厚度 $\delta < 1mm$）、小工件的精密焊接加工。目前在汽车、飞机、电子等工业制造部门，已经大量采用了这种焊接方法。

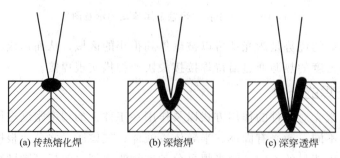

(a) 传热熔化焊   (b) 深熔焊   (c) 深穿透焊

图 2.7 激光焊不同功率密度时的加热状态

（2）深熔焊（小孔焊）

激光深熔焊与电子束焊相似，高功率密度激光引起材料局部熔化并形成"小孔"，激光束通过"小孔"深入到熔池内部，随着激光束的运动形成连续焊缝。当激光光斑上的功率密度足够大时（$\geqslant 10^3\,\mathrm{kW/cm^2}$），金属表面在激光束的照射下被迅速加热，其表面温度在极短的时间内（$10^{-8}\sim10^{-6}\,\mathrm{s}$）升高到沸点，使金属熔化和气化。产生的金属蒸气以一定的速度离开熔池表面，逸出的蒸气对熔化的液态金属产生一个附加压力反作用于熔化的金属，使熔池金属表面向下凹陷，在激光光斑下产生一个小凹坑，如图 2.7（b）所示。

当激光束在小孔底部继续加热时，所产生的金属蒸气一方面压迫坑底的液态金属使小坑进一步加深。另一方面，向坑外飞出的蒸气将熔化的金属挤向熔池四周。随着加热过程的连续进行，激光可直接射入坑底在液态金属中形成一个细长的小孔。当光束能量所产生的金属蒸气的反冲压力与液态金属的表面张力和重力平衡后，小孔不再继续加深，形成一个深度稳定的孔而实现焊接，因此称之为激光深熔焊（也称小孔焊）。

光斑功率密度很大时，所产生的小孔将贯穿整个板厚，形成深穿透焊缝（或焊点），如图 2.7（c）所示。在连续激光焊时，小孔是随着光束相对于工件而沿焊接方向前进的。金属在小孔前方熔化，绕过小孔流向后方后，重新凝固形成焊缝。

深熔焊的激光束可深入到焊件内部，因而形成深宽比较大的焊缝。如果激光功率密度足够大而材料相对较薄，激光焊形成的小孔贯穿整个板厚且背面可以接收到部分激光，这种方法也称之为薄板激光小孔效应焊。

从机理上看，深熔焊和深穿透焊（小孔效应）的前提都是焊接时存在小孔，二者没有本质的区别。

在能量平衡和物质流动平衡的条件下，可以对小孔稳定存在时产生的一些现象进行分析。只要光束有足够高的功率密度，小孔总是可以形成的。小孔中充满了被焊金属在激光束连续照射下所产生的金属蒸气及等离子体，如图 2.8（a）所示。具有一定压力的等离子体还向工件表面空间喷发，在小孔之上形成一定范围的等离子云。

连续激光深熔焊时，正是由于金属蒸发，蒸气的压力等能克服熔化金属的表面张力以及液态金属静压力而形成小孔，小孔类似于"黑洞"，有助于对激光束能量的吸收（有人称之为"壁聚焦效应"）。由于激光束聚焦后不可能呈平行光束，因而光束与孔壁之间形成一定的入射角，如图 2.8（b）所示。激光束射到孔壁上后，经过多次反射到达孔底，由于小孔内壁不可能很光滑，所以光束能量易于被吸收。

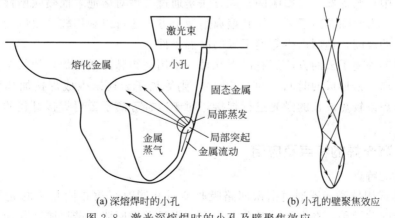

(a) 深熔焊时的小孔　　　　(b) 小孔的壁聚焦效应

图 2.8　激光深熔焊时的小孔及壁聚焦效应

小孔周围被熔池金属所包围，在熔池金属的外面是未熔化金属及一部分凝固金属，熔化金属的重力及表面张力有使小孔弥合的趋势，而连续产生的金属蒸气则力图维持小孔的存在。在激光束入射的地方，不断有物质连续逸出孔外。小孔将随着光束相对运动，但其形状和尺寸却是稳定的。

当小孔跟着光束在物质中向前运动的时候，在小孔的前方形成一个倾斜的熔融前沿。在这个区域，小孔的周围存在压力梯度和温度梯度。在压力梯度的作用下，熔融金属绕小孔的周边由前沿向后沿流动。另外，温度梯度的存在使得气-液分界面的表面张力随着温度升高而减小，沿小孔的周边建立了一个前面大后面小的表面张力梯度，这就进一步驱使熔融金属绕小孔周边由前沿向后沿流动，最后在小孔后方凝固形成连续的焊缝。

小孔的形成伴随有明显的声、光特征。用激光焊焊接钢件，未形成小孔时，焊件表面的火焰是橘红色或白色的；一旦小孔形成，光焰变成蓝色并伴有轻微的爆裂声，这个声音是等离子体喷出小孔时产生的。利用激光焊时的这种声音和颜色变化的特征，可以对焊接过程和质量进行监控。

（3）激光焊过程中的等离子云

在高功率密度的条件下进行激光焊时，可以发现激光与金属作用区域中的金属蒸发极为剧烈，不断有红色金属蒸气逸出小孔，而在金属表面的熔池上方存在着一个蓝色的等离子云区，它是伴随着小孔而产生的。

1）等离子云产生的原因

激光既是光，又是一种电磁波，在加热金属时产生以下两种现象。

① 金属被激光加热气化后，在熔池上方形成高温金属的蒸气云，当激光功率密度很大时，高温金属蒸气将在电磁场的作用下发生离解形成等离子云。

② 焊接时施加的保护气体，在高功率密度激光束的作用下也能离解形成等离子云。因此，等离子云的产生不仅与激光的功率密度有关，而且还与被焊金属的性质及保护气体有关。

2）等离子云对焊接过程的影响

激光焊接时产生的等离子云会对焊接过程产生不利影响。位于熔池上方的等离子云，对激光的吸收系数很大，它相当于一种屏蔽，吸收部分激光。使金属表面得到的激光能量减少，焊接熔深减小，焊缝表面增宽，形成图钉状焊缝，而且导致焊接过程不稳定。

3）抑制等离子云的方法

为了获得成形良好的焊缝和增加焊接熔深，激光焊接过程中必须采取措施抑制等离子云。焊接过程中克服等离子云影响的常规方法是通过喷嘴对熔池表面喷吹惰性气体。可以利用气体的机械吹力驱除等离子云，使其偏离熔池上方。还可以利用较低温度的气体降低熔池上方高温气体的温度，抑制产生等离子云的高温条件。

其他的抑制等离子云的方法还有以下几种：采用高频脉冲激光焊，使每个激光脉冲的加热时间小于等离子云形成的时间（约0.5ms），则等离子云还未生成焊接加热已经结束；此外，采用高速焊或较短波长的激光进行焊接，对于减轻等离子云对焊接过程的干扰也能起一定的作用。

2.1.3 激光焊的特点及应用

（1）激光的特点

CO_2 气体或固体激光器通过谐振回路吸收能量并同时释放相同频率的光子便产生了激光。产生激光的关键是：在大量受激分子中安装光学谐振回路（谐振腔）并使其与受激气体或固体分子产生的光子频率相协调。该谐振回路的工作原理与发声管相似：发声管是利用气流产生共振而发声，激光发生器则是利用高压产生谐振而发光。在装有活性气体或固体的密闭容器两端安装一对反射镜便构成了谐振回路。其中一个反射镜反射所有辐射到镜面上的光（称为全反射镜）；而另一个反射其中的大部分（称为部分反射镜）但只有一小部分（小于 10%）输出，这就是谐振回路的工作原理。

激光具有以下四个最显著的特点。

① 亮度高　激光是世界上最亮的光。CO_2 激光的亮度比太阳光亮 8 个数量级，而高功率钕玻璃激光则比太阳光亮 16 个数量级。

② 方向性好　激光的方向性很好，它能传播很远距离而扩散面积很小，接近于理想的平行光。激光束良好的方向性（通常用光束发散角来衡量）对其聚焦性有重要的影响，微小的发散角可大大减小聚焦后的束斑直径，提高功率密度。

③ 单色性强　光源的单色性是指光源谱线的宽窄程度（通常把谱线宽度 $\Delta\lambda < 1\times10^{-4}\mu m$ 的光称为单色光）。激光为单色光，它的发光光谱宽度，比氖灯的光谱宽度窄几个数量级。

④ 相干性好　光的相干性是指在不同时刻、不同空间点上两个光波场的相干程度。具有相干性的两束光相遇时，在叠加区光强的分布是不均匀的，有的地方出现极大值，有的地方出现极小值，即出现干涉现象。光的相干性又可分为空间相干性和时间相干性：空间相干性用来描述垂直于光束传播方向上各点之间的相位关系，与光的方向性密切相关；时间相干性用来描述沿光束传播方向上各点的相位关系，与光束的单色性密切相关。

正是由于激光的上述四个特点，人们把激光用于焊接技术领域。激光聚焦后在焦点上的功率密度可高达 $10^6\sim10^9\,W/cm^2$，比通常的焊接热源高几个数量级，成为一种十分理想的焊接热源。

（2）激光焊的特点

激光焊是以高功率密度的激光束作为热源，对金属进行熔化形成焊接接头的熔焊方法。采用激光焊，不仅焊接接头质量得到了显著的提高，而且生产率也高于传统的焊接方法。与一般焊接方法相比，激光焊具有以下特点。

① 聚焦后的激光束具有很高的功率密度（$10^5\sim10^7\,W/cm^2$ 或更高），加热速度快，可实现深熔焊和高速焊。由于激光加热范围小（光斑直径$<1mm$），在同等功率和焊接厚度条件下，焊接速度快、热影响区小、焊接应力和变形小。

② 激光能发射、透射，能在空间传播相当距离而衰减很小，可进行远距离或一些难以接近的部位的焊接；激光可通过光导纤维、棱镜等光学方法弯曲传输、偏转、聚焦，特别适合于微型零件、难以接近的部位或远距离的焊接。

③ 一台激光器可供多个工作台进行不同的工作，既可用于焊接，又可用于切割、合金化和热处理，一机多用。

④ 激光在大气中损耗不大，可以穿过玻璃等透明物体，适合于在玻璃制成的透明密封容器里焊接铍合金等剧毒材料；激光不受电磁场影响，不存在 X 射线防护问题，也不需要真空保护。

⑤ 可以焊接常规焊接方法难以焊接的材料，如高熔点金属等，甚至可用于非金属材料的焊接，如陶瓷、有机玻璃等；焊后无需热处理，适合于某些对热输入敏感材料的焊接。

与电子束焊相比，激光焊最大的特点是不需要真空室（可在大气下进行焊接）、不产生 X 射线。它的不足之处是焊接的工件厚度比电子束焊小。

目前影响大功率激光焊扩大应用的主要障碍如下。

① 激光器（特别是高功率连续激光器）价格昂贵；目前工业用激光器的最大功率为20kW，可焊接的最大厚度为20mm，比电子束焊小得多。

② 对焊件加工、组装、定位要求均很高。

③ 激光器的光电转换及整体运行效率都很低，光束能量转换率仅为10%～20%；激光焊难以焊接反射率较高的金属。

采用激光焊时，影响其焊接性的金属性能是：热力学、机械、表面条件、冶金和化学性能等。高反射率的表面条件不利于获得良好的激光焊接质量。激光能使不透明的材料气化或熔成孔洞。而且，激光能自由地穿过透明材料而又不会损伤它。这一特点使激光焊能够焊接预先放在电子管内的金属。

（3）激光焊的焊缝形成特点

激光传热焊焊缝具有某些常规熔焊方法（如电弧焊、气体保护焊等）的特点。激光深熔焊时焊缝的形成如图2.9所示。对激光焊熔池的研究发现，激光焊熔池有周期性变化的特点，主要原因是激光与物质作用过程中的自振荡效应。这种自振荡的频率与激光束的参数、金属的热物理性能和金属蒸气的动力学特性有关。

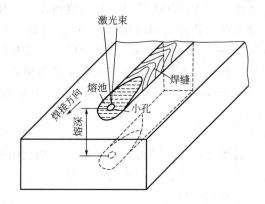

图2.9 激光深熔焊时焊缝的形成示意

由于自振荡效应，使熔池中的小孔和金属的流动现象发生周期性的变化。小孔的形成，使激光可以辐射至小孔深处，加强了熔池对激光能量的吸收，使原有小孔的深度进一步增加（如图2.10所示），进入小孔内部的激光将在小孔内发生反复折射，这有利于熔池对激光能量的吸收。

当金属蒸气和等离子体屏蔽激光束时，随着金属蒸发的减少，充满金属蒸气的小孔也会缩小，小孔底部就会被液态金属所填充。一旦解除对激光束的屏蔽，又重新形成小孔。同样，液态金属的流动速度和扰动状态也会发生周期性的变化。

激光焊熔池的周期性变化，有时会在焊缝中产生两个特有的现象。一是气孔，按它们的大小而言，也可以称为空洞。充满金属蒸气的小孔，由于发生周期性变化，同时熔化的金属又在它的周围从前沿向后沿流动，加上金属蒸发造成的扰动，有可能将小孔拦腰阻断，使蒸气留在焊缝中，凝固之后形成气孔。二是焊缝根部熔深的周期性变化，这与小孔的周期性变化有关，是由激光深熔焊自振荡现象的物理本质所决定的。

从焊缝的纵剖面来看，由于熔池中熔融金属从前部向后部流动的周期性变化，使焊缝形成层状组织。由于周期性变化的频率很高，所以层间距离很小。这些因素以及激光的净化作用，都有利于提高焊缝的力学性能和抗裂性。

采用激光焊接，"只要能看见，就能够焊接"。激光焊接可以在很远的工位，通过窗口，或者在电极或电子束不能伸入的三维零件的内部进行焊接。与电子束焊接一样，激光焊接只能从单面实施，因此可以采用单面焊将叠层零件焊接在一起。激光焊的这一优势为焊接接头设计开辟了新的途径。

（4）激光焊的应用

随着航空航天、微电子、医疗器械及核工业等的迅猛发展，对材料性能的要求越来越高，传统的焊接方法难以满足要求，激光焊作为一种独特的加工方法日益受到重视。激光焊接是激光最先工业应用的领域之一。目前世界上 1kW 以上的激光加工设备已超过万台以上，其中 1/3 用于焊接。

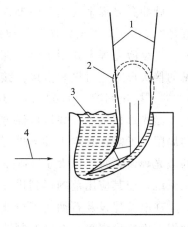

图 2.10　小孔内激光的吸收过程
1—激光；2—等离子体；3—熔化区；
4—焊件运动方向

激光是 20 世纪 60 年代出现的最重大的科学技术成就之一。20 世纪 70 年代之前，由于没有高功率的连续激光器，那时激光应用大多是采用脉冲固体激光器，研究的重点是脉冲激光焊接，应用于小型精密零部件的点焊，或者由单个焊点搭接而成的缝焊。20 世纪 70 年代，高功率（数千瓦）CO_2 激光器的出现，开辟了激光应用于焊接的新纪元。由于 CO_2 激光器具有结构简单、输出功率范围大和能量转换效率高等优点，可广泛应用于材料的激光加工，特别是激光焊。几毫米厚的钢板能够一次性完全焊透，所得焊缝与电子束焊接相似，显示出了高功率激光焊接的巨大潜力。

近年来，激光焊在汽车、能源、船舶、航空、电子等行业得到了日益广泛的应用，特别是在航空航天领域得到了成功的应用。用于焊接生产的大功率 CO_2 激光焊越来越多，激光焊接的部分应用实例见表 2.1。

表 2.1　激光焊接的部分应用实例

应用部门	应 用 实 例
航空	发动机壳体、机翼隔架、膜盒等
电子仪表	集成电路内引线、显像管电子枪、全钽电容、调速管、仪表游丝等
机械	精密弹簧、针式打印机零件、金属薄壁波纹管、热电偶、电液伺服阀等
钢铁冶金	焊接厚度 0.2～8mm、宽度 0.5～1.8m 的硅钢片，高中低碳钢和不锈钢，焊接速度为 100～1000cm/min
汽车	汽车底架、传动装置、齿轮、点火器中轴与拨板组合件等
医疗	心脏起搏器以及心脏起搏器所用的锂碘电池等
食品	食品罐（用激光焊代替传统的锡焊或接触高频焊，具有无毒、焊接速度快、节省材料以及接头美观、性能优良等特点）等
其他	燃气轮器、换热器、干电池锌筒外壳、核反应堆零件等

脉冲激光焊主要用于微型件、精密元件和微电子元件的焊接。低功率脉冲激光焊常用于直径 0.5mm 以下金属丝与丝或薄膜之间的点焊连接。

连续激光焊主要用于厚板深熔焊。对接、搭接、端接、角接均可采用连续激光焊。最常见的接头形式是对接和搭接。接头设计准则类同电子束焊：对接间隙小于 0.15δ，错边小于 0.25δ；搭接间隙小于 0.25δ（δ 为板厚）。

激光焊接虽然在焊接熔深方面比电子束焊小一些，但由于可免去电子束焊真空室对零件的局限、无需在真空条件下进行焊接，故其应用前景更为广阔。20 世纪 90 年代以来，国外的激光焊设备每年以大于 25% 的比例增长。激光加工设备常与机器人结合起来组成柔性加工系统，使其应用范围得到进一步扩大。

在电站建设及石油化工行业，有大量的管-管、管-板接头，用激光焊可得到高质量的单面焊双面成形焊缝。在舰船制造业，用激光焊焊接大厚度板（加填充金属），接头性能优于常规的电弧焊，能降低产品的综合成本，提高构件安全运行的可靠性，有利于延长舰船的使用寿命。激光焊还应用于电动机定子铁心的焊接，发动机壳体、机翼隔架等飞机零件的生产，航空涡轮发动机叶片的修复等。

采用强烈聚焦的激光束还可以焊接陶瓷、玻璃、复合材料等。焊接陶瓷时需要预热以防止产生裂纹，然后在空气中进行焊接。通常采用长焦距的聚焦透镜。为了提高接头强度，也可添加焊丝。用激光焊接金属基复合材料时接头区易产生脆性相，这些脆性相会导致裂纹和降低接头强度，但在一定条件下仍可获得满足使用要求的接头。

激光焊接还有其他形式的应用，如激光钎焊、激光-电弧焊、激光压焊等。激光钎焊主要用于微电子或印刷电路板的焊接，激光压焊主要用于薄板或薄钢带的焊接。

2.2 激光焊设备及技术参数

2.2.1 激光焊设备的组成

激光焊设备是产生激光束并对焊件进行熔焊的专用设备。激光焊接设备按激光工作物质不同，分为固体激光焊设备和气体激光焊设备；按激光器工作方式不同，分为连续激光焊设备和脉冲激光焊设备。

激光器是激光设备的核心部分，气体激光器是以气体作为工作物质的激光器，目前应用较广泛的是 CO_2 激光器。用掺入少量激活离子的玻璃或晶体作为工作物质的是固体激光器。焊接用激光器的特点见表 2.2。不同 CO_2 激光器的性能特征见表 2.3。

表 2.2 焊接用激光器的特点

激光器	波长/μm	工作方式	重复频率/Hz	输出功率或能量范围	主要用途
红宝石激光器	0.69	脉冲	0~1	1~100J	点焊、打孔
钕玻璃激光器	1.06	脉冲	0~1/10	1~100J	点焊、打孔
YAG 激光器	1.06	脉冲 连续	0~400	1~100J 0~2kW	点焊、打孔 焊接、切割、表面处理

续表

激光器	波长/μm	工作方式	重复频率/Hz	输出功率或能量范围	主要用途
封闭式 CO_2 激光器	10.6	连续	—	0～1kW	焊接、切割、表面处理
横流式 CO_2 激光器	10.6	连续	—	0～25kW	焊接、表面处理
快速轴流式 CO_2 激光器	10.6	连续脉冲	0～5000	0～6kW	焊接、切割

表 2.3 不同 CO_2 激光器的性能特征

性 能	低速轴流型	高速轴流型	横流型	封闭型
优点	可获稳定单模	小型高输出，易维修，可获单模及多模	易获高输出功率	—
缺点	尺寸庞大，维修难	压气机稳定性要求高，气耗量大	只能获多模，效率低	输出功率低
气流速度/m·s^{-1}	1	500	10～100	0
气体压力/kPa	0.66～2.67	6.66	100 13.33	5～10 0.66～1.33
单位长度输出功率/W·m^{-1}	50～100	1000	5000	50
商品化输出功率/W	1000	5000	15000	100

按激光工作物质不同，激光焊接设备分为固体和气体激光焊设备；按激光器工作方式不同，分为连续激光焊设备和脉冲激光焊设备。无论哪一种激光焊设备，基本组成大致相似。完整的激光焊接设备由激光器、光束传输和聚焦系统、焊炬、工作台、电源及控制装置、气源、水源、操作盘、数控装置等组成，如图 2.11 所示。

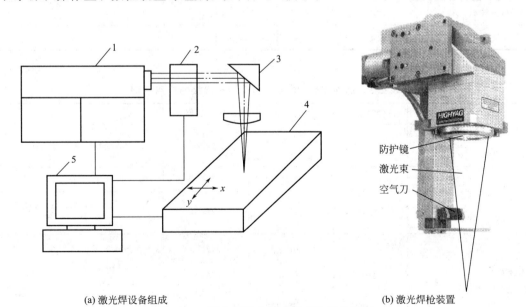

(a) 激光焊设备组成

(b) 激光焊枪装置

图 2.11 激光焊设备组成示意及焊枪装置

1—激光器；2—光束检测仪；3—偏转聚焦系统；4—工作台；5—控制系统

（1）激光器

焊接领域目前主要采用以下两种激光器。

① YAG 固体激光器，是含 Nd^{3+} 的 Yttrium-Aluminium-Garnet，简称 YAG。

② CO_2 气体激光器。

这两种激光器的特点见表 2.4。这两种激光器可以互相弥补彼此的不足。

脉冲 YAG 和连续 CO_2 激光焊接的应用示例见表 2.5。

① 固体激光器 主要由激光工作物质（红宝石、YAG 或钕玻璃棒）、聚光器、谐振腔（全反镜和输出窗口）、泵灯、电源及控制装置组成。

② 气体激光器 焊接和切割所用气体激光器大多是 CO_2 气体激光器。CO_2 气体激光器按照气冷方式分为低速轴流型、高速轴流型、横流型及早期的封闭型。CO_2 气体激光器有下面三种结构形式。

a. 封闭式或半封闭式 CO_2 激光器 主体结构由玻璃管制成，放电管中充以 CO_2、N_2 和 He 的混合气体，在电极间加上直流高压电，通过混合气体辉光放电，激励 CO_2 分子产生激光，从窗口输出。这类激光器可获得每米放电管长度 50W 左右的激光功率，为了得到较大的功率，常把多节放电管串联或并联使用。

b. 横流式 CO_2 激光器 主要特点是混合气体通过放电区流动，速度为 50m/s，气体直接与换热器进行热交换，因而冷却效果好，可获得 2000W 的输出功率。

c. 快速轴流式 CO_2 激光器 气体的流动方向和放电方向与激光束同轴。气体在放电管中以接近声速的速度流动，每米放电长度上可获得 $500\sim2000$W 的激光功率。激光器体积小，输出模式为基模（TEM_{00}）和 TEM_{01} 模，特别适用于焊接和切割。

表 2.4 焊接中采用的两种激光器的特点

类型	波长/μm	发射	输出功率等级/kW	最小加热面积/cm^2
YAG 固体激光器	1.06	通常是脉冲式的	$0.1\sim5$	10^{-8}
CO_2 气体激光器	10.6	通常是连续式的	$0.5\sim45$	10^{-8}

表 2.5 脉冲 YAG 和连续 CO_2 激光焊接的应用示例

激光类型	材料	厚度/mm	焊接速度	焊缝类型	备注
脉冲 YAG 焊接	钢	<0.6	8 点/s 2.5m/min	点焊	适用于受到限制的复杂件
	不锈钢	1.5	0.001m/min	对接	最大厚度 1.5mm
	钛	1.3	—	对接	反射材料（如 Al、Cu）的焊接；以脉冲提供能量，特别适于点焊
连续 CO_2 激光焊接	钢	0.8	$1\sim2$m/min	对接	最大厚度： 0.5mm,300W 5mm,1kW 7mm,2.5kW 10mm,5kW
		20	0.3m/min	对接	
		>2	$2\sim3$m/min	小孔	

（2）光束偏转及聚焦系统

又称为外部光学系统，用来把激光束传输并聚焦在工件上，其端部安装提供保护或辅助气流的焊炬或割炬。图 2.12 是两种激光偏转及聚焦系统的示意图。反射镜用于改变光束的方向，球面反射镜或透镜用来聚焦。在固体激光器中，常用光学玻璃制造反射镜和透镜。而对于 CO_2 激光焊设备，由于激光波长长，常用铜或反射率高的金属制造反射镜，用 GaAs 或 ZnSe 制造透镜。透射式聚焦用于中、小功率的激光加工设备，而反射式聚焦用于大功率激光加工设备。

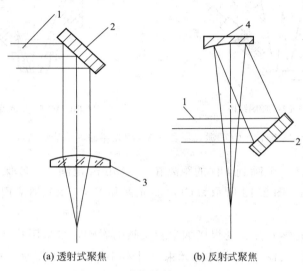

(a) 透射式聚焦　　　　　　　(b) 反射式聚焦

图 2.12　激光偏转及聚焦系统

1—激光束；2—平面反射镜；3—透镜；4—球面反射镜

（3）光束检测器

光束检测器有两个作用：一是可随时监测激光器的输出功率；二是可以检测激光束横断面上的能量分布，以确定激光器的输出模式。大多数光束检测器只有第一个作用，所以又称为激光功率计。

光束检测器的工作原理如下。

电机带动旋转反射针高速旋转，当激光束通过反射针的旋转轨迹时，一部分激光（<0.4%）被针上的反射面所反射，通过锗透镜衰减后聚焦，落在红外激光探头上，探头将光信号转变为电信号，由信号放大电路放大，通过数字毫伏表读数。由于探头给出的电信号与所检测到的激光能量成正比，因此数字毫伏表的读数与激光功率成正比，它所显示的电压大小与激光功率的大小相对应。

（4）气源和电源

保护气体对于激光焊接来说是必要的，在大多数焊接过程中，保护气体通过特殊的喷嘴输送到激光辐射区域。目前的 CO_2 激光器大多采用 He、N_2、CO_2 混合气体作为工作介质，其配比为 60%：33%：7%。He 气体价格昂贵，因此高速轴流式 CO_2 激光器运行成本较高，选用时应考虑其成本。为了保证激光器稳定运行，一般采用快响应、恒稳性高的电子控制电源。

（5）喷嘴

一般设计成与激光束同轴放置，常用的是将保护气体从激光束侧面送入喷嘴。典型的喷

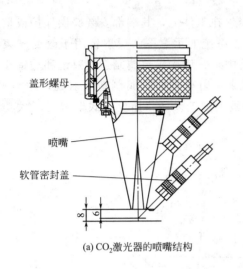

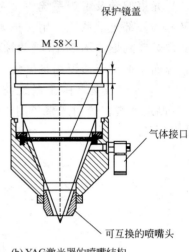

(a) CO₂激光器的喷嘴结构　　　　(b) YAG激光器的喷嘴结构

图 2.13　CO_2 激光器和 YAG 激光器的焊接喷嘴结构

嘴孔径在 4~8mm 之间，喷嘴到工件的距离在 3~10mm 范围。一般保护气体压力较低，气体流速为 8~30L/min。图 2.13 所示为 CO_2 激光器和 YAG 激光器应用较为广泛的焊接喷嘴结构。

为了使激光焊的光学元件免受焊接烟尘和飞溅的影响，可采用几种横向喷射式喷嘴的设计，基本思想是考虑使气流垂直穿过激光束。针对不同的技术要求，或是用于吹散焊接烟尘，或是利用高动能使金属颗粒转向。

(6) 工作台和控制系统

伺服电机驱动的工作台可供安放工件实现激光焊接或切割。激光焊的控制系统多采用数控系统。

2.2.2　激光焊设备的主要技术参数

选择或购买激光焊设备时，应根据工件尺寸、形状、材质和设备的特点、技术指标、适用范围以及经济效益等综合考虑。表 2.6 列出了部分国产激光焊设备的主要技术参数。选购激光焊设备时，应根据焊件尺寸、形状、材质和设备的特点、技术指标、适用范围以及经济效益等综合考虑。

表 2.6　部分国产激光焊设备的主要技术参数

型号	NJH-30	JKg	DH-WM01	GD-10-1
名称	钕玻璃脉冲激光焊机	钕玻璃数控脉冲激光焊机	全自动电池壳 YAG 激光焊机	红宝石激光点焊机
激光波长/μm	1.06	1.06	1.06	0.69
最大输出能量/J	130	97	40	13
重复率	1~5Hz	30 次/min（额定输出时）	1~100Hz（分 7 挡）	16 次/min
脉冲宽度/ms	0.5(最大输出时) 6(额定输出时)	2~8	0.3~10（分 7 挡）	6(最大)

续表

型号	NJH-30	JKg	DH-WM01	GD-10-1
激光工作物质尺寸/mm	—	$\phi12\times350$		$\phi10\times165$
用途	点焊、打孔	用于细线材、薄板对接焊、搭接焊和叠焊，焊接熔深可达 1mm	焊接电池壳。双重工作台，焊接过程全部自动化	点焊和打孔。适用板厚小于 0.4mm、线材直径小于 0.6mm

　　微型件、精密件的焊接可选用小功率激光焊机，中厚件的焊接应选用功率较大的焊机。点焊可选用脉冲激光焊机，要获得连续焊缝则应选用连续激光焊机或高频脉冲连续激光焊机。快速轴流式 CO_2 激光焊机的运行成本比较高（因消耗 He 气体多），选择时应适当考虑。此外，还应注意激光焊机是否具有监控保护等功能。此外，还应注意激光焊机是否具有监控保护等功能。

　　小功率脉冲激光焊机适合于直径 0.5mm 以下金属丝与丝、丝与板（或薄膜）之间的点焊，特别是微米级细丝、箔的点焊连接。脉冲能量和脉冲宽度是决定脉冲激光点焊熔深和焊点强度的关键。连续激光焊机（特别是高功率连续激光焊机）大都是 CO_2 激光焊机，可用于形成连续焊缝以及厚板的深熔焊。

2.3　激光焊工艺及参数

2.3.1　激光焊熔透状态及焊缝形成

（1）激光焊熔透状态的特征

　　激光焊接的熔深是指焊接过程中被激光熔化的工件厚度。一般情况下认为小孔深度即为熔深，因此往往将小孔穿透工件等同于熔透。实际上，由于小孔周围存在一定厚度的液态金属层，完全可能存在小孔未穿透工件但工件已被熔透的情形。通过对激光焊接过程和焊缝背面熔透状态的分析，可以确定激光深熔焊存在以下几种熔透状态，如图 2.14 所示。

　　① 未熔透　焊接过程中小孔及其下方的液态金属都没有穿透母材（工件），在工件背面看不到金属被熔化的任何痕迹［见图 2.14（a）］。

　　② 仅熔池透　焊接过程中小孔已接近工件的下表面，但尚未穿透工件，而小孔下方的液态金属则透过工件背面。虽然工件背面被熔化，但因表面张力的作用，熔化的液态金属无法在工件背面形成较宽的熔池，因此凝固后焊缝背面呈现细长连续或不连续的堆高。这种状态虽也属熔透范围，但因背面熔宽太窄［见图 2.14（b）］，熔透是不可靠和不稳定的，特别是对接焊时焊缝对中稍有偏差就会出现未熔合。

　　③ 适度熔透（小孔穿透）　焊接过程中小孔刚好穿透工件，此时小孔内部的金属蒸气会向工件下方喷出，其反冲压力会使液态金属向小孔四周流动，导致熔池背面宽度明显增加，焊接后形成背面熔宽均匀适度且基本无堆高的焊缝形态［见图 2.14（c）］。

　　④ 过熔透　焊接过程中由于过高的热输入使得小孔不仅穿透了工件，而且小孔直径和其周围的液态金属层厚度明显增加，导致熔池过宽（明显大于"适度熔透"状态下的背面熔宽），甚至造成焊缝表面凹陷等［见图 2.14（d）］。

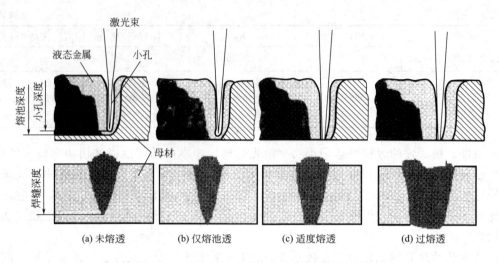

图 2.14　激光深熔焊的四种熔透状态示意图

上述四种熔透状态中，"适度熔透（小孔穿透）"状态是最理想的熔透状态，因为此时小孔穿透工件，可以保证焊缝完全熔透，同时熔池又不至于过宽而导致焊缝表面的凹陷。因此"适度熔透（小孔穿透）"状态可作为熔透检测与控制的基准。

显微分析表明，"仅熔池透"状态的焊缝断面呈现较明显的倒三角形，而"适度熔透"状态的焊缝断面则呈现倒梯形或双曲线形。也就是说，"适度熔透"状态应当表现为焊缝正反面均成形平整、无凹陷和无明显堆高，具有一定背面熔宽的焊缝成形。

（2）激光动态焊缝的截面状态

激光焊时焊缝是在动态过程中形成的，激光动态焊缝的截面状态如图 2.15 所示。激光与被焊金属或物质作用过程中自振荡的频率一般为 $10^2 \sim 10^4$ Hz，温度波动的振幅为 $(1 \sim 5) \times 10^2$ K。

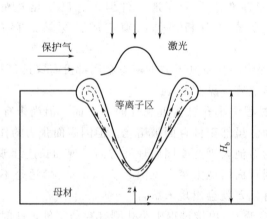

图 2.15　激光动态焊缝的截面状态

若连续辐射的激光相对工件进行移动，则小孔也随之移动，激光束始终与熔池前沿相互作用。小孔前沿熔化金属的气化使小孔得以维持，并造成熔池金属流动，在小孔后部凝固结晶，形成一个深宽比很大的连续焊缝。

由于激光深熔焊的热输入是电弧焊的 $1/10 \sim 1/3$，因此凝固过程很快。特别是在焊缝的下部，因很窄且散热条件好，故有很快的冷却速度，使焊缝内部形成细化的等轴晶，晶粒尺寸约为电弧焊的 $1/3$。

采用激光焊接，"只要能看见，就能够焊接"。激光焊接可以在很远的工位，通过窗口，或者在电极或电子束不能伸入的三维零件的内部进行焊接。与电子束焊接一样，激光焊接只能从单面实施，因此可采用单面焊将叠层零件焊接在一起。激光焊的这一优势为焊接接头设计开辟了新的途径。采用激光焊，不仅焊接质量得到显著的提高，生产率也高于传统的焊接方法。

（3）材料的激光焊接性特点

一般来说，任何常规焊接方法能够焊接的材料也都能采用激光进行焊接，而且在多数情况下，激光焊接的质量更好、速度更快。激光焊接的速度快、熔区小、焊缝凝固快。激光焊对于异种材料的适用范围更广泛，低碳钢、低合金钢和有色金属的异种材料都可以采用激光焊实现连接。

从材料焊接性的角度考虑，激光焊接的主要问题是裂纹敏感性、气孔、残余应力、热影响区脆化和较低的吸收率等。异种材料激光焊的接头区还可能有脆性金属间化合物的问题。一些材料激光焊接的焊接性特点见表 2.7。

表 2.7　一些材料激光焊接的焊接性特点

材料	激光焊接性特点
碳钢和低合金钢	焊接性良好（随碳含量的提高，冷裂纹敏感性增大）
铝合金	1）反射率高，需要至少 1kW 以上的功率； 2）气孔； 3）流动性好，但易产生下塌
耐热合金（如镍铬合金、镍基合金）	焊接效果良好，但存在下述问题： 1）焊缝脆性大；2）存在偏析；3）有裂纹倾向
钛合金	由于晶粒不易长大，焊接效果比常规焊接方法好

激光焊接常见的缺陷有裂纹、气孔、飞溅、咬边、下塌、未焊透等。

1）裂纹

激光焊中产生的裂纹主要是热裂纹，如结晶裂纹、液化裂纹等。产生的原因主要是由于焊缝在完全凝固之前产生较大的收缩力而造成的。采用高频脉冲或填充金属、预热等措施可以减少或消除裂纹。激光焊接时调整工艺参数，缩短偏析时间，可降低液化裂纹倾向。

① 抗热裂能力　激光焊的裂纹敏感性主要指热裂纹（包括中心裂纹和液化裂纹），主要是由于焊缝在完全凝固之前局部产生较大的收缩应力而造成的。CO_2 激光焊与钨极氩弧焊（TIG）相比，焊接低合金高强度钢时，热裂纹敏感性较低。激光焊虽然有较高的焊接速度，但其热裂纹敏感性却低于 TIG 焊。这是因为激光焊焊缝组织晶粒较细，可有效地防止热裂纹的产生。但如果焊接参数选择不当，也会产生热裂纹。

激光焊接速度快，偏析时间减少，降低了液化裂纹产生的时间。一些 C、S、P 含量较高的合金，在其凝固之前都有一个较宽的温度范围。采用高频脉冲或填充金属、预热等方法可减少或消除裂纹的产生。

② 抗冷裂能力　冷裂纹的评定指标是焊后 24h 在试样中心不产生裂纹所加的最大载荷所产生的应力，即临界应力（σ_{cr}）。对于低合金高强度钢，激光焊的临界应力 σ_{cr} 大于钨极氩弧焊（TIG），这就是说激光焊的抗冷裂纹能力大于 TIG 焊。焊接低碳钢时，这两种焊接方法的临界应力 σ_{cr} 几乎相同。

焊接含碳量较高的中、高碳钢（如 35 号钢），激光焊与 TIG 焊相比，有较大的冷裂纹敏感性。35 号钢的原始组织是珠光体，由于 TIG 焊焊接速度慢，热输入大，冷却过程中奥氏体发生高温转变，焊缝和热影响区的组织大都为珠光体。激光焊的冷却速度较快，焊缝和热影响区是奥氏体低温转变产物马氏体。因为含碳量高，所形成的马氏体有很高的硬度（HV 650），具有较高的组织转变应力，冷裂纹敏感性高。

合金结构钢 12Cr2Ni4A 进行 TIG 焊时，焊缝和热影响区组织为马氏体＋贝氏体，而激光焊时，组织是低碳马氏体，两者的显微硬度相当，但激光焊时的晶粒却细得多。高的焊接速度和较小的热输入，使激光焊用于合金结构钢时，可获得综合性能（特别是抗冷裂性能）良好的低碳细晶粒马氏体，接头具有较好的抗冷裂纹能力。

激光焊冷却速度快，材料中的碳含量是一个很重要的影响因素，对材料的脆化、微裂纹及疲劳强度都有影响。碳含量高的材料容易产生硬度高、碳含量高的片状或板条状马氏体，是导致冷裂纹敏感性大的主要原因。若接头设计不当而造成应力集中，会促使焊接冷裂纹的形成。

2）气孔

是激光焊接中较容易产生的缺陷。采用激光焊接某些易挥发材料（如黄铜、镀锌钢、铝-锂合金及镁合金等）时常伴随有气孔产生。气孔产生的原因是由于液态金属熔池中的化学反应，如被焊金属熔化时保护不好。焊接某些气体溶解度较高的金属或合金时也容易出现气孔，如焊接铝合金。可以通过采取严格的保护措施、加入脱氧剂、控制脉冲频率及光束斑点尺寸等方法来控制气孔的产生。

激光焊的熔池深而窄，冷却速度又很快，液态熔池中产生的气体没有足够的时间逸出，容易导致气孔的形成。但激光焊冷却速度快，产生的气孔尺寸一般小于传统熔焊方法。焊接前清理工件表面是防止气孔的有效手段，通过清理去除工件表面的油污、水分，可以减轻气孔倾向。

材料中加入某些合金元素可以提高接头使用性能（如强度、耐磨性等），但也会影响材料的焊接性。从激光焊来看，合金元素的挥发对气孔的影响非常重要，焊接过程中一些高挥发性的合金元素（如 S、P、Mg 等）会导致气孔的产生，而且还有可能产生咬边。

3）残余应力及变形

CO_2 激光焊加热光斑小，热输入小，使得焊接接头的残余应力和变形比常规焊接方法小得多。激光焊虽有较陡的温度梯度，但焊缝中最大残余拉应力仍然要比 TIG 焊时小一些，而且激光焊工艺参数的变化几乎不影响最大残余拉应力的幅值。

由于激光焊加热区域小，拉伸塑性变形区小，因此最大残余压应力比 TIG 焊减少40％～70％。这对于薄板的焊接格外重要，因为用 TIG 焊焊接薄板时，常常因为残余应力的存在而使工件发生波浪变形，而且这种变形很难消除。但用激光焊焊接薄板时，工件变形大大减小，一般不会产生波浪变形。激光焊接头残余应力和变形小，使它成为一种精密的焊接方法。

4）冲击韧性

研究 HY-130 钢激光焊焊接接头的冲击性能时发现，激光焊接头的冲击吸收功大于母材金属的冲击吸收功（见表 2.8）。进一步研究发现，HY-130 钢 CO_2 激光焊接头冲击吸收功提高的主要原因之一是焊缝金属的净化效应。因此，采用激光焊有利于提高低合金高强钢焊接接头的冲击性能。

表 2.8　HY-130 钢激光焊焊接接头的冲击吸收功

激光功率 /kW	焊接速度 /cm·s⁻¹	试验温度 /℃	冲击吸收功/J	
			焊接接头	母材
5.0	1.90	-1.1	52.9	35.8
5.0	1.90	23.9	52.9	36.6
5.0	1.48	23.9	38.4	32.5
5.0	0.85	23.9	36.6	33.9

5）其他焊接缺陷

① 飞溅　激光焊产生的飞溅会严重影响焊缝表面质量，飞溅物粘附在光学镜片上会造成污染，使镜片受热而导致镜片损坏和焊接质量变差。飞溅与激光功率密度有直接关系，适当降低焊接能量可以减少飞溅。如果熔深不足，可适当降低焊接速度。

② 咬边　如果焊接速度过快，小孔后部指向焊缝中心的液态金属来不及重新分布，在焊缝两侧凝固就会形成咬边。接头装配间隙过大，填缝熔化金属减少，也容易产生咬边。激光焊结束时，如果能量下降时间过快，小孔容易塌陷导致局部咬边。

③ 下塌　如果焊接速度较慢，熔池大而宽，熔化金属量增加，表面张力难以维持较重的液态金属时，焊缝中心会下沉，形成塌陷或凹坑。

2.3.2　脉冲激光焊工艺及参数

激光焊按激光器输出能量的形式可分为脉冲激光焊和连续激光焊，按聚焦后光斑上的功率密度，可分为传热焊和深熔焊（小孔焊）两种。焊接工艺参数有激光功率、焊接速度、光斑直径、离焦量、保护气体等。焊缝成形主要由激光功率和焊接速度确定。

当激光聚焦后，光斑的功率密度 $P_d < 10^5\,W/cm^2$ 时，金属表面的加热温度不会超过其沸点，所吸收的激光能转变为热能后，通过热传导将焊件母材金属熔化而熔合成焊缝。当光斑的功率密度高于 $10^6\,W/cm^2$ 时，金属表面的加热速度剧增，在相当短的时间内，表面温度可达到沸点而使金属气化，激光束可直接辐射到坑底，形成穿透性小孔。当激光束前移，熔池金属温度降低时，小孔自行封闭，完成深熔焊过程。

激光焊工艺参数（如激光功率、焊接速度等）与熔深、焊缝宽度以及焊接材料性质之间的关系，已有大量的经验数据并建立了它们之间关系的回归方程

$$P/vh = a + \frac{b}{r} \tag{2.1}$$

式中，P 为激光功率，kW；v 为焊接速度，mm/s；h 为焊接熔深，mm；a 和 b 是参数；r 是回归系数。

公式（2.1）中的参数 a、b 和回归系数 r 的取值由表 2.9 给出。

33

表 2.9　几种材料 a、b、r 的取值

材料	激光类型	$a/\text{kJ} \cdot \text{mm}^{-2}$	$b/\text{kJ} \cdot \text{mm}^{-1}$	r
304 不锈钢	CO_2	0.0194	0.356	0.82
低碳钢	CO_2	0.016	0.219	0.81
	YAG	0.009	0.309	0.92
铝合金	CO_2	0.0219	0.381	0.73
	YAG	0.0065	0.526	0.99

　　脉冲激光焊类似于点焊，其加热斑点很小，约为微米数量级，每个激光脉冲在金属上形成一个焊点。主要用于微型、精密元件和一些微电子元件的焊接，它是以点焊或由点焊点搭接成的缝焊方式进行的。常用于脉冲激光焊的激光器有红宝石、钕玻璃和 YAG 激光器等几种。

　　脉冲激光焊有四个主要焊接参数：脉冲能量、脉冲宽度、功率密度和离焦量。

　　1）脉冲能量和脉冲宽度

　　脉冲激光焊时，脉冲能量决定了加热能量大小，它主要影响金属的熔化量。脉冲宽度决定焊接时的加热时间，它影响熔深及热影响区大小。脉冲能量一定时，对于不同的材料，各存在一个最佳脉冲宽度，此时焊接熔深最大。图 2.16 示出脉冲宽度对不同材料熔深的影响。脉冲加宽，熔深逐渐增加，当脉冲宽度超过某一临界值时，熔深反而下降。对于每种材料，都有一个可使熔深达到最大的最佳脉冲宽度。钢的最佳脉冲宽度为 $(5 \sim 8) \times 10^{-3}$ s。

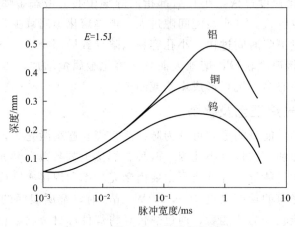

图 2.16　脉冲宽度对熔深的影响

　　脉冲能量主要取决于材料的热物理性能，特别是热导率和熔点。导热性好、熔点低的金属易获得较大的熔深。脉冲能量和脉冲宽度在焊接时有一定的关系，随着材料厚度与性质的不同而变化。

　　焊接时，激光的平均功率 P 由下式决定

$$P = E/\tau \tag{2.2}$$

　　式中，P 是激光功率，W；E 是激光脉冲能量，J；τ 是脉冲宽度，s。

　　可见，为了维持一定的功率，随着脉冲能量的增加，脉冲宽度必须相应增加，才能得到较好的焊接质量。同时焊接时所采用的接头形式也影响焊接的效果。

　　2）功率密度 P_d

　　在功率密度较小时，焊接以传热焊的方式进行，焊点的直径和熔深由热传导所决定，当

激光斑点的功率密度达到一定值（$10^6\,\mathrm{W/cm^2}$）后，焊接过程中将产生小孔效应，形成深宽比大于 1 的深熔焊点，这时金属虽有少量蒸发，并不影响焊点的形成。但功率密度过大后，金属蒸发剧烈，导致气化金属过多，在焊点中形成一个不能被液态金属填满的小孔，不能形成牢固的焊点。

脉冲激光焊时，功率密度 P_d 由下式决定

$$P_d = 4E/\pi d^2 \cdot \tau \tag{2.3}$$

式中，P_d 为激光光斑的功率密度，$\mathrm{W/cm^2}$；E 为激光脉冲能量，J；d 为光斑直径，cm；τ 为脉冲宽度，s。

图 2.17 示出不同厚度材料激光点焊所需的脉冲能量和脉冲宽度。由图可见，脉冲能量 E 和脉冲宽度 τ 成线性关系。同时表明，随着焊件厚度的增加，激光功率密度相应增大。

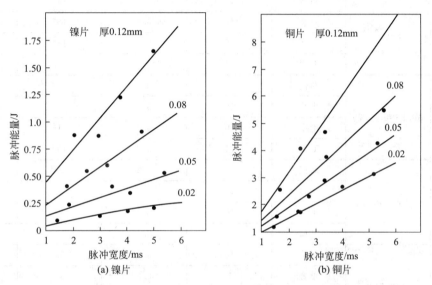

图 2.17　不同厚度材料激光点焊时脉冲能量和脉冲宽度的关系

3）离焦量 F

离焦量是指焊接时焊件表面离聚焦激光束最小斑点的距离（也称为入焦量）。激光焊接需要一定的离焦量，因为激光焦点处光斑中心的功率密度过高，容易蒸发成孔。离开激光焦点的各平面上，功率密度分布相对均匀。

离焦方式有两种：正离焦量和负离焦量。激光束通过透镜聚焦后，有一个最小光斑直径，如果焊件表面与之重合，则 $F=0$；如果焊件表面在它下面，则 $F>0$，称为正离焦量，反之则 $F<0$，称为负离焦量。

离焦量的大小影响材料表面熔化斑点的半径及熔池的径深比，从而影响焊接加工的质量。改变离焦量，可以改变激光加热斑点的大小和光束入射状况。焊接较厚板时，采用适当的负离焦量可以获得较大的熔池，这与熔池的形成特点有关。但离焦量太大会使光斑直径变大，降低光斑上的功率密度，使熔深减小。一般在实际应用中，当要求熔池较大时，采用负离焦量；焊接薄材料时，采用正离焦量。

采用脉冲激光焊时，还应注意：通常把反射率低、传热系数大、厚度较小的金属选为上片；细丝与薄膜焊接前可先在丝端熔结直径为丝径 2～3 倍的球，以增大接触面和便于激光束对准；脉冲激光焊也可用于薄板缝焊，这时焊接速度 $v=d \cdot f(1-K)$，式中 d 为焊点直

径；f 为脉冲频率；K 为重叠系数，依板厚取 0.3～0.9。表 2.10 为丝与丝脉冲激光焊的工艺参数及接头性能示例。

表 2.10 丝与丝脉冲激光焊的工艺参数及接头性能

材料	直径/mm	接头形式	工艺参数		接头性能	
			脉冲能量/J	脉冲宽度/ms	最大载荷/N	电阻/Ω
奥氏体不锈钢	$\phi0.33$	对接	8	3.0	97	0.003
		重叠	8	3.0	103	0.003
		十字	8	3.0	113	0.003
		T型	8	3.0	106	0.003
	$\phi0.79$	对接	10	3.4	145	0.002
		重叠	10	3.4	157	0.002
		十字	10	3.4	181	0.002
		T型	11	3.6	182	0.002
	$\phi0.38$ 与 $\phi0.79$	对接	10	3.4	106	0.002
		重叠	10	3.4	113	0.003
		十字	10	3.4	116	0.003
		T型	11	3.6	102	0.003
铜	$\phi0.38$	对接	10	3.4	23	0.001
		重叠	10	3.4	23	0.001
		十字	10	3.4	19	0.001
		T型	11	3.6	14	0.001
镍	$\phi0.51$	对接	10	3.4	55	0.001
		重叠	7	2.8	35	0.001
		十字	9	3.2	30	0.001
		T型	11	3.6	57	0.001
钽	$\phi0.38$	对接	8	3.0	52	0.001
		重叠	8	3.0	40	0.001
		十字	9	3.2	42	0.001
		T型	8	3.0	50	0.001
	$\phi0.63$ 与 $\phi0.38$	T型	11	3.6	51	0.001
铜和钽	$\phi0.38$	对接	10	3.4	17	0.001
		重叠	10	3.4	24	0.001
		十字	10	3.4	18	0.001
		T型	10	3.4	18	0.001

脉冲激光焊已成功地用于焊接不锈钢、Fe-Ni 合金、Fe-Ni-Co 合金、铂、铑、钽、铌、钨、钼、铜及各类铜合金、金、银、铝硅丝等。脉冲激光焊可用于显像管电子枪的组装、核反应堆零件、仪表游丝、混合电路薄膜元件的导线连接等。用脉冲激光封装焊接继电器外壳、锂电池和钽电容外壳、集成电路等都是很有效的方法。

2.3.3　连续 CO_2 激光焊工艺及参数

由于不同的金属室温时的反射率、熔点、导热系数等性能的差异，连续激光焊所需输出功率差异很大，一般为数千瓦至数十千瓦，最大到 25kW。各种金属连续激光焊所需输出功率的差异，主要是吸收率不同造成的。连续激光焊主要采用 CO_2 激光器，焊缝成形主要由激光功率及焊接速度确定。CO_2 激光器因结构简单、输出功率范围大和能量转换率高而被广泛应用于连续激光焊。

(1) 激光深熔焊接头形式及装配要求

柔性是激光焊接的主要特征之一，这种柔性为不同几何形状材料的连接提供了众多的机会。也就是说，激光焊接的接头形式可以是多种多样的。常见 CO_2 激光焊的几种基本接头形式如图 2.18 所示，其中的卷边角接具有良好的连接刚性。在焊接接头形式中，待焊工件的夹角很小，入射光束的能量绝大部分可以被吸收。激光焊对接接头和搭接接头装配尺寸公差要求如图 2.19 所示。

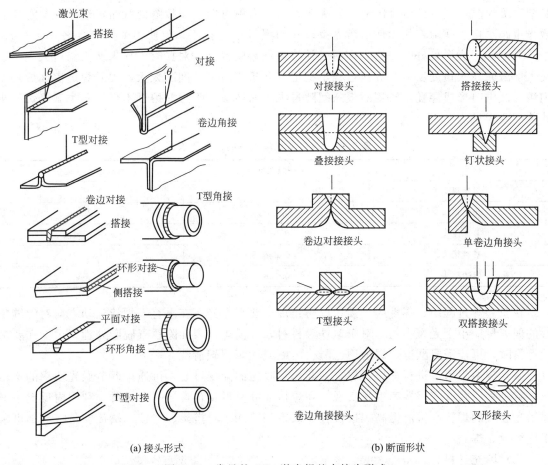

(a) 接头形式　　　　　　　　　　　　(b) 断面形状

图 2.18　常见的 CO_2 激光焊基本接头形式

在激光焊中，应用的最多的是对接接头。由于多数情况下激光焊接不使用填充材料，因此对对接间隙的要求很高，通常要求不大于板厚的 0.05 倍。对于相同厚度板的焊接，激光光斑应覆盖接头的两侧，沿中心线的摆动不应超过光斑直径的 $\pm10\%$。当焊接不同厚度或不同性能的材料时，最佳焦点位置常常偏离接头中心线。

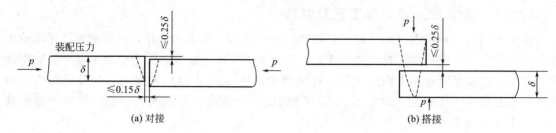

图 2.19　对接接头和搭接接头装配尺寸公差要求

搭接是薄板连接时常用的接头形式。除非对焊缝位置有严格要求,搭接焊可以不用考虑光束的对中问题。同时,搭接还可以焊接多层板。端接对薄板和厚板都是适用的。与对接相比,端接允许更大的接头间隙。

T 型接头和角接焊时,接头允许的最大间隙通常不超过腹板的 0.05 倍,并且激光束应对准接缝,通常以 $7° \sim 10°$ 的角度射入。厚板焊接时,T 型对接焊可以从接头两侧实施。在 T 型对接焊时可观察到熔合区通常偏离激光束的入射方向而向接缝处弯曲,这种现象意味着激光束跟踪接头间隙,从而使得激光束以浅角照射 T 型接头,促使整个接缝熔化。

为了获得成形良好的焊缝,焊前必须将焊件装配良好。对接时,如果接头错边太大,会使入射激光在板角处反射,焊接过程不稳定。薄板焊时,若间隙太大,焊后焊缝表面成形不饱满,严重时形成穿孔。搭接时板间间隙过大,易造成上下板间熔合不良。各类激光焊接头的装配要求见表 2.11。

表 2.11　各类激光焊接头的装配要求

接头形式	允许最大间隙	允许最大错边量
对接接头	0.10δ	0.25δ
角接接头	0.10δ	0.25δ
T 型接头	0.25δ	—
搭接接头	0.25δ	—
卷边接头	0.10δ	0.25δ

在激光焊过程中,焊件应夹紧,以防止焊接变形。光斑在垂直于焊接运动方向对焊缝中心的偏离量应小于光斑半径。对于钢铁等材料,焊前焊件表面除锈、脱脂处理即可。在要求较严格时,可能需要酸洗,焊前用乙醚、丙酮或四氯化碳清洗。

激光深熔焊可以进行全位置焊,在起焊和收尾的渐变过渡,可通过调节激光功率的递增和衰减过程以及改变焊接速度来实现,在焊接环缝时可实现首尾平滑过渡。利用内反射来增强激光吸收的焊缝常常能提高焊接过程的效率和熔深。对搭接、对接、端接、角接等都可采用连续激光焊。

(2) 填充材料

尽管激光焊适合于自熔焊,但在一些应用场合,如焊接大厚度板或接头存在较大间隙时,可以采用填充焊丝或粉末来填补缝隙。添加填充材料的优点是能改变焊缝化学成分,从而达到控制焊缝组织、改善接头力学性能的目的。在有些情况下,还能提高焊缝抗结晶裂纹敏感性。允许增大接头装配公差,改善激光焊接头装配的不理想状态。经验表明,间隙超过板厚的 3%,自熔焊缝将不饱满,应添加填充材料。

异种金属焊接时，由于基体金属化学成分及组织性能差异很大，通过选用合适的填充焊丝可以使接头区具有良好的综合性能。例如，可通过填充焊丝来降低焊缝中的碳含量，以及提高镍元素等奥氏体化元素的含量，可以抑制脆性组织的生成。此外，异种材料的激光焊还可以采用光束偏置的方法来调节热输入，控制被焊材料的微观组织。

填充金属常常以焊丝的形式加入，可以是冷态，也可以是热态。图 2.20 所示是激光填丝焊示意图。填充金属的施加量不能过大，以免破坏小孔效应。

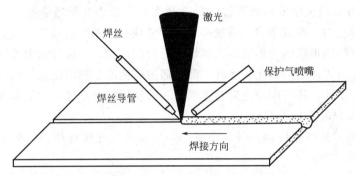

图 2.20　激光填丝焊示意图

激光填丝焊的焊丝可以从激光前方引入，也可以从激光后方引入，如图 2.21 所示。一般常采用前置送丝方式，优点是拖动焊丝的可靠性较高，而且对接坡口对焊丝有导向作用。后置送丝方式焊缝表面的波纹较细，有更好的外观，缺点是一旦送丝精确度下降焊丝可能粘在焊缝上。焊丝中心线与焊缝中心线须重合，与激光光轴夹角一般为 $30°\sim75°$。焊丝应准确送入光轴与母材的交汇点，使激光首先对焊丝加热和熔化形成熔滴，稍后母材金属也被加热熔化形成熔池和小孔，焊丝熔滴随后进入熔池。否则，激光能量会从接头间隙中穿透，不能形成小孔，使焊接过程难以进行。

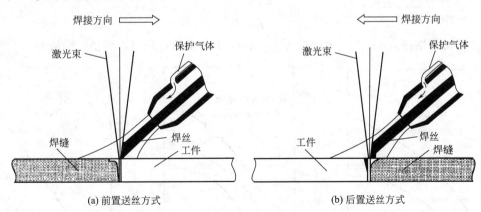

(a) 前置送丝方式　　　　　　　　　　(b) 后置送丝方式

图 2.21　激光填丝焊的两种送丝方式

焊丝对激光能量也存在吸收和反射，反射和吸收程度与激光功率、送丝方式、送丝速度和焦距等因素有关。采用前置送丝方式时，激光辐射和等离子体加热共同作用会使焊丝熔化，需要的能量大，所以焊接过程不稳定。采用后置送丝方式时，熔池的热量也参与加热焊丝，使得依靠激光辐射加热的能量减少，激光能量可以更多的用于加热母材形成小孔。

送丝速度是激光填丝焊的重要工艺参数。激光填丝焊时的接头间隙和焊缝增高主要由焊丝熔敷金属形成，送丝速度的确定受焊接速度、接头间隙、焊丝直径等因素影响。送丝速度过快或过慢，导致熔化金属过多或过少，都影响激光、母材和焊丝三者之间的相互作用和焊缝成形。

激光填丝焊有利于对脆性材料和异种金属的焊接。例如，异种钢或钢与铸铁激光焊时，由于碳和合金元素的差异，焊缝中容易形成马氏体或白口等脆性组织，线胀系数不匹配也导致较大的焊接应力，两方面的综合作用会导致焊接裂纹。采用填充焊丝可以对焊缝金属成分进行调整，降低碳含量和提高镍含量，抑制脆性组织的形成。激光多层填丝焊还可以用较小功率的激光焊设备实现大厚度板的焊接，提高激光对厚板焊接的适应性。

高强铝合金焊接时，常采用填充焊丝来调整焊缝成分以消除焊接热裂纹。在激光焊接过程中，通过一个送丝喷嘴提供填充焊丝。依据焊丝所处的位置，一部分由激光照射而熔化，一部分由激光诱导的等离子体加热熔化，还有一部分通过熔池的加热而熔化。同时，为了保护焊接区及控制光致等离子体，还需向激光束与焊丝及工件作用部位吹送保护气和等离子体控制气。

（3）连续激光焊的工艺参数

连续激光焊的工艺参数包括：激光功率、焊接速度、光斑直径、焦离量和焦点位置、保护气体的种类及流量等。

1）激光功率 P

激光功率是指激光器的输出功率，没有考虑导光和聚焦系统所引起的损失。连续工作的低功率激光器可在薄板上以低速产生普通的有限传热焊缝。高功率激光器则可用小孔法在薄板上以高速产生窄的焊缝。也可用小孔法在中厚板上以低速（但不能低于 0.6m/s）产生深宽比大的焊缝。

激光功率同时控制熔透深度和焊接速度。激光焊熔深与光束功率密切相关，且是入射光束功率和光束直径的函数。对于一定直径的激光束，熔深随着激光功率的提高而增加。图2.22 所示是激光焊时激光功率与不同材料熔深的关系。速度一定时，激光功率对熔深的影响可用下述经验公式表示，即

$$h \propto P^k \tag{2.4}$$

式中，h 为熔深，mm；P 为激光功率，kW；k 为常数，$k<1$，典型实验值为 0.7 和 1.0。

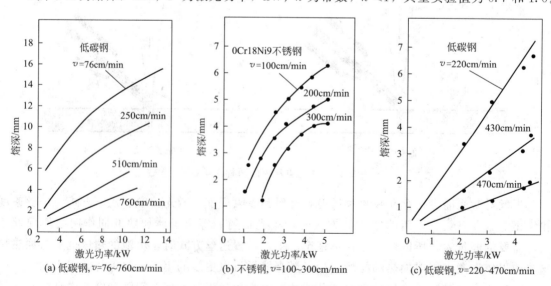

图 2.22　激光功率与不同材料熔深的关系

2）焊接速度 v

焊接速度对熔深影响较大，在一定的激光功率下，提高焊接速度，热输入下降，焊缝熔深减小。适当降低焊接速度可加大熔深，但若焊接速度过低，熔深却不会再增加，反而使熔宽增大或者导致材料过度熔化、工件被焊穿。在焊接速度较高时，随着焊接速度增加，熔深减小的速度与电子束焊时相近。但降低焊接速度到一定值后，熔深增加速度远比电子束焊的小。因此，在较高速度下焊接可更大程度地发挥激光焊的优势。

焊接速度对奥氏体不锈钢焊缝熔深的影响见图 2.23。由图可见，当激光功率和其他工艺参数保持不变时，焊缝熔深随着焊接速度加快而减小。

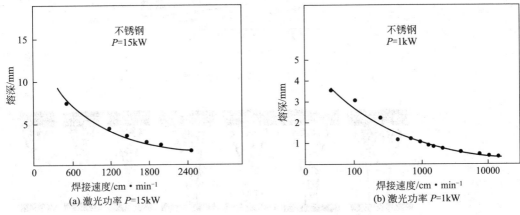

图 2.23　焊接速度对奥氏体不锈钢焊缝熔深的影响

采用不同功率的激光焊，焊接不锈钢和耐热钢时焊接速度与熔深的关系见图 2.24。随着焊接速度的提高，熔深逐渐减小。激光焊焊接速度对碳钢熔深的影响以及不同焊接速度下所得到的熔深分别由图 2.25 和图 2.26 示出。

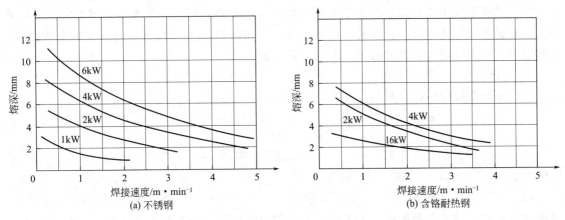

图 2.24　不同激光功率下焊接速度对焊缝熔深的影响

熔深与激光功率和焊接速度的关系可用下式表示

$$h = \beta P^{1/2} v^{-\gamma} \tag{2.5}$$

式中，h 为焊接熔深，mm；P 为激光功率，W；v 为焊接速度，mm/s；β 和 γ 是取决于激光源、聚焦系统和焊接材料的常数。

激光深熔焊时，维持小孔存在的主要动力是金属蒸气的反冲压力。在焊接速度低到一定

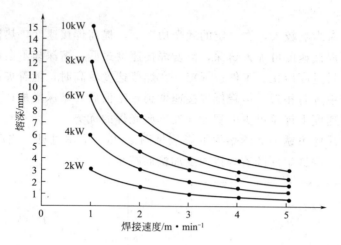

图 2.25　激光焊焊接速度对碳钢熔深的影响

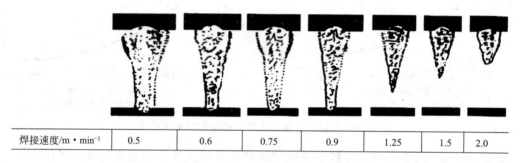

焊接速度/m·min⁻¹	0.5	0.6	0.75	0.9	1.25	1.5	2.0

图 2.26　不同焊接速度下所得到的熔深（$P = 8.7 \text{kW}$，板厚 12mm）

程度后，热输入增加，熔化金属越来越多，当金属蒸气所产生的反冲压力不足以维持小孔的存在时，小孔不仅不再加深，甚至会崩溃，焊接过程蜕变为传热焊型焊接，因而熔深不会再加大。随着金属气化的增加，小孔区温度上升，等离子体的浓度增加，对激光的吸收增加。这些原因使得低速焊时，激光焊熔深有一个最大值。

3）光斑直径 d_0

根据光的衍射理论，聚焦后最小光斑直径 d_0 可以通过下式计算

$$d_0 = 2.44 \times \frac{f\lambda}{D}(3m+1) \tag{2.6}$$

式中，d_0 为最小光斑直径，mm；f 为透镜的焦距，mm；λ 为激光波长，mm；D 为聚焦前光束直径，mm；m 为激光振动模的阶数。

对于一定波长的光束，f/D 和 m 值越小，光斑直径越小。焊接时为了获得深熔焊缝，要求激光光斑上的功率密度高。为了进行深熔焊（小孔焊），焊接时激光焦点上的功率密度必须大于 10^6W/cm^2。

提高功率密度有两个途径：一是提高激光功率 P，它和功率密度成正比；二是减小光斑直径 d_0，功率密度与光斑直径的平方成反比。由于功率密度与激光功率之间仅是线性关系。但与光斑直径的平方成反比，因此通过减小光斑直径比增加激光功率的效果更明显。减小光斑直径 d_0 可以通过使用短焦距透镜和降低激光束横模阶数来实现，低阶模聚焦后可以获得更小的光斑。

4）离焦量 F 和焦点位置

离焦量是工件表面离激光焦点的距离，以 F 表示。工件表面在焦点以内时为负离焦（$F<0$），与焦点的距离为负离焦量。反之为正离焦（$F>0$）。

离焦量不仅影响焊件表面激光光斑大小，而且影响光束的入射方向，因而对熔深、焊缝宽度和焊缝横截面形状有较大影响。熔深随着离焦量 F 的变化有一个跳跃性变化过程。在离焦量 F 很大时，熔深很小，属于传热熔化焊；当离焦量 F 减小到某一值后，熔深发生跳跃性增加，此处标志着小孔产生。

激光深熔焊时，为了保持足够的功率密度，焦点位置至关重要。焦点与工件表面相对位置的变化直接影响焊缝宽度与熔深。大多数激光焊接场合，通常将焦点位置设置在工件表面下大约所需熔深的 1/4 处。

图 2.27 示出离焦量对焊缝熔深、焊缝宽度和焊缝横截面积的影响，由该图所示曲线可见，焦距减小到某一值后，熔深突变，即为产生穿透小孔建立了必要的条件。激光深熔焊时，熔深最大时的焦点位置是位于焊件表面下方某处，此时焊缝成形最好。通过调节离焦量可以在光束的某一截面选择一光斑直径使其能量密度适合于深熔焊缝的形成。

5）保护气体

激光焊时采用保护气体有两个作用：一是保护焊缝金属不受有害气体的侵袭，防止氧化污染，提高接头的性能；二是影响激光焊过程中的等离子体，抑制等离子云的形成。深熔焊时（小孔焊），高功率激光束使金属被加热气化，在熔池上方形成金属蒸气，在电磁场的作用下发生离解形成等离子云，它对激光束起着阻隔作用，影响激光束被焊件吸收。

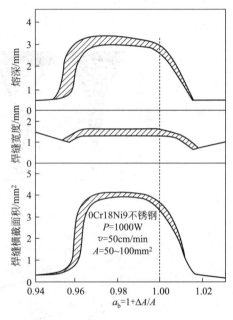

图 2.27　离焦量对焊缝熔深、熔宽和横截面积的影响

为了排除等离子云，通常用高速喷嘴向焊接区喷送惰性气体，迫使等离子云偏移，同时又对熔化金属起到隔绝大气的保护作用。图 2.28 示出各种保护气体对激光焊熔深的影响。可见 He 气体具有最好的抑制等离子云的效果，在 He 气体中加入少量的 Ar 或 O_2 可进一步提高熔深。气体流量对熔深也有一定的影响，熔深随气体流量的增加而增大，但过大的气体流量会造成熔池表面下陷，严重时还会产生烧穿现象。

保护气体多用氩（Ar）气或氦（He）气。He 具有优良保护和抑制等离子云的效果，焊接时熔深较大。如果在 He 气体里加入少量 Ar 或 O_2 可进一步提高熔深，故国外广泛使用 He 作保护气。但由于国内 He 价格昂贵，一般不用 He 作保护气，而是多用 Ar 作保护气体。但由于 Ar 电离能太低、容易离解，故其熔深较小。

不同气体流量下得到的焊缝熔深由图 2.29 所示。由该图可见，气体流量大于 17.5L/min 以后，焊缝熔深不再增加。吹气喷嘴与焊件的距离不同，熔深也不同。图 2.30 所示是喷嘴到焊件的距离与焊缝熔深的关系。不同的保护气体作用效果不同，一般 He 气体的保护效果最好，但有时焊缝中气孔较多。

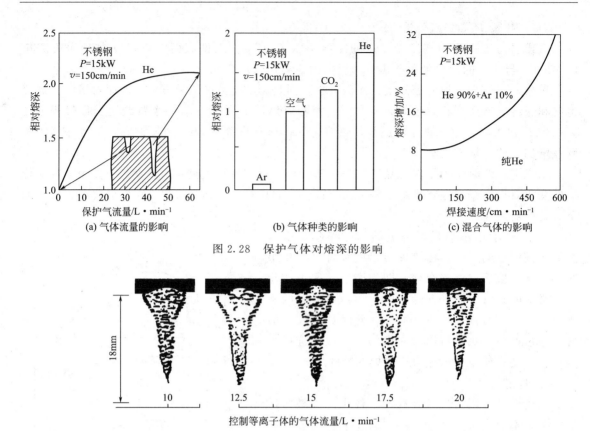

图 2.28　保护气体对熔深的影响

图 2.29　不同气体流量下的焊缝熔深

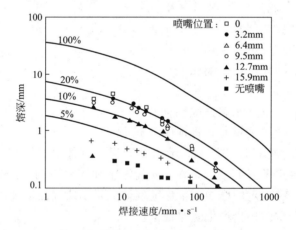

图 2.30　喷嘴到焊件的距离与焊缝熔深的关系（$P=1.7\text{kW}$，Ar 气体保护）

2.3.4　激光复合焊接技术

（1）激光-电弧复合焊的原理

激光焊接的优势很明显，但就目前来说，激光焊的成本仍较高。因此以激光为核心的复合技术受到人们的关注。激光复合焊接技术是指将激光焊接与其他焊接方法组合起来的复合焊接技术，其优点是能充分发挥每种焊接方法的优势并克服某些不足，从而形成一种高效的热源。例如，由于激光焊的价格功率比太大，当对厚板进行深熔、高速焊接时，为了避免使用价格昂贵的大功率激光器，可将小功率的激光器与常规的气体保护焊结合起来进行复合焊接，如激光-TIG 和激光-MIG 等。

激光-电弧复合热源焊接技术最初是由英国学者 Steen 于 20 世纪 70 年代末提出的，主导思想是有效利用电弧热量。在较小的激光功率条件下获得较大的焊接熔深，同时提高激光焊接对接头间隙的适应性，实现高效率、高质量的焊接过程。

图 2.31 所示为激光-电弧复合热源焊接的基本原理及典型焊缝的截面形态。研究表明，当激光束穿过电弧时，其穿透金属的能力比在一般大气中有了明显的增强。例如，在 2m/min 的焊接速度下，功率 0.2kW 的激光束流与焊接电流 90A 的 TIG 电弧组合，可以焊出熔深 1mm 的焊缝，而通常需要用功率 5kW 的激光束才能达到同样的效果。此外，连续激光束在距离电弧中心线 3~5mm 时，有吸引电弧并使之稳定燃烧的作用，可以提高激光焊速度。激光与电弧复合使得两种热源充分发挥了各自的优势，又相互弥补了对方的不足，从而形成了一种高效的焊接热源。

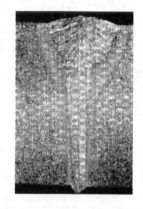

(a) 激光-电弧复合热源焊接原理　　(b) 激光-电弧复合热源焊缝截面形态

图 2.31　激光-电弧复合热源焊接原理及典型焊缝截面形态

为了消除或减少激光焊接的缺陷，更好地应用这一优势的焊接方法，提出了一些用其他热源与激光进行复合焊接的工艺，主要有激光与电弧、激光与等离子弧、激光与感应热源复合焊接、双激光束焊接以及多光束激光焊接等。此外还提出了各种辅助工艺措施，如激光填丝焊（可细分为冷丝焊和热丝焊）、外加磁场辅助增强激光焊、保护气控制熔深激光焊、激光辅助搅拌摩擦焊等。

激光复合焊接技术中应用较多的是激光-电弧复合焊接技术（也称为电弧辅助激光焊接技术），主要目的是有效地利用电弧能量，在较小的激光功率条件下获得较大的熔深，同时提高激光焊接对接头间隙的适应性，降低激光焊接的装配精度，实现高效率、高质量的焊接过程。例如，激光焊与 TIG/MIG 电弧组成的激光-TIG/MIG 复合焊，可实现大熔深焊接，同时热输入比 TIG/MIG 电弧大为减小。

激光与电弧联合应用进行焊接有两种方式。一是沿焊接方向，激光与电弧间距较大，前后串联排布，两者作为独立的热源作用于工件，主要是利用电弧热源对焊缝进行预热或后热，达到提高激光吸收率、改善焊缝组织性能的目的。二是激光与电弧共同作用于熔池，焊接过程中，激光与电弧之间存在相互作用和能量的耦合，也就是我们通常所说的激光-电弧复合热源焊接。

（2）激光-电弧复合焊接的优势

1）激光-电弧复合热源焊接的优点

① 高效、节能、经济，有效利用激光能量　单独使用激光焊时，由于等离子体的吸收与工件的反射，能量利用率低。母材处于固态时对激光的吸收率很低，而熔化后对激光的吸收率可高达 50%～100%。激光与电弧复合焊接时，TIG 或 MIG 电弧先将母材熔化，紧接着用激光照射熔融金属，提高母材对激光的吸收率，可以有效利用电弧能量，降低激光功率。这就意味着可以减少激光设备的投资，降低生产成本。

② 增加熔深　在电弧的作用下母材熔化形成熔池，而激光束又作用在电弧形成熔池的底部，液态金属对激光束的吸收率高，因而复合焊较单纯激光焊的熔深大。与同等功率下的激光焊相比，复合热源焊接的熔深可增加一倍。特别是在窄间隙大厚板焊接中，采用激光-电弧复合热源焊接时，在激光作用下，电弧可潜入到焊缝深处，减少填充金属的熔覆量，实现大厚板深熔焊接。

③ 稳定电弧，提高焊接适应性　单独 TIG 或 MIG 时，焊接电弧有时不稳定，特别是在小电流情况下，当焊接速度提高到一定值时会引起电弧飘移，使焊接过程无法进行；而采用激光-电弧复合焊接技术时，激光产生的等离子体有助于稳定电弧。复合电弧使焊缝熔宽增大（特别是 MIG 电弧），降低了热源对间隙、错边及对中的敏感性，减少了工件对接加工、装配的工作量，提高了生产效率。

④ 减少焊接缺陷、改善焊缝成形　与单独激光焊相比，激光-电弧复合热源焊接对小孔的稳定性、熔池流动情况等会产生影响，能够减缓熔池金属凝固时间，有利于组织转变，减少气孔、裂纹等焊接缺陷。复合热源作用于工件时，可以改善熔化金属与固态母材的润湿性、消除焊缝咬边现象。激光和电弧的能量还可以单独调节，将两种热源适当配比可获得不同的焊缝深宽比，改善焊缝形状系数。

研究表明，采用 TIG 电弧与 YAG 激光复合焊接厚度 5mm 的 SUS304 不锈钢，与单独 YAG 激光焊相比，气孔大大减少。1.7kW 的 YAG 激光焊接时，由于没有焊透工件，焊缝中存在气孔，但与 100A 焊接电流的 TIG 电弧复合后，虽然熔深增加，但气孔数量和尺寸都明显减少了。

根据对激光-电弧复合焊过程电弧、小孔的观察（如图 2.32 所示），TIG-YAG 复合焊能够减少气孔有如下两方面的原因。

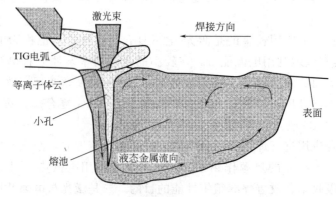

图 2.32　TIG-YAG 激光复合焊的电弧、小孔及熔池示意图

a. 由于复合电弧的作用,"小孔"直径变大了,增加了小孔的稳定性。

b. 电弧被激光斑点吸引,电弧根部被压缩在"小孔"表面,引起强烈的金属蒸发,有阻止保护气体侵入小孔的作用。

⑤ 减少焊接应力和变形 与普通电弧焊相比,激光-电弧复合热源焊接的速度快、热输入量小,因而热影响区小,焊接区变形及残余应力小。特别是在大厚板焊接时,由于焊接道数减少,相应地减少了焊接后矫形的工作量,提高了工作效率。

此外,常用的激光复合焊接技术还有激光-高频焊、激光-压焊等。激光-高频焊是在采用高频焊管的同时,采用激光对熔焊处进行加热,使待焊件在整个焊缝厚度上的加热更均匀,有利于进一步提高焊管的接头质量和生产率。

激光-压焊是将聚焦的激光束照射到被连接工件的接合面上,利用材料表面对垂直偏振光的高反射将激光导向焊接区,由于接头特定的几何形状,激光能量在焊接区被完全吸收,使工件表层的金属加热或熔化,然后在压力的作用下实现材料的连接。这样构成的焊接件不仅焊缝强度高,焊接效率也得到大幅度提高。近年来,通过激光-电弧相互复合而诞生的复合焊接技术获得了长足的发展,在航空、军工等复杂结构件上的应用日益受到重视。目前,激光与不同电弧的复合焊接技术已成为激光焊接领域发展的热点之一。

总之,采用这种复合焊接方法的主要优点如下。

① 有效利用激光能量 母材处于固态时对激光的吸收率很低,而熔化后对激光的吸收率可高达 50%~100%。采用复合焊接方法时,TIG 或 MIG 电弧先将母材熔化,紧接着用激光照射熔融金属,从而提高母材对激光的吸收率。

② 增加熔深 在电弧的作用下,母材熔化形成熔池,而激光束又作用在电弧形成熔池的底部,加之液态金属对激光束的吸收率高,因而复合焊接较单纯激光焊接的熔深大。

③ 稳定电弧 单独采用 TIG 或 MIG 时,焊接电弧有时不稳定,特别是在小电流情况下,当焊接速度提高到一定值时会引起电弧飘移,使焊接过程无法进行;而采用激光-电弧复合焊接技术时,激光产生的等离子体有助于稳定电弧。

激光-电弧相互作用形成的是一种增强适应性的焊接方法,具有提高能量、增大熔深、稳定焊接过程、降低装配条件要求、实现高反射材料的焊接等许多优点。与普通电弧焊相比,激光-电弧复合技术的焊接速度快、热影响区小、焊接变形及残余应力小。特别是大厚度板焊接时,由于焊接道数的减少,相应地减少了焊后矫形的工作量,提高了工作效率。

2)激光-电弧复合焊接电压、电流的变化

激光与电弧相互作用形成的是一种增强适应性的焊接方法,它避免了单一焊接方法的不足,具有提高能量、增大熔深、稳定焊接过程、降低装配要求、实现高反射材料的焊接等许多优点。

图 2.33 是单纯 TIG 焊和激光-TIG 复合焊接时电弧电压和焊接电流的波形图。图 2.33(a)中焊接速度为 135cm/min、TIG 焊接电流为 100A,可以看出,激光-TIG 复合焊接时电弧电压明显下降,焊接电流明显上升。图 2.33(b)中焊接速度为 270cm/min、TIG 焊接电流为 70A,可以看出,单纯 TIG 焊时电弧电压及焊接电流不稳定,很难进行焊接;而激光-TIG 复合焊接时电弧电压和焊接电流很稳定,可以顺利地进行焊接。

激光加丝焊接是指在进行激光焊接的同时,向焊缝填充焊丝。添加焊丝有两个目的:一是在接头间隙不很理想的情况下,仍可进行正常焊接,使焊缝成形良好;二是改变焊缝的成分和组织,使焊缝满足一定地性能要求。

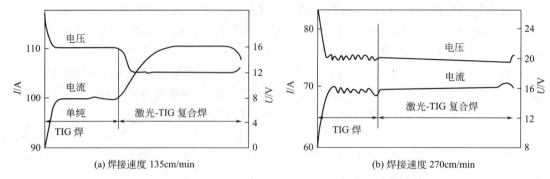

(a) 焊接速度 135cm/min　　　　　　　　　(b) 焊接速度 270cm/min

图 2.33　单纯 TIG 焊和激光-TIG 复合焊接时电弧电压和电流的波形

采用加丝深熔焊接时，应注意不要使焊丝添加得太快，以免使熔池小孔受到破坏。试验表明，采用加丝激光焊时，在其他焊接条件不变的情况下，其焊缝宽度比不加焊丝时的窄，这是由于在同样的热输入作用下，填充焊丝的熔化消耗了部分光能，用于熔化母材的能量相应减少的缘故。

（3）激光与电弧的复合方式

激光-电弧复合热源，一般多采用 CO_2 激光器和 $Nd：YAG$ 激光器。根据激光与电弧的相对位置不同，有旁轴复合与同轴复合之分，如图 2.34 所示。

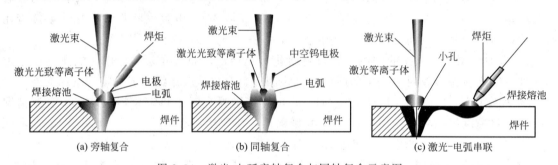

(a) 旁轴复合　　　　　　　　　(b) 同轴复合　　　　　　　　　(c) 激光-电弧串联

图 2.34　激光-电弧旁轴复合与同轴复合示意图

① 旁轴复合　是指激光束与电弧以一定角度作用在工件的同一位置，即激光可以从电弧前方送入，也可以从电弧后方送入，如图 2.35 所示。旁轴复合较易实现，可以采用非熔化极的 TIG 电弧，也可以采用熔化极的 MIG 电弧。

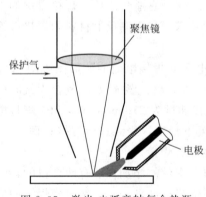

图 2.35　激光-电弧旁轴复合热源

② 同轴复合　是指激光与电弧同轴作用在工件的同一位置，即激光穿过电弧中心或电弧穿过环状光束或多光束中心到达工件表面，如图 2.36 所示。同轴复合难度较大，工艺也较复杂，因此多采用非熔化极的 TIG 电弧或等离子弧。

图 2.36（a）中，电弧位于两束激光中间，YAG 激光束从光纤输出后，分为两束，通过一组透镜重新聚焦，电极与电弧安置在透镜的下方，激光的聚焦点与电弧辐射点重合。图 2.36（b）所示是激光从电弧中间穿过的方式实现 TIG 电弧与激光的同轴复合。此时采用了 8 根钨极，在一定直径的圆环上呈 45°均匀分

布。钨极分别由独立的电源供电，焊接过程中根据焊枪移动的方向，控制相应方向上的两对电极工作，形成前后方向的热源。此外，如果设计空心钨极，让激光束从环状电弧中心穿过，也是激光与电弧同轴复合的常用方法。激光-电弧同轴复合解决了旁轴复合的方向性问题，适合于三维结构件的焊接，难点是焊枪的设计比较复杂。

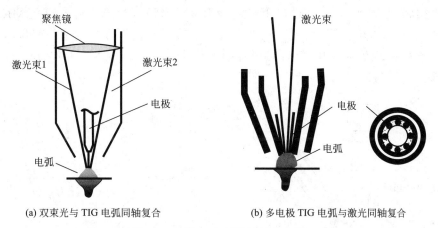

(a) 双束光与 TIG 电弧同轴复合　　　　(b) 多电极 TIG 电弧与激光同轴复合

图 2.36　激光-电弧同轴复合热源

根据电弧种类的不同，激光与电弧的复合方式有激光-TIG、激光-MIG/MAG、激光-等离子弧和激光-双电弧复合等几种。

1）激光-TIG 电弧复合热源焊接

激光-电弧复合热源的最早研究是从 CO_2 激光与非熔化极 TIG 电弧的旁轴复合开始的。激光与 TIG 电弧的复合工艺过程相对简单，光束与电弧可以是同轴排布，也可以是旁轴排布。光束与电弧的夹角、电弧电流大小和输入形式、激光功率、排布方向、作用间距、电弧高度、保护气体流量等是影响复合效果的主要因素。

图 2.37 所示是激光-TIG 电弧复合焊接技术的示意图。

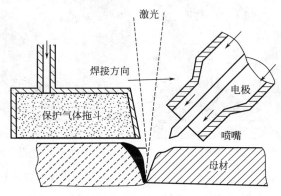

图 2.37　激光-TIG 电弧复合焊接技术示意图

激光-TIG 复合热源在高速焊接条件下，可以得到稳定的电弧、焊缝成形美观，减少了气孔、咬边等焊接缺陷。尤其是小电流、高焊速和长电弧时，激光-TIG 复合热源的焊接速度甚至可达到单独激光焊接的两倍以上，这是常规 TIG 焊接难以做到的。激光-TIG 电弧复合热源多用于薄板高速焊接，也可以用于不等厚板材对接焊缝的焊接；较大间隙板焊接时，可采用填充金属。

2）激光-MIG/MAG 复合热源焊接

激光-MIG/MAG 复合热源焊接是目前应用最广泛的一种复合热源焊接方法，在汽车、船舶等领域都有应用。激光-MIG/MAG 复合热源焊接利用 MIG/MAG 填丝的优点，在提高焊接熔深、增强适应性的同时，还可以改善焊缝冶金和组织性能。

图 2.38 所示是激光-MIG/MAG 电弧复合焊接技术的示意图。由于激光-MIG/MAG 复合焊接存在送丝与熔滴过渡等问题，绝大多数都是采用旁轴复合方式进行焊接。图 2.39 所示是两种不同类型的激光-MIG 复合热源焊接的枪头，一些公司专门从事激光-MIG 复合热源焊接枪头的设计与制造。

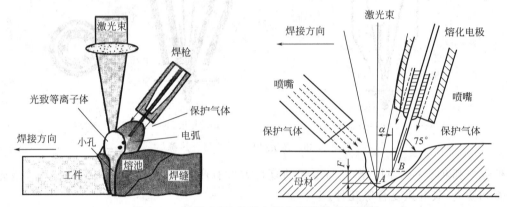

图 2.38 激光-MIG/MAG 复合焊接技术示意图

(a) CO_2 激光重型焊接头　　　　(b) YAG 激光超细焊接头

图 2.39 不同类型激光-MIG 复合热源焊接的枪头

MIG 焊丝和保护气体以一定角度斜向送入焊接区，被电弧熔化的焊丝形成轴向过渡的熔滴，然后熔滴和被激光、电弧加热熔化的母材一起形成焊接熔池。如果工件表面激光的辐射照度达到材料气化的临界辐射照度，则会产生小孔效应和光致等离子体，实现深熔焊过程。

与激光-TIG 复合电弧相比，激光-MIG 复合焊接方法具有很好的应用前景，可以焊接的板厚更大，焊接适应性更强。特别是由于 MIG/MAG 电弧具有方向性强以及阴极雾化等优势，适合于大厚度板以及铝合金等激光难焊金属的焊接。

3）激光-等离子弧复合热源焊接

等离子弧具有刚性好、温度高、方向性强、电弧引燃性好、加热区窄、对外界的敏感性小等优点，非常有利于进行复合热源焊接。等离子弧与激光复合进行薄板对接焊、不等厚板连接、镀锌板搭接焊、铝合金焊接、切割和表面合金化等方面的应用，都获得了良好的效果。同激光-TIG 电弧复合热源焊接一样，激光-等离子弧复合焊接可以是旁轴复合，也可以是同轴复合。

4）激光-双电弧复合热源焊接

这种方法是将激光与两个 MIG 电弧同时复合在一起组成的焊接工艺。两个焊枪采用独立的电源和送丝机构，通过自己的供线系统分享焊接机头，每个焊枪都可以相对于另一焊枪和激光束位置任意调整，如图 2.40 所示。由于三个热源要同时作用在一个区域内，相互之间的位置排布尤为重要。为了使焊接机头在垂直方向相对于激光束的位置可重新定位，在研究与设计试验装置时需要精心考虑焊枪与激光束聚焦尺寸。

图 2.40　激光-双电弧复合热源焊接枪头

无间隙接头焊接时，激光-双电弧复合热源的焊接速度比一般的激光-MIG 复合热源提高 33%，比埋弧焊提高 80%。单位长度的热输入比常规的激光-MIG 复合热源减少 25%，比埋弧焊减少 83%，而且焊接过程非常稳定，远远超过常规的激光-MIG 复合热源的焊接效率。

（4）激光-电弧复合焊参数对焊缝成形的影响

1）激光功率对熔深、熔宽的影响

清华大学陈武柱等针对激光功率对激光-MAG 复合焊焊缝熔深和熔宽影响的试验结果如图 2.41 所示，采用的是 CO_2 激光器，焊接时 MIG 电弧在前，激光在后。

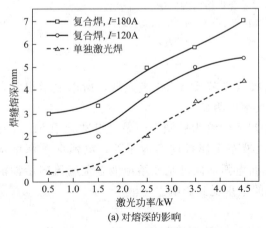

(a) 对熔深的影响

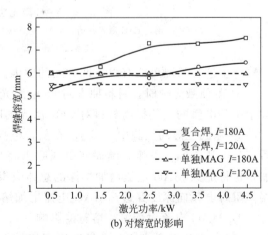

(b) 对熔宽的影响

图 2.41　激光功率对激光-MAG 复合焊焊缝熔深、熔宽的影响

厚度 7mm 的 Q235 钢，MG-51T 焊丝（$\phi1.0mm$），MAG 电弧在前，CO_2 激光在后

保护气体 He-Ar（20L/min），焊接速度 0.8m/min

由图 2.41 (a) 可见，当激光功率较小时（图 2.41 中 $P \leqslant 1.5\text{kW}$），处于热导焊的范围，无论是单一的激光焊，还是复合焊，焊缝熔深随激光功率的增加变化很小；当激光功率大于 1.5kW 后，焊缝熔深随着激光功率的增加近似呈线性增长，而且复合焊具有与单独激光焊斜率相近的增长曲线。所不同的是随添加的 MAG 电流不同，复合焊的熔深比单独激光焊有了不同程度的提升。从图 2.41 (b) 可见，复合焊的熔宽也随着激光功率的增加有所增长，但变化范围不大。

图 2.42 给出了另一研究报告提供的试验结果，采用的是 YAG 激光和脉冲 MAG 复合，焊接时激光在前，MAG 电弧在后。

与图 2.41 比较可见，虽然两者所用的激光不同，两热源排列次序不同，但激光功率对熔深的影响规律是一致的：小功率的热导焊阶段（图 2.42 中，$P < 0.9\text{kW}$），复合焊和单独激光焊一样，焊缝熔深随激光功率的增加变化很小；$P > 0.9\text{kW}$ 的深熔焊阶段，焊缝熔深随着激光功率的增加近似呈线性增长，复合焊与单独激光焊具有斜率相近的增长曲线；复合焊的熔深比单独激光焊有一定程度的提升。所不同的是，CO_2 激光-MAG 复合焊对熔深的提升作用比 YAG 激光-MAG 复合焊更明显。

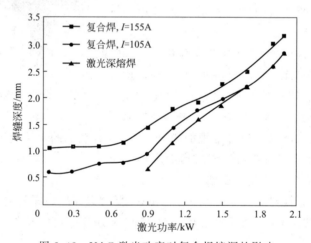

图 2.42　YAG 激光功率对复合焊熔深的影响

Q235 钢，YAG 激光在前，MAG 电弧在后，焊接速度 0.8m/min，激光焦斑 0.6mm，
焊丝 ϕ1.2mm，保护气体：82% Ar＋18% CO_2

产生这种情况可能有以下两方面的原因。

① 单独激光焊时，材料原本对 CO_2 激光的吸收率就比 YAG 激光低，所以显示出复合焊中由于电弧的预热提高材料对 CO_2 激光的吸收率更明显。

② 陈武柱等的试验中，MAG 在前，电弧相对于焊缝为后倾，而另一组试验中 MAG 在后，为电弧前倾。电弧后倾促使电弧吹力将熔池液态金属推向熔池尾部，电弧穿透深度增加，也将加强 MAG 电流增加熔深的总体效果。而电弧前倾却是使熔池液态金属流向熔池前端，阻碍电弧向深度穿透，MAG 电流增加熔深的效果受到影响。

2）MAG 电流对熔深、熔宽的影响

MAG 电流对激光-MAG 复合焊焊缝熔深和熔宽的影响如图 2.43 所示，试验条件与图 2.41 相同。由图可见，激光-MAG 复合焊的熔深大于相同功率单独激光焊的熔深，MAG 电流不同，熔深的增加量也不相同［见图 2.43 (a)］；复合焊的熔宽与相同电流单独 MAG 的熔宽变化规律相近，但大于 MAG 的熔宽［见图 2.43 (b)］。

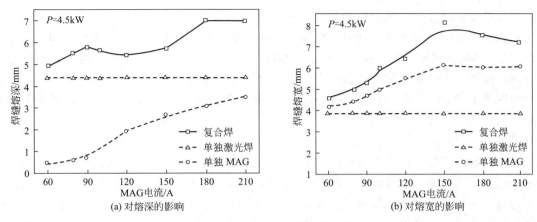

图 2.43　MAG 电流对激光-MAG 复合焊焊缝熔深、熔宽的影响

研究表明，随着 MAG 电流的增加所引起复合焊熔深的变化并非单调的增长，而是起伏变化的，在 90～120A 电流增加范围，复合焊的熔深是负增长。产生这种现象的原因可归因于电弧等离子体的变化。

引起激光-MAG 复合焊比单一激光焊熔深增加有三方面的因素：即电弧的预热、电弧等离子体的作用和电弧吹力。其中电弧对工件的预热作用和电弧吹力这两个因素会产生正效应，即 MAG 电流越大，电弧对工件的加热程度和电弧吹力越激烈，熔深的增长越大。电弧等离子体对熔深的影响较复杂，因为激光致等离子体温度高，电弧等离子体对激光致等离子体有稀释作用，从而减小了光致等离子体对激光的吸收和折射，增加了辐射到工件的激光能量。但随着电弧电流的增加使电弧等离子体的密度大到一定程度时，不仅没有了稀释光致等离子体的作用，反而会增加激光穿越电弧时的能量损耗，降低工件表面吸收的能量。

3）激光与电弧间距对熔深、熔宽的影响

激光与电弧间距（DLA），是指工件表面激光辐射点与 MAG 焊丝瞄准点之间的距离，是激光-MAG 复合焊的一个重要参数，对焊接过程稳定性和焊缝成形有很大的影响。图 2.44 所示为激光与电弧间距对激光-MAG 复合焊焊缝熔深、熔宽的影响，试验中两热源的排列次序采用了两种方式：MAG 导前方式和激光导前方式。从试验结果看，相同的激光与电弧间距情况下，MAG 导前方式比激光导前方式的熔深大，而熔宽较窄。但从变化趋势看，两种排列方式的熔深和熔宽随激光与电弧间距的变化规律是一致的：熔深的变化具有最

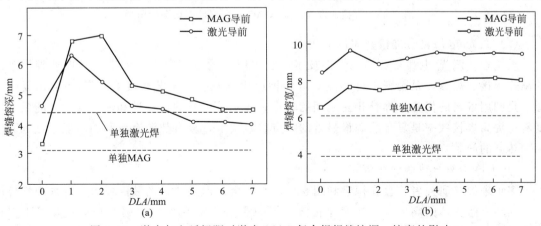

图 2.44　激光与电弧间距对激光-MAG 复合焊焊缝熔深、熔宽的影响

大值，而熔宽随激光与电弧间距的变化不大。

激光和电弧的排列方式不同引起熔深、熔宽的变化，主要原因是电弧倾角方向不同引起的。MAG 导前方式中电弧是向后倾的，而激光导前方式中电弧是前倾的，电弧后倾比电弧垂直或前倾熔深大、熔宽窄，这和一般电弧焊的成形规律是一样的。

由图 2.44 (a) 可见，如果激光辐射点和电弧燃烧点完全重合（$DLA=0$），激光和电弧两热源的作用不是加强了，而是削弱了，熔深几乎降至最低，甚至比单独激光焊还要低（激光导前方式）。原因是激光与电弧间距（DLA）为零时，激光能量主要集中在焊丝熔化上，削弱了小孔效应。随着激光与电弧间距的增加，MAG 电弧对激光的加强作用显露出来，熔深不断增加。当激光与电弧间距（DLA）达到某一值时（对 MAG 导前方式为 $1\sim2$mm，对激光导前方式为 1mm），熔深达到最大值；当 $DLA>3$mm 后，由于电弧离激光越来越远，电弧的加强作用越来越弱，熔深越来越小；当 $DLA>4$mm 后，电弧已显不出什么作用，复合焊熔深几乎和单独激光焊的熔深基本上一样了。

4）焊接速度对熔深的影响

图 2.45 所示是焊接速度对激光-MAG 复合焊焊缝熔深的影响。由图可见，随着焊接速度的提高，激光-MAG 复合焊的熔深与单独激光焊熔深以相近的斜率急剧下降。但在焊接速度相同的情况下，复合焊熔深比单独激光焊熔深还是提高了 $0.4\sim0.75$ 倍。如果要求焊缝熔深相同（即焊透相同的板厚），复合焊可以用比单独激光焊大得多的速度进行焊接。也就是说，复合焊的效率大大提高了。

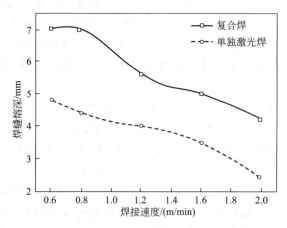

图 2.45　焊接速度对激光-MAG 复合焊焊缝熔深的影响

（5）激光-电弧复合焊接技术的应用

近年来，激光-电弧复合热源焊接技术显示出巨大的应用潜力，可用于厚板和难焊金属的高速焊接、熔覆以及精密工件的点焊等多种应用领域。从工艺角度看，激光-电弧复合热源正是利用各自的优势，弥补相互之间的缺点，显示了很好的焊接性和适应性。从能量的角度看，提高焊接效率是复合热源最显著的特点，事实上，复合热源有效利用的能量远远大于两种热源的简单叠加。

1）大厚板复合热源深熔焊接

多年来焊接研究者一直在探索利用激光焊接厚板，但是严格的装配要求、焊缝力学性能以及大功率激光器的高成本限制了厚板激光焊的应用。采用激光-电弧复合焊接技术不仅可以进行厚板深熔焊接，而且对焊接坡口制备、光束对中性和接头装配间隙有很好的适应性。

激光-电弧复合热源焊接技术成功地应用于大厚板的最大的受益者是造船工业。为了满足海军舰船日益紧迫的建造要求和保证舰船结构焊接质量的稳定性，美国海军连接实验室针对低合金高强钢厚板，在船板的加强筋板焊接过程中对激光-MIG 复合热源焊接的效率、组织性能、应力与变形等进行了系统地试验研究。之所以考虑应用复合热源焊接技术，是从以下几方面考虑的。

① 应用激光与电弧复合热源焊接技术，可在舰船结构中实施低合金高强钢的不预热焊接，这在一般的舰船焊接条件下是不可行的。

② 增加了焊接速度，放宽了对接头间隙的敏感性，降低了焊接应力和变形，提高了焊接质量。

试验结果表明，舰船结构焊缝总长度的 50%应用了激光-电弧复合热源焊接技术，单道焊熔深可达 15mm，双道焊熔深可达 30mm，焊接变形量仅为双丝焊的 1/10，焊接厚度 6mm 的 T 型接头时，焊接速度可达 3m/min，焊接效率大幅度提高。

2）铝合金激光-电弧复合热源焊接

激光焊接铝合金存在反射率大、易产生气孔和裂纹、成分变化等问题，激光-电弧复合热源焊接铝合金可以解决这些问题。铝合金液态熔池的反射率低于固态金属，由于电弧的作用，激光束能够直接辐射到液态熔池表面，增大吸收率，提高熔深。采用交流 TIG 直流反接（DCEP）可在激光焊之前清理氧化膜。同时，电弧形成的较大熔池在激光束前方运动，增大熔池与固态金属之间的润湿性，防止形成咬边。由于电弧的加入，通常不适于焊接铝合金的 CO_2 激光器也可胜任。

3）搭接接头激光-电弧复合热源焊接

搭接焊缝广泛应用于汽车的框架和底板结构中，随着对汽车质量要求的提高以及对环境保护的紧迫性，目前汽车壳体焊接中很多都采用了镀锌钢板搭接焊和铝材焊接。复合热源焊接技术应用于汽车底板的搭接焊中不仅可以减小焊接部件的变形量，消除下凹或焊接咬边等缺陷，还可以大幅度提高焊接速度。例如，采用 10kW 的 CO_2 激光与 MIG 电弧复合热源焊接低碳钢板的搭接接头，可实现间隙为 0.5～1.5mm 的搭接焊，熔深可达底板厚度的 40%。采用 2.7kW 的 YAG 激光-MIG 电弧复合高速焊接的铝合金搭接接头，焊接速度可达 8m/min 以上。

4）激光-电弧复合热源高速焊接

激光高速焊接薄板的主要问题是焊缝成形连续性差，焊道表面易出现隆起等焊接缺陷。采用等离子弧辅助 YAG 或 CO_2 激光进行薄板（厚度 0.16mm）复合焊接，可以解决激光高速焊接时的表面成形连续性差的问题，焊接速度比单独激光焊提高约 100%。特别是由于等离子弧与激光之间的相互作用，使得焊接电弧非常稳定，即使焊接速度高达 90m/min 时电弧也没有出现不稳定的状态，可以获得较宽的焊道和光滑的焊缝表面。

对于厚钢板，也可以采用激光-MIG 电弧复合热源实现高速焊接。例如，图 2.46 所示为复合热源高速单道焊接厚度 12mm 钢板的坡口形式和焊缝截面图。在坡口设计时专门为激光束提供引导通道，在激光引导作用下，电弧可到达焊缝更深的位置，因此可获得比常规激光焊更大的熔深和焊接速度，接头间隙和坡口中的金属主要依靠电弧熔化。

应用示例如下。

① 激光-电弧复合焊接技术在船舶制造工业中获得了广泛的应用。例如德国 Meyer 船厂装备的激光-MIG 复合焊接实现平板对接和筋板焊接；丹麦 Odense 造船厂装备的激光-MIG 复合焊接设备，单边焊接厚度 12mm，双面焊接厚度 20mm，焊接速度可以达到 250cm/min。

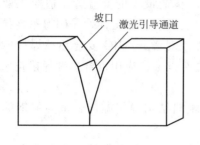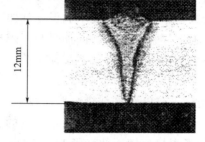

(a) 厚钢板的坡口形式　　　　　　　(b) 激光-MIG复合焊的焊缝截面

图 2.46　复合热源高速单道焊接厚钢板的坡口形式和焊缝截面图
（焊接速度 2m/min；激光能量 7kW；电弧能量 7kW）

② 大众汽车公司大约 80％的焊缝优先采用激光焊接技术，其中大部分焊接采用激光-电弧复合焊接技术。大众汽车公司已经将激光-MIG 复合焊接技术应用于汽车的大批量生产中，例如用于焊接汽车侧面铝制车门的门框架，还用于新一代 Golf 轿车的镀锌板焊接。

③ 奥迪公司也加强了激光-MIG 复合焊接技术的应用，在 A2 系列轿车的铝合金车架生产中采用了复合焊接技术，在较薄的车身蒙皮、较厚的铝板或铝型材焊接中也采用了复合焊接技术。激光复合焊接也用于奥迪 A8 汽车的生产，A8 侧顶梁的各种规格和型式的接头采用了激光复合焊接工艺，焊缝总计长度 4500mm。

2.4　典型材料的激光焊

激光焊的特点之一是适用于多种材料的焊接。所有可以用常规焊接方法焊接的材料或具有冶金相容性的材料都可以用 CO_2 激光束进行焊接。采用 $10\sim15kW$ 的激光功率，单道焊缝熔深可达 $15\sim20mm$。激光焊的高功率密度及高焊接速度，使得激光焊缝及热影响区很窄，所引起的焊件变形小。

2.4.1　钢的激光焊

（1）碳素钢

由于激光焊时的加热速度和冷却速度非常快，所以在焊接碳素钢时，随着含碳量的增加，焊接裂纹和缺口敏感性也会增加。

目前对民用船体结构钢 A、B、C 级的激光焊已趋成熟。试验用钢的厚度范围分别为：A 级 $9.5\sim12.7mm$；B 级 $12.7\sim19.0mm$；C 级 $25.4\sim28.6mm$。在钢的化学成分中，碳锰的质量分数分别为 $w_C<0.25\%$，$w_{Mn}=0.6\%\sim1.03\%$，脱氧程度和钢的纯度从 A 级到 C 级递增。焊接时，使用的激光功率为 10kW，焊接速度为 $0.6\sim1.2m/min$，除厚度 20mm 以上的试板需双道焊外均为单道焊。

激光焊接头的力学性能试验结果表明，所有船体用 A、B、C 级钢的焊接接头抗拉性能都很好，均断在母材处，并具有足够的韧性。碳素钢激光焊的焊接实例如下。

1）冷轧低碳钢板的焊接

板厚为 $0.4\sim2.3mm$，宽度为 $508\sim1270mm$ 的低碳钢板，用功率 1.5kW 的 CO_2 激光器焊接，最大焊接速度为 10m/min，投资成本仅为闪光对焊的 2/3。

汽车工业中，激光焊主要用于车身拼焊和冷轧薄板焊接。激光拼焊具有减少零件和模具数量、优化材料用量、降低成本和提高尺寸精度等优点；激光焊接主要用于车身框架结构的焊接，例如顶盖、侧面车身、车门内板、车身底板等。

激光焊于 1966 年开始用于汽车工业，但当时主要是用来焊接机械传动部件（如变速器）。20 世纪 80 年代以后，激光焊在汽车工业中的应用逐步形成规模。日本汽车制造业是应用激光焊技术最活跃的产业之一。利用薄钢板激光对接焊缝仍能进行冲压成形的特点，日本各大汽车制造公司纷纷将激光焊应用于汽车车体制造。目前日本汽车工业应用的激光加工技术在世界各国中占领先地位，激光设备拥有量占全世界的 42%；美国居第二位，激光设备占 27% 左右。

2）镀锡板罐身的激光焊

镀锡板俗称马口铁，主要特点是表层有锡和涂料，是制作小型喷雾罐身和罐头食品罐身的常用材料。用常规的高频电阻焊工艺，设备投资成本高，并且电阻焊焊缝是搭接，耗材也多。小型喷雾罐身，由厚度约 0.2mm 的镀锡板制成，采用输出功率 1.5kW 的激光焊，焊接速度可达 26m/min。

用厚度 0.25mm 的镀锡板制作罐头食品的罐身，用 700W 的激光焊进行焊接，焊接速度为 8m/min 以上，接头的强度不低于母材，接头区没有脆化倾向，具有良好的韧性。这主要是因为激光焊焊缝窄（约 0.3mm），热影响区小，焊缝组织晶粒细小。另外，由于净化效应，使焊缝含锡量得到控制，不影响接头的性能。焊后的翻边及密封性检验表明，无开裂及泄露现象。英国 CMB 公司用激光焊焊接罐头盒纵缝，每秒可焊 10 条，每条焊缝长 120mm，并可对焊接质量进行实时监测。

（2）低合金高强度钢

低合金高强度钢的激光焊，只要所选择的焊接参数适当，就可以得到与母材力学性能相当的接头。HY-130 钢是一种经过调质处理的低合金高强钢，具有很高的强度和较高的韧性。采用常规熔焊方法时，焊缝和热影响区组织是粗晶和部分细晶的混合组织，接头区的韧性和抗裂性与母材相比要差得多，而且焊态下焊缝和热影响区组织对冷裂纹很敏感。激光焊后，沿着焊缝横向制作拉伸试样，使焊缝金属位于试样中心，拉伸结果表明激光焊的接头强度不低于母材，塑性和韧性比焊条电弧焊和气体保护焊接头好，接近于母材的性能。

试验结果表明，激光焊焊接接头不仅具有高的强度，而且具有良好的韧性和抗裂性，它的动态撕裂能与低合金钢母材相比，有的甚至高于母材。激光焊接头具有高强度、良好的韧性和抗裂性，原因在如下。

① 激光焊焊缝组织细密、热影响区窄。焊接裂纹并不总是沿着焊缝或热影响区扩展，常常是扩展进入母材。冲击断口上大部分区域是未受热影响的母材，因此整个接头的抗裂性实际上很大部分是由母材所提供的。

② 从接头的硬度和显微组织的分布来看，激光焊有较高的硬度和较陡的硬度梯度，这表明可能有较大的应力集中出现。但是，在硬度较高的区域，对应于细小的组织。高的硬度和细小组织的共生效应使得接头既有高的强度，又有足够的韧性。

③ 激光焊热影响区的组织主要为低碳马氏体，这是由于它的焊接速度高、热输入小所造成的。HY-130 钢的含碳量很低，焊接过程中由于冷却速度快，形成低碳马氏体，加上晶粒细小，接头性能比焊条电弧焊和气体保护焊的好。

④ 低合金钢激光焊时，焊缝中的有害杂质元素大大减少，产生了净化效应，提高了接

头的韧性。

（3）不锈钢

不锈钢的激光焊接性较好。奥氏体不锈钢的导热系数只有碳钢的 1/3，吸收率比碳钢略高。因此，奥氏体不锈钢能获得比普通碳钢稍微深一点的熔深（深 5%～10%）。激光焊接热输入量小、焊接速度快，当钢中 Cr 当量与 Ni 当量的比值大于 1.6 时，奥氏体不锈钢较适合激光焊；但当 Cr 当量与 Ni 当量的比值小于 1.6 时，焊缝中产生热裂纹的倾向明显提高。

对 Cr-Ni 系不锈钢进行激光焊时，材料具有很高的能量吸收率和熔化效率。用 CO_2 激光焊焊接奥氏体不锈钢时，在功率为 5kW，焊接速度为 1m/min，光斑直径为 0.6mm 的条件下，光的吸收率为 85%，熔化效率为 71%。由于焊接速度快，减轻了不锈钢焊接时的过热现象和线膨胀系数大的不良影响，热变形和残余应力相对较小，焊缝无气孔、夹杂等缺陷，接头强度和母材相当。

激光焊接铁素体不锈钢时，焊缝韧性和塑性比采用其他焊接方法时要高。与奥氏体和马氏体不锈钢相比，用激光焊接铁素体不锈钢产生热裂纹和冷裂纹的倾向最小。在不锈钢中，马氏体不锈钢的焊接性较差，接头区易产生脆硬组织并伴有冷裂纹倾向。用激光焊接马氏体不锈钢时，预热和回火可以降低裂纹和脆裂的倾向。

不锈钢激光焊的另一个特点是，用小功率 CO_2 激光焊焊接不锈钢薄板，可以获得外观成形良好、焊缝平滑美观的接头。不锈钢的激光焊，可用于核电站中不锈钢管、核燃料包等的焊接，也可用于化工等其他工业部门。

（4）硅钢

硅钢片是一种应用广泛的电磁材料，但采用常规的焊接方法很难进行焊接。目前采用 TIG 焊的主要问题是接头脆化，焊态下接头的反复弯曲次数低或者不能弯曲，因而焊后不得不增加一道火焰退火工序，增加了工艺流程的复杂性。

用 CO_2 激光焊焊接硅钢薄板中焊接性最差的 Q112B 高硅取向变压器钢（板厚 0.35mm），获得了满意的结果。硅钢焊接接头的反复弯曲次数越高，接头的塑性和韧性越好。几种焊接方法（TIG 焊、激光焊等）的接头反复弯曲次数的比较表明，激光焊接头最为优良，焊后不经过热处理即可满足生产上对其接头韧性的要求。

生产中的半成品硅钢板，一般厚度为 0.2～0.7mm，幅宽为 50～500mm，常用的焊接方法是 TIG 焊，但焊后接头脆性大，用 1kW 的 CO_2 激光焊焊接这类硅钢薄板，最大焊接速度为 10m/min，焊后接头的性能得到了很大改善。

不同材料 CO_2 激光焊的工艺参数见表 2.12。

表 2.12　不同材料 CO_2 激光焊的工艺参数

材料	厚度/mm	焊速/cm·s^{-1}	缝宽/mm	深宽比	功率/kW
对接焊缝					
18-8 不锈钢	0.13	2.12	0.50	全焊透	5
	0.20	1.27	0.50	全焊透	5
	6.35	2.14	0.70	7	3.5
	8.90	1.27	1.00	3	8
	12.7	4.20	1.00	5	20
	20.3	2.10	1.00	5	20

续表

材料	厚度/mm	焊速/cm·s⁻¹	缝宽/mm	深宽比	功率/kW
对接焊缝					
因康镍合金 600	0.10	6.35	0.25	全焊透	5
	0.25	1.69	0.45	全焊透	5
镍合金 200	0.13	1.48	0.45	全焊透	5
蒙乃尔合金 400	0.25	0.60	0.60	全焊透	5
工业纯钛	0.13	5.92	0.38	全焊透	5
	0.25	2.12	0.55	全焊透	5
低碳钢	1.19	0.32	—	0.63	0.65
搭接焊缝					
镀锡钢	0.30	0.85	0.76	全焊透	5
	0.40	7.45	0.76	部分焊透	5
18-8 不锈钢	0.76	1.27	0.60	部分焊透	5
	0.25	0.60	0.60	全焊透	5
角 焊 缝					
奥氏体不锈钢	0.25	0.85	—		5
端接焊缝					
奥氏体不锈钢	0.13	3.60	—		5
	0.25	1.06	—		5
	0.42	0.60	—		5
因康镍合金 600	0.10	6.77	—		5
	0.25	1.48	—		5
	0.42	1.06	—		5
镍合金 200	0.18	0.76	—		5
蒙乃尔合金 400	0.25	1.06	—		5
Ti-6Al-4V 合金	0.50	1.14	—		5

2.4.2 有色金属的激光焊

（1）铝及其合金的激光焊

铝及铝合金激光焊的主要困难是它对激光束的高反射率和自身的高导热性。铝是热和电的良导体，高密度的自由电子使它成为光的良好反射体，起始表面反射率超过 90%。也就是说，深熔焊必须在小于 10% 的输入能量开始，这就要求很高的输入功率以保证焊接开始时所需的功率密度。而小孔一旦生成，它对光束的吸收率迅速提高，甚至可达 90%，从而使焊接过程顺利进行。

铝及铝合金激光焊时，随温度的升高，氢在铝中的溶解度急剧升高，溶解于其中的氢成为焊缝的缺陷源。焊缝中多存在气孔，深熔焊时根部可能出现空洞，焊道成形较差。但在高功率密度、高焊接速度下，可获得没有气孔的焊缝。

铝及其合金对热输入量和焊接参数很敏感，要获得良好的无缺陷的焊缝，必须严格选择焊接参数，并对等离子体进行良好的控制。铝合金激光焊时，用 8kW 的激光功率可焊透厚度 12.7mm 的材料，焊透率大约为 1.5mm/kW。

连续激光焊可以对铝及铝合金进行从薄板精密焊到厚板深熔焊的各种焊接。铝及铝合金的 CO_2 激光焊的工艺参数见表 2.13。

表 2.13　铝及铝合金的 CO_2 激光焊的工艺参数

材料	板厚/mm	焊接速度/cm·s^{-1}	功率/kW
铝及铝合金	2	4.17	5

由于铝合金对激光的强烈反射作用，铝合金激光焊接十分困难，必须采用高功率的激光器才能进行焊接。但激光焊的优势和工艺柔性又吸引着科技人员不断突破铝合金激光焊的禁区，有力推动了铝合金激光焊在飞机、汽车等制造领域中的应用。

（2）钛及其合金的激光焊

钛及钛合金化学性能活泼，在高温下容易氧化，在 330℃ 时晶粒开始长大。在进行激光焊时，正反面都必须施加惰性气体保护，气体保护范围须扩大到 400～500℃（即拖罩保护）。钛合金对接时，焊前必须把坡口清理干净，可先用喷砂处理，再用化学方法清洗。另外，装配要精确，接头间隙要严格控制。

钛合金激光焊时，焊接速度一般较高（80～100m/h），焊接焊透率大致为 1mm/kW。

对工业纯钛和 Ti-6Al-4V 合金的 CO_2 激光焊研究表明，使用 4.7kW 的激光功率，焊接厚度 1mm 的 Ti-6Al-4V 合金，焊接速度可达 15m/min。检测表明，接头致密，无气孔、裂纹和夹杂，也没有明显的咬边。接头的屈服强度、拉伸强度与母材相当，塑性不降低。在适当的焊接参数下，Ti-6Al-4V 合金接头具有与母材同等的弯曲疲劳性能。

钛及其合金焊接时，氧气的溶入对接头的性能有不良影响。在激光焊时，只要使用了保护气体，焊缝中的氧就不会有显著变化。激光焊焊接高温钛合金，也可以获得强度和塑性良好的接头。

（3）高温合金的激光焊

激光焊可以焊接各类高温合金，包括电弧焊难以焊接的 Al、Ti 含量高的时效处理合金。许多镍基和铁基高温合金都可以进行脉冲和连续激光焊接，而且都可获得性能良好的激光焊接头。用于高温合金焊接的激光发生器一般为或脉冲激光器或连续 CO_2 激光器，功率为 1～50kW。

激光焊焊接这类高温材料时，容易出现裂纹和气孔。采用 2kW 快速轴向流动式激光器，对厚度 2mm 的 Ni 基合金进行焊接，最佳焊接速度为 8.3mm/s；厚度 1mm 的 Ni 基合金，最佳焊接速度为 34mm/s。

高温合金激光焊的力学性能较高，接头强度系数为 90%～100%。表 2.14 列出几种高温合金激光焊焊接接头的力学性能。

表 2.14　高温合金激光焊焊接接头的力学性能

母材牌号	厚度/mm	状态	试验温度/℃	拉伸性能			强度系数/%
				σ_b/MPa	$\sigma_{0.2}$/MPa	δ_5/%	
GH141	0.13	焊态	室温	859	552	16.0	99.0
			540	668	515	8.5	93.0
			760	685	593	2.5	91.0
			990	292	259	3.3	99.0

续表

母材牌号	厚度/mm	状态	试验温度/℃	拉伸性能			强度系数/%
				σ_b/MPa	$\sigma_{0.2}$/MPa	δ_5/%	
GH3030	1.0	焊态	室温	714	—	13.0	88.5
	2.0			729	—	18.0	90.3
GH163	1.0	固溶＋时效		1000	—	31.0	100
	2.0			973	—	23.0	98.5
GH4169	6.4			1387	1210	16.4	100

激光焊用的保护气体，推荐采用 He 或 He＋少量 Ar 的混合气体。使用 He 气体成本较大，但是 He 气体可以抑制等离子云，增加焊缝熔深。高温合金激光焊的接头形式一般为对接和搭接接头，母材厚度可达 10mm。但接头制备和装配要求很高，与电子束焊类似。

2.4.3　异种材料的激光焊

异种材料的激光焊接是指两种不同材料的激光熔焊。异种材料是否可采用激光焊以及接头强度性能如何，取决于两种材料的物理性质，如熔点、沸点等。如果两种材料的熔点、沸点接近，能形成较为牢固连接的激光焊参数范围较大，接头区可获得良好的组织性能。

图 2.47 所示是两种材料的熔点、沸点示意图。设材料 A 的熔点为 $A_{熔}$，沸点为 $A_{沸}$；材料 B 的熔点为 $B_{熔}$，沸点为 $B_{沸}$；且 $B_{沸} > A_{熔} > B_{熔}$、$A_{沸} > B_{沸} > A_{熔}$，则材料表面温度可以在 $A_{熔}$ 和 $B_{沸}$ 之间调节。$A_{熔}$ 和 $B_{沸}$ 之间差距越大，激光焊接参数范围越大。如图 2.47（a）所示材料 B 的沸点高于材料 A 的熔点，这两个温度构成了一个重叠区，焊接过程中若能使焊缝的温度保持在重叠区范围内，这两种材料能发生熔化或气化，实现焊接。重叠区的温度范围越大，两种材料焊接参数的选择范围越宽。

反之，当一种材料的熔点比另一种材料的沸点还高，即 $A_{熔} > B_{沸} > B_{熔}$ 时，两种材料形成牢固熔焊的范围很窄，甚至不可能。如图 2.47（b）所示材料 A 的熔点和材料 B 的沸点相差较远，这两种材料就很难实现激光焊接，原因是这两种材料不能同时熔化，从而无法形成牢固的接头。在这种情况下，可以采用在两种材料之间加入中间层（第三种材料）的方法，再进行焊接。所选的中间层作为焊接材料，既能与材料 A 结合，也能与材料 B 结合，即它们的熔点、沸点应满足图 2.47（a）的条件。

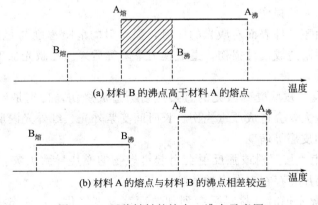

图 2.47　两种材料的熔点、沸点示意图

许多异种材料的连接可以采用激光焊完成。例如，Cu-Ni、Ni-Ti、Cu-Ti、Ti-Mo、黄铜-铜、低碳钢-铜、不锈钢-铜及其他一些异种金属材料，都可以进行激光焊。Ni-Ti 异种材料焊接熔合区主要由高分散度的微细组织组成，并有少量金属间化合物分布在熔合区界面。几种异种材料脉冲激光焊接的工艺参数示例见表 2.15。

对于可伐合金（Ni29-Co17-Fe54）-铜的激光焊，接头强度为退火态铜的 92%，并有较好的塑性，但焊缝金属呈化学成分不均匀性。此外，激光焊不仅可以焊接金属，还可以用于焊接陶瓷、玻璃、复合材料及金属基复合材料等非金属。

表 2.15　几种异种材料脉冲激光焊接的工艺参数示例

异种材料	厚度(直径)/mm	脉冲能量/J	脉冲宽度/ms	激光器类别
镀金磷青铜＋铝箔	0.3＋0.2	3.5	4.3	钕玻璃激光器
不锈钢＋紫铜箔	0.145＋0.08	2.2	3.6	红宝石激光器
纯铜箔	0.05＋0.05	2.3	4.0	钕玻璃激光器
镍铬丝＋铜片	0.10＋0.145	1.0	3.4	钕玻璃激光器
镍铬丝＋不锈钢	0.10＋0.145	0.5	4.0	钕玻璃激光器
不锈钢＋镍铬丝	0.145＋0.10	1.4	3.2	红宝石激光器
硅铝丝＋不锈钢	0.10＋0.145	1.4	3.2	红宝石激光器

2.5　激光安全与防护

2.5.1　激光的危害

焊接和切割中所用激光器输出功率或能量非常高，功率密度大于 10^5W/cm^2。激光设备中有数千伏至数万伏的高压激励电源，能对人体造成伤害。激光加工过程中应特别注意激光的安全防护，防护的重点对象是眼睛和皮肤。此外，也应注意防止火灾和电击等，否则将导致人身伤亡或其他的事故。

① 对眼睛的伤害　激光的亮度比太阳、电弧亮度高数十个数量级，会对眼睛造成严重的损伤。眼睛受到激光直接照射，由于激光的加热效应会造成视网膜烧伤，可瞬间使人致盲，后果最严重。即使是小功率的激光，如数毫瓦的 He-Ne 激光，也会由于人眼的光学聚焦作用，引起眼底组织的损伤。

在激光加工时由于工件表面对激光的反射，强反射的危险程度与直接照射时相差无几，而漫反射光也会对眼睛造成慢性损伤，造成视力下降等后果。在激光加工时，人眼是应该重点保护的对象。

② 对皮肤的伤害　皮肤受到激光的直接照射会造成烧伤，特别是聚焦后，激光功率密度十分大，伤害力更大，会造成严重烧伤。长时间受紫外光、红外光漫反射的影响，可能导致皮肤老化、炎症和皮癌等病变。

③ 电击　激光束直接照射或强反射会引起可燃物的燃烧导致火灾。激光器中还存在着数千至数万伏特的高压，存在着电击的危险。

④ 有害气体　激光焊时，材料受激烈加热而蒸发、气化，产生各种有毒的金属烟尘，高功率激光加热时形成的等离子体云产生臭氧，对人体也有一定损害。

2.5.2　激光的安全防护

（1）一般防护

① 激光设备电器系统外罩的所有维修门应有适当的互锁装置，外罩应有相应措施以便在进入维修门之前使电容器组放电。激光加工设备应有各种安全保护措施，在激光加工设备上应设有明显的危险警示标志和信号，如"激光危险"、"高压危险"等；

② 激光光路系统应尽可能全封闭，例如让激光在金属管中传递，以防发生直接照射；若激光光路不能完全封闭，光束高度应设法避开眼、头等重要器官，让激光从人的高度以上通过；

③ 激光加工工作台应用玻璃等屏蔽，防止反射光；

④ 激光加工场地应用栅栏、隔墙、屏风等隔离，防止无关人员进入危险区。

（2）人身保护

① 激光器现场操作和加工工作人员必须配备激光防护眼镜，穿白色工作服，以减少漫反射的影响；

② 只允许有经验的工作人员对激光器进行操作和进行激光加工；

③ 焊接区应配备有效的通风或排风装置。

思　考　题

1. 简述激光焊接的主要优缺点。

2. 激光焊是如何实现焊接的（简述激光焊的工作原理），举例说明其应用前景如何。

3. 何谓激光焊过程中的等离子云？简述等离子云产生的原因、对焊接过程的影响和抑制等离子云的方法。

4. 焊接领域目前主要采用哪几种激光器，各有什么特点？

5. 什么是激光传热焊接？什么是激光深熔（小孔焊）焊接？简述这两种激光焊接方法各自的特点，各适用于何种场合？

6. 激光深熔焊接中的"小孔效应"是如何形成的，对焊接过程有什么影响？

7. 连续激光深熔焊的工艺参数有哪些？对激光焊接头质量有什么影响？选择激光焊的工艺参数时，应考虑哪几个方面的问题？

8. 脉冲激光焊和连续 CO_2 激光焊在选择工艺参数时有什么不同？

9. 简述激光-电弧复合焊接和激光加丝焊接的主要特点，适用于何种场合？

10. 激光焊用于有色金属和钢铁材料时，在焊接工艺上有什么不同？

第3章 电子束焊

电子束焊（electron beam welding）是利用加速和会聚的高速电子流轰击工件接缝处所产生的热能，使金属熔合的一种焊接方法。电子束焊接在工业上的应用只有50多年的历史，但已日益引起世界各国的密切关注。电子束焊接首先是用于原子能及宇航工业，继而扩大到航空、汽车、电子电器、机械、医疗器械、石油化工、造船、能源等几乎所有的工业部门，创造了巨大的社会及经济效益。

3.1 电子束焊的特点、原理及分类

3.1.1 电子束焊的特点

电子束焊（electron beam welding，简称EBW）是一种高能量密度的焊接方法，它利用空间定向高速运动的电子束，撞击工件表面后，将部分动能转化成热能，使被焊金属熔化，冷却结晶后形成焊缝。电子束具有的高能量密度是当前所有其他热源所无法比拟的，一定功率的电子束经电子透镜聚焦后，其功率密度可以提高到 10^6 W/cm^2 以上，是目前已实际应用的各种焊接热源之首。

电子束撞击工件时，其动能的 96% 可转化为焊接所需的热能，焦点处的最高温度达 10^4℃。电子束撞击到工件表面时，电子动能转化为热能，使金属迅速熔化、蒸发并在被焊工件上形成一个小孔。随着电子束与工件的相对移动，小孔周围的熔融金属凝固形成焊缝。

电子束焊接示意如图3.1所示。在真空装置中，采用与电视显像管极为相似的热阴极作为电子源，利用高电压使电子脱离阴极并高速射向阳极。但是大部分电子并没有撞击阳极，而是通过磁透镜聚焦成很细的电子束继续穿过阳极。当电子束撞击工件时，被高电压加速获得的动能转化为热能。

在一些电子束焊设备中，工件不动，通过偏转线圈使电子束在工件上移动完成焊接过程；而在另一些设备中，电子枪不动，通过计算机控制的可动工作台移动工件完成焊接过程。根据设计要求，电子束焊可在高真空、低真空或大气压下进行。电子束焊的主要优点是：焊缝宽度窄，熔透能力强。电子束焊可以焊接几乎所有的金属，也可以进行多种异种金属的焊接。

电子束作为焊接热源有两个明显的特点。

① 能量密度高。电子束焊接时常用的加速电压范围为 30~50kV，电子束电流为 20~1000mA，电子束焦点直径为

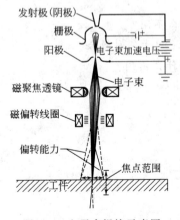

图3.1 电子束焊接示意图

（图中标注）发射极（阴极）、栅极、阳极、电子束加速电压、磁聚焦透镜、电子束、磁偏转线圈、偏转能力、焦点范围、工件

$0.1\sim1mm$，这样，电子束焊的功率密度可达 $10^6\,W/cm^2$ 以上。

② 精确和快速的可控性。作为物质基本粒子的电子具有极小的质量（$9.1\times10^{-31}\,kg$）和一定的负电荷（$1.6\times10^{-19}\,C$），电子的荷质比高达 $1.76\times10^{-11}\,C/kg$，通过电场、磁场对电子束可作快速而精确的控制。电子束的这一特点明显地优于激光束，后者只能用透镜和反射镜控制，速度慢。

基于电子束的特点和焊接时的真空条件，电子束焊接具有下列主要的优缺点。

（1）优点

① 功率密度大，热量集中。焊接用电子束电流为几十到几百毫安，最大可达 $1000mA$ 以上；加速电压为几十到几百千瓦；故电子束功率从几十千瓦到一百千瓦以上，而电子束焦点直径小于 $1mm$。故电子束焦点处的功率密度可达 $10^6\sim10^8\,W/cm^2$，比普通电弧功率密度高 $100\sim1000$ 倍，热量集中。

② 电子束穿透能力强，焊缝深宽比（h/b）大。通常电弧焊的深宽比很难超过 $2:1$，电子束焊的深宽比可达到 $50:1$ 以上，焊接厚板时可以不开坡口实现单道焊。电子束焊比电弧焊可节约大量填充金属和能源的消耗，可实现高深宽比的焊接，深宽比达 $60:1$，可依次焊透 $0.1\sim300mm$ 厚度的不锈钢板。

③ 焊接速度快，焊缝热物理性能好。焊接能量集中，熔化和凝固过程快，热影响区小，焊接变形小。对精加工的工件可用作最后的连接工序，焊后工件仍能保持足够高的精度。由于热输入低，控制了焊接区晶粒长大和变形，使焊接接头性能得到改善；高温作用时间短，合金元素烧损少，焊缝抗蚀性好。

④ 焊缝纯度高。真空电子束焊接不仅可以防止熔化金属受到氧、氮等有害气体的污染，而且有利于焊缝金属的除气和净化，可制成高纯度的焊缝。可以通过电子束扫描熔池来消除缺陷，提高接头质量。

⑤ 焊接工艺参数调节范围广，适应性强，可在焊接过程中对焊缝形状进行控制。电子束焊接的工艺参数可独立地在很宽的范围内调节，控制灵活，适应性强，再现性好。通过控制电子束的偏移，可以实现复杂接缝的自动焊接。而且电子束焊的参数易于实现机械化、自动化控制，提高了产品质量的稳定性。

⑥ 可焊材料多。不仅能焊接金属和异种金属材料的接头，也可焊非金属材料，如陶瓷、石英玻璃等。真空电子束焊接的真空度一般为 $5\times10^{-4}\,Pa$，尤其适合焊接钛及钛合金等活性材料，也常用于焊接真空密封元件，焊后元件内部保持在真空状态。

电子束焊具有很多优于传统焊接工艺方法的特点，可归纳在表 3.1 中。为了获得电子束焊的深熔焊效应，除了要增加电子束的功率密度外，还要设法获得减轻二次发射和液态金属对电子束通道的干扰。

表 3.1　电子束焊的特点

序号	特　点	内　容
1	焊缝深宽比高	电子束斑点尺寸小，功率密度大。可实现高深宽比（即焊缝深而窄）的焊接，深宽比达 $60:1$，可一次焊透 $0.1\sim300mm$ 厚度的不锈钢板
2	焊接速度快，焊缝组织性能好	能量集中，熔化和凝固过程快。例如焊接厚度 $125mm$ 的铝板，焊接速度达 $40cm/min$，是氩弧焊的 40 倍。高温作用时间短，合金元素烧损少，能避免晶粒长大，使接头性能改善，焊缝抗蚀性好
3	焊件热变形小	功率密度高，输入焊件的热量少，焊件变形小

序号	特 点	内 容
4	焊缝纯度高	真空对焊缝有良好的保护作用,高真空电子束焊尤其适合焊接钛及钛合金等活性材料
5	工艺适应性强	工艺参数易于精确调节,便于偏转,对焊接结构有广泛的适应性
6	可焊材料多	不仅能焊接金属和异种金属材料的接头,也可焊接非金属材料,如陶瓷、石英玻璃等
7	再现性好	电子束焊的工艺参数易于实现机械化、自动化控制,重复性、再现性好,提高了产品质量的稳定性
8	可简化加工工艺	可将复杂的或大型整体结构件分为易于加工的、简单的或小型部件,用电子束焊为一个整体,减少加工难度,节省材料,简化工艺

(2) 缺点

① 设备比较复杂,价格较贵,使用维护要求高;

② 焊接前对接头加工、装配要求严格,以保证接头位置准确、间隙小;

③ 被焊工件尺寸和形状受到真空工作室大小的限制;

④ 电子束易受杂散电磁场的干扰,影响焊接质量;

⑤ 电子束焊接时产生的 X 射线需要严加防护以保证操作人员的健康和安全。

也可用电子束在焊接前对金属进行清理,这是通过用较宽的、不聚焦的电子束扫描表面实现的。把氧化物气化,同时把不干净的杂质和气体生成物清除掉,给控制栅极以脉冲电流就能精确地控制电子束的热量。这时使用一种与在电阻焊中使用的计时线路相似的线路,使频率能在很宽的范围内调节,获得短而恒定的焊接脉冲。

3.1.2 电子束焊的工作原理

电子束是在高真空环境中由电子枪产生的。当阴极被加热后,由于热发射效应,表面发射电子且在电场作用下不断地加速飞向工件。但这样的电子束密度低、能量不集中,只有通过电子光学系统把电子束汇聚起来,提高其能量密度后,才能达到熔化金属和焊接的目的。为此,以热发射或场致发射的方式从发射体(阴极)逸出的电子,在 $25\sim300kV$ 加速电压的作用下,电子被加速到 $0.3\sim0.7$ 倍的光速,具有一定的动能,经电子枪中静电透镜和电磁透镜的作用,电子汇聚成能量密度很高的电子束。

这种汇聚的电子束撞击到工件表面,电子的动能就转变为热能,使金属迅速熔化和蒸发。在高压金属蒸气的作用下熔化的金属被排开,电子束就能继续撞击深处的固态金属,同时很快在被焊工件上"钻"出一个锁形小孔(见图 3.2),小孔的周围被液态金属包围。随着电子束与工件的相对移动,液态金属沿小孔周围流向熔池后部,逐渐冷却、凝固形成了焊缝。也就是说,电子束焊接过程中的焊接熔池始终存在一个"小孔"。"小孔"的存在从根本上改变了焊接熔池的传质、传热规律,由一般熔焊方法的"导热焊"转变为"穿孔焊"。提高电子束的功率密度可以增加穿透深度。

现在被公认的一个理论是在电子束焊中存在小孔效应。小孔的形成过程是一个复杂的高温流体动力学过程。高功率密度的电子束轰击焊件,使焊件表面材料熔化并伴随着液态金属的蒸发,材料表面蒸发走的原子的反作用是力图使液态金属表面压凹,随着电子束功率密度的增加,金属蒸气量增多,液面被压凹的程度也增大,并形成一个通道。电子束经过通道轰击底部的待熔金属,使通道逐渐向纵深发展,如图 3.3 所示。随着电子束与工件相对运动,液态金属沿小孔周围流向熔池后部、凝固并逐渐冷却,形成了深宽比很大的焊缝。焊缝深宽比 $=h/b$。

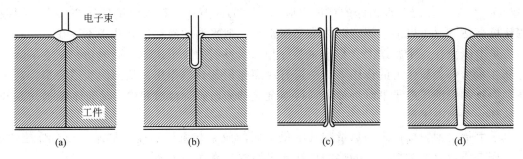

图 3.2　电子束焊焊缝的形成原理

（a）接头局部熔化、蒸发；（b）金属蒸气排开液体金属，电子束"钻入"母材，形成"匙孔"；
（c）电子束穿透工件，小孔由液态金属包围；（d）电子束后方形成焊缝

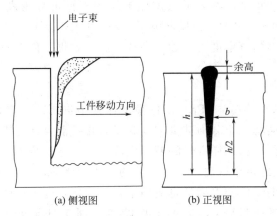

图 3.3　电子束焊时焊缝的形成过程示意图

焊缝横截面（深宽比＝h/b）

液态金属的表面张力和流体静压力是力图拉平液面的，在达到力的平衡状态时，通道的发展才停止，并形成小孔。小孔和熔池的形状与焊接参数有关，如图 3.4 所示。

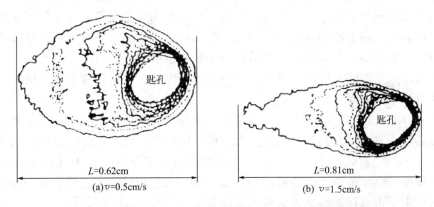

图 3.4　相同功率、不同焊接速度下小孔与熔池的形状

（CCD 摄像结果，$P=3.6\text{kW}$，$I_f=512\text{mA}$，$I_b=60\text{mA}$）

形成深熔焊的主要原因是金属蒸气的反作用力。它的增加与电子束焊的功率密度成正比。电子束功率密度低于 $10^5\,\text{W/cm}^2$ 时，金属表面不产生大量蒸发现象，电子束的穿透能力很小，表层的高温可以向焊件深层传导。在大功率的电子束焊接中，电子束的功率密度可达

67

$10^7 W/cm^2$ 以上，足以获得很深的穿透效应和很大的深宽比。在大厚度件的焊接中，焊缝的深宽比可高达 50：1 以上，焊缝两边缘基本平行，似乎温度横向传导几乎不存在。

但是电子束在轰击路途上会与金属蒸气和二次发射的粒子碰撞，造成功率密度下降。液态金属在重力和表面张力的作用下对通道有浸灌作用和封口作用。从而使通道变窄，甚至被切断，干扰和阻断了电子束对熔池底部待熔金属的轰击。焊接过程中，通道不断被切断和恢复，达到一个动态平衡。

电子束传送到焊接接头的热量和其熔化金属的效果与束流强度、加速电压、焊接速度、电子束斑点质量以及被焊材料的热物理性能等因素有密切的关系。

3.1.3 电子束焊的分类

电子束焊是一种高能量密度的电子束轰击焊件使其局部加热和熔化而实现焊接的一种方法。电子束焊的分类方法很多。按电子束加速电压的高低可分为高压电子束焊（120kV 以上）、中压电子束焊（60～100kV）和低压电子束焊（40kV 以下）三类。

按被焊工件所处环境的真空度可分为：高真空电子束焊、低真空电子束焊和非真空电子束焊。

（1）高真空电子束焊

焊接是在高真空（$10^{-4}～10^{-1}Pa$）工作室的压强下进行。工作室和电子枪可用一套真空机组抽真空，也可用两套机组分别抽真空。为了防止扩散泵油污染工作室，工作室和电子枪室通道口处设有隔离阀。在这样良好的高真空环境下，电子束很少发生散射，可以保证对熔池的"保护"，能有效地防止熔池中合金元素的氧化和烧损，适用于活性金属、难熔金属、异种金属和质量要求高的工件的焊接，也适用于各种形状复杂零件的精密焊接。

加速电压一般为 15～175kV，最大工作距离（即工件至电子束出口的距离）可达1000mm。焊缝深宽比可达 200：1 以上，焊缝化学成分波动小，焊缝质量好。

（2）低真空电子束焊

焊接是在低真空（$10^{-1}～10Pa$）工作室的压强下进行的，但电子枪仍在高真空（$10^{-3}Pa$）条件下工作。电子束通过隔离阀和气阻通道进入工作室，电子枪和工作室各用一套独立的抽气机组单独抽真空。从图 3.5 可知，压强为 4Pa 时束流密度及其相应的能量密度的最大值与高真空的最大值相差很小。因此，低真空电子束焊也具有束流密度和能量密度高的特点。由于只需要抽到低真空，明显的缩短了抽真空的时间，提高了生产效率，适用于大批量零件的焊接和生产线上使用。例如，变速器组合齿轮多采用低真空电子束焊。

（3）非真空电子束焊

焊机没有真空工作室，电子束仍是在高真空条件下产生的，然后通过一组光闸、气阻通道和若干级真空小室，引入到处于大气压力下的环境中对工件进行焊接。由图 3.5 可知，在压强增加到 2～15Pa 时，由于散射，电子束能量密度明显下降。在大气压下，电子束散射更加强烈，即使将电子枪的工作距离限制在 20～50mm，焊缝深宽比最大也只能达到 5：1。目前，非真空电子束焊接能够达到的最大熔深为 30mm。

非真空电子束焊各真空室采用独立的抽真空系统，以便在电子枪和大气间形成压力依次增大的真空梯度。这种方法的优点是不需真空室，因而可以焊接尺寸大的工件、生产效率高。近年来，移动式真空室或局部真空电子束焊接方法，既保留了真空电子束焊高能量密度的优点，又不需要真空室，因而在大型工件的焊接工程上有应用前景。

按焊接环境分类的不同类型电子束焊的技术特点及适用范围见表 3.2。

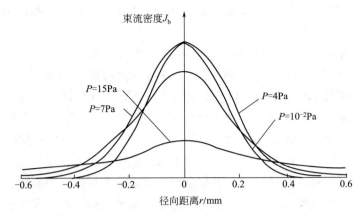

图 3.5　不同压强下电子束斑点束流密度的分布

（实验条件：$U_b=60\text{kV}$，$I_b=90\text{mA}$，$z_b=525\text{mm}$，

z_b 为电子枪的工作距离，即从电磁透镜中心平面到工件表面的距离）

表 3.2　不同类型电子束焊的技术特点及适用范围

类型	真空度/Pa	技术特点	适用范围
高真空电子束焊	$10^{-4}\sim10^{-1}$	加速电压为 $15\sim175\text{kV}$，最大工作距离可达 1000mm。电子束功率密度高，焦点尺寸小，焊缝深宽比大、质量高。可防止熔化金属氧化，但真空系统较复杂，抽真空时间长（几十分钟），生产率低，焊件尺寸受真空室限制	适用于活性金属、难熔金属、高纯度金属和异种金属的焊接，以及质量要求高的工件的焊接
低真空电子束焊	$10^{-1}\sim10$	加速电压为 $40\sim150\text{kV}$，最大工作距离小于 700mm。不需要扩散泵，焦点尺寸小，抽真空时间短（几分钟～十几分钟），生产率较高；可用局部真空室满足大件的焊接，工艺和设备得到简化	适用于大批量生产，如电子元件、精密仪器零件、轴承内外圈、汽轮机隔板、变速箱、组合齿轮等的焊接
非真空电子束焊	大气压	不需真空工作室，焊接在正常大气压下进行，加速电压为 $150\sim200\text{kV}$，最大工作距离为 30mm 左右。可焊接大尺寸工件，生产效率高、成本低。但功率密度较低，散射严重，焊缝深宽比小（最大 5∶1），某些材料需用惰性气体保护	适用于大型工件的焊接，如大型容器、导弹壳体、锅炉热交换器等，但一次焊透深度不超过 30mm
局部真空	根据要求确定	用于移动式真空室，或在工件焊接部位制造局部真空进行焊接	适用于大型工件的焊接

3.1.4　电子束焊的应用

德国的 K. H. Steigerwald 和法国的 J. A. Stohr，首先将电子束应用到工业生产中。1948 年，Steigerwald 在实验室研究电子显微镜中的电子束时，发现具有一定能量和能量密度的电子束可以用来加工材料。他先是用电子束对机械表上的红宝石打孔，对尼龙等合成纤维批量产品的图案凹模进行刻蚀及切割；接着，他又发现电子束具有焊接能力，因为它具有很高的能量密度、热输入低、焊接速度快，且能产生深入到被加工材料中的"小孔效应"，克服了传统热源靠热传导进行焊接的局限。同时，法国的 J. A. Stohr 探索采用真空电子束焊用于核工业元件的生产并获得成功。

电子束焊接所具有的优越性，使其在工业发达国家得到了迅速发展和广泛应用。电子束焊技术最初应用于原子能、火箭、航空航天等国防尖端部门，继而扩大到汽车、电子电器、

机械、医疗器械、石化、造船、能源等民用部门。几十年来，电子束焊创造了巨大的社会及经济效益。

目前全世界拥有的电子束焊机约有 8000 多台，焊机功率为 2～300kW，实用的最大电子束功率在 100kW 左右。20 世纪 60 年代初，我国开始跟踪世界电子束焊接技术的发展，开始设备及工艺的研究工作并取得了可喜的进展。20 世纪 80 年代初，我国通过引进关键部件（电子枪及其电源），其余部分由国内配套，研制成功了国内第一台生产中使用的高压电子束焊机（加速电压为 150kV，功率为 15kW），解决了航空发动机关键部件的焊接。

我国开展电子束焊工艺研究及应用的主要领域是航空航天、汽车、电力及电子等工业部门。我国科技人员先后对多种材料，如铝合金、钛合金、不锈钢、超高强钢、高温合金等进行了较系统的研究。在新型飞机、航空发动机、导弹等的预研、攻关及小批量试制中都运用了电子束焊技术。目前电子束焊接已作为一种先进的制造技术应用于我国航空工业，并在我国其他的工业部门中得到了广泛应用。

在我国其他工业部门中，采用电子束焊的主要有高压气瓶、核电站反应堆内构件筒体、汽车齿轮、电子传感器、雷达波导等。另外，炼钢炉的铜冷却风口、汽轮机叶片等也有的采用了电子束焊。

电子束焊接可应用于下述材料和场合：

① 除含锌高的材料（如黄铜）和未脱氧处理的普通低碳钢外，绝大多数金属及合金都可用电子束焊接。按焊接性由易到难的顺序排列为：钽、铌、钛、铂族、镍基合金、钛基合金、铜、钼、钨、铍、铝及镁；

② 可以焊接熔点、热导率、溶解度相差很大的异种金属；

③ 可不开坡口焊厚大工件，焊接变形很小；能焊接可达性差的焊缝；

④ 可用于焊接质量要求高，在真空中使用的器件，或用于焊接内部要求真空的密封器件；焊接精密仪器、仪表或电子工业中的微型器件；

⑤ 散焦电子束可用于焊前预热或焊后缓冷，还可用作钎焊热源。

电子束焊的研究和推广应用非常迅速。电子束加速电压由 20～40kV 发展为 60kV、150kV 甚至 300～500kV，焊机功率也由几百瓦发展为几千瓦、十几千瓦甚至数百千瓦，一次焊接的深度可达到数百毫米。

电子束焊接的部分应用示例见表 3.3。

电子束焊接主要用于质量或生产率要求高的产品，前者主要用于核能、航空航天及电子工业，典型实例有核燃料密封罐、特种合金的喷气发动机部件、火箭推进系统压力容器、密封真空系统等；后者主要用于汽车、焊管、双金属锯条等，典型实例有汽车传动齿轮、铜或钢管的直缝连续焊、齿部为钨钢（W6Mn65Cr4V2）背部为弹簧钢（50CrV2）的双金属机用锯条等。

表 3.3 电子束焊接的部分应用示例

工业部门	应用示例
航空	发动机喷管、定子、叶片、双金属发动机、导向翼、翼盒、双螺旋线齿轮、齿轮组、主轴活门、燃料槽、起落架、旋翼桨毂、压气轮子、涡轮盘等
汽车	双金属齿轮、齿轮组、发动机外壳、发动机起动器用飞轮、汽车大梁、微动减震器、扭矩转换器、转向立柱吊架杆、旋转轴、轴承环等
宇航	火箭部件、导弹外壳、钽箔蜂窝结构、宇航站安装（宇航员用手提式电子枪）等

续表

工业部门	应 用 示 例
原子能	燃料原件、反应堆压力容器及管道等
电子器件	集成电路、密封包装、电子计算机的磁芯存储器、行式打印机用小锤、微型继电器、微型组件、薄膜电阻、电子管、钽加热器等
电力	电动机整流子片、双金属式整流子、汽轮机定子、电站锅炉联箱与管子的焊接等
化工	压力容器、球形储罐、热交换器、环形传动带、管子与法兰的焊接等
重型机械	厚板焊接、超厚板压力容器的焊接等
修理	各种修补修复有缺陷的容器、设计修改后要求的返修件。裂纹补焊、补强焊、堆焊等
其他	双金属锯条、钼坩埚、波纹管、焊接管道精密加工切割等

在电子和仪表工业中，有许多零件要求用精密焊接方法制造。这些零件除材料特殊、结构复杂且紧凑外，有时还有特殊的技术要求，如需焊后形成真空腔，不能破坏热敏元件等。真空电子束焊在解决这一焊接难题时，起到了独特的作用。

早在20世纪60年代，美国就将非真空电子束焊引入了批量汽车零件的生产中。采用电子束焊焊接厚大件时，比其他焊接方法具有明显的优势。为了克服大型真空电子束焊机造价高、设备复杂、抽真空时间长的缺点，非真空电子束焊的研究及应用受到人们的关注。

近几年欧洲的汽车制造也采用了电子束焊，因为非真空电子束焊成本低、效率高，可在汽车生产线上连续进行焊接。此外，为了减轻结构质量、节省燃料及减少废气的排放，汽车上采用了一些铝合金零件，非真空电子束焊焊接汽车用铝合金可得到质量良好的接头。非真空电子束焊焊接的典型汽车组件包括：

① 汽车扭矩转换器　该组件上部与下部壳体采用搭接形式，采用填丝的非真空电子束焊接工艺。电子束焊机是多工位的，目前在世界范围内每天焊接的汽车转换器达25000个以上。

② 汽车变速箱齿轮组件　一些汽车的变速箱齿轮及一些载重汽车、越野汽车、公共汽车等的离合器组件采用非真空电子束焊。焊接这些齿轮组件通常采用对接接头，材料是中碳钢和合金钢。

③ 铝合金仪表板的焊接　汽车上的仪表板等采用铝合金焊接结构制造，接头形式一般是卷边的，多采用非真空电子束焊。

近年来，国外对电子束焊及其他电子束加工技术的研究主要在于完善超高能密度电子束热源装置、掌握电子束品质和对材料的交互行为特性，以及通过计算机控制提高设备柔性、扩大应用领域等几个方面。

电子束焊的应用前景如下。

① 电子束焊在复杂零件的大批量生产中将有较大的发展。例如：在汽车工业中，采用电子束焊技术焊接汽车的齿轮和后桥，可以提高工作效率、降低成本、提高零件的质量。

② 在航空航天工业中，电子束焊技术将继续扩大其应用，并发展电子束焊的在线检测技术。

③ 由于电子束焊在厚大件焊接中具有独特的优势，所以在能源、核工业、重型机械制造中大有用武之地。

④ 电子束焊的焊接设备将趋向多功能及柔性化，随着电子束焊应用领域的扩大，出于

经济方面的考虑，多功能电子束焊的焊接设备和集成工艺以及电子束焊机的柔性化将越来越重要。

⑤ 宇航技术中所用的各类火箭、卫星、飞船、空间站、太阳能电站等的结构件、发动机以及各种仪器均需用焊接技术来完成，电子束焊将是实现空间结构焊接和满足其需求的强有力工具。

就工艺特性来说，电子束焊很高的能量密度可保证大厚度工件在不开坡口的条件下一次焊成，生产率显著提高。电子束输入到焊件的总热量少，焊接热影响区宽度和变形都很小，既适于焊接厚截面、要求焊接变形小的复杂结构，也能用于精密构件的焊接，还可以用于焊接经过热处理的构件，不致引起接头组织和性能的变化。因此，采用真空电子束焊，可以节约焊后校正变形及热处理所需要的人力和物力，改进焊接构件的生产工艺过程。

电子束焊也是将来实现空间结构焊接和修复的关键技术。在太空中，由于天然的真空环境，无需配备真空室和复杂的真空系统，即可实现真空电子束焊接，从而使得电子束焊的工艺柔性大大提高。

真空电子束焊的设备投资较高，所焊工件的尺寸受真空室大小的限制，这些因素在分析可行性时必须同时予以考虑。

3.2　电子束焊的设备与装置

3.2.1　电子束焊机的分类

电子束焊的焊接设备一般可按真空状态和加速电压分类。按真空状态可分为真空型、局部真空型、非真空型；根据电子枪加速电压的高低，电子束焊机可分为高压型（60～150kV）、中压型（40～60kV）、低压型（<40kV）。按电子枪加速电压分类的电子束焊机的类型、特点和适用范围见表3.4。

表 3.4　按电子枪加速电压分类的电子束焊机的类型、特点和适用范围

焊机类型	技术特点	适用范围
高压型	加速电压高于 60～150kV。同样功率下焊接所需束流小，易于获得直径小、功率密度大的束斑和深宽比大的焊缝，最小束斑直径小于 0.4mm。需附加铅板防护 X 射线，电子枪结构复杂笨重，只能做成定枪式	适用于大厚度板材单道焊以及难熔金属和热敏感性强的材料的焊接
中压型	加速电压为 40～60kV，最小束斑直径约为 0.4mm。电子枪可做成定枪式或动枪式。X 射线无需采用铅板防护，通过真空室的结构设计(选择适当的壁厚)即可解决	适用于中、厚板焊接，可焊接的钢板最大厚度约为 70mm
低压型	加速电压低于 40kV。设备简单，电子枪可做成定枪式或小型移动式，无需用铅板防护。电子束流大、汇聚困难，最小束斑直径大于 1mm，功率限于 10kW 以内。X 射线防护由真空室结构设计解决	适用于焊缝深宽比要求不高的薄板焊接

近年来，我国电子束焊技术的应用和设备研制取得了可喜的进展。我国目前有一百多台真空电子束焊设备在生产、科研中使用，大部分高压电子束设备是从国外进口的。国内生产的中、低压真空电子束设备和装置逐步完善，在科研和生产中正在发挥着重要的作用。

3.2.2　电子束焊机的组成

在实际应用中，真空电子束焊接设备通常由电子枪、工作室（也称真空室）、电源及电气控制系统、真空系统、工作台以及辅助装置等几大部分组成，如图 3.6 所示。

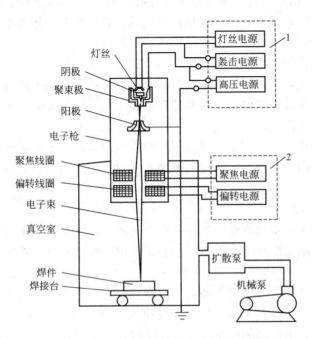

图 3.6　真空电子束焊接设备的组成示意图

1—高压电源系统；2—控制系统

（1）电子枪

电子束焊接设备中用以产生和汇聚电子束的电子光学系统称为电子枪。电子枪是电子束焊接设备的核心部件，电子枪是产生电子使之加速、汇聚成电子束的装置，主要由阴极、阳极、栅极和聚焦透镜等组成。电子枪的稳定性、重复性直接影响焊接质量。影响电子束稳定性的主要原因是高压放电，往往在电子枪中使电子束偏转，避免金属蒸气对束源段产生直接的影响。大功率电子束焊时，将电子枪中心轴线上的通道关闭，而被偏转的电子束从旁边通道通过。另外还可以采用电子枪倾斜或焊件倾斜的方法避免焊接时产生的金属蒸气对束源段的污染。

现代电子束焊机多采用三极电子枪，其电极系统由阴极、偏压电极和阳极组成。阴极处于高的负电位，它与接地的阳极之间形成电子束的加速电场。偏压电极相对于阴极呈负电位，通过调节其负电位的大小和改变偏压电极形状及位置可以调节电子束流的大小和改变电子束的形状。

电子枪一般安装在真空室的外部，垂直焊接时，放在真空室顶部；水平焊接时，放在真空室侧面。根据需要可使电子枪沿真空室在一定范围内移动。

电子枪的工作电压通常为 $30\sim150kV$，电流在 $20\sim1000mA$ 之间，而电子束的聚焦束斑直径为 $0.1\sim1mm$。因此，电子束的功率密度可达到 $10^7W/cm^2$，这足以使金属熔化乃至气化。为了防止高压击穿、束流的散射以及能量的耗损，电子枪内的真空室须保持在 $6.6\times10^{-2}Pa$ 以下。

（2）电源及控制系统

供电电源是指电子枪所需的供电系统，通常包括高压电源、阴极加热电源和偏压电源。高压电源为电子枪提供加速电压、控制电压及灯丝加热电流。供电电源应密封在充油的箱体中（称为高压油箱），以防止对人体的伤害及对设备其他控制部分的干扰。纯净的变压器油既可作绝缘介质，又可作为传热介质将热量从电器元件传送到箱体外壁。电器元件都装在框架上，该框架又固定在油箱的盖板上，以便维修和调试。

近年来，半导体高频大功率开关电源已应用到电子束焊机中，工作频率大幅度提高，用很小的滤波电容器，即可获得很小的纹波系数；放电时所释放出来的电能很少，减少了其危害性。另外，开关电源通断时间比接触器要短得多，与高灵敏度微放电传感器联用，为抑制放电现象提供了有力手段。

早期电子束焊接设备的控制系统仅限于控制束流的递减、电子束流的扫描及真空泵阀的开关。目前可编程控制器及计算机数控系统等已在电子束焊机上得到应用，使控制范围和精度大大提高。

（3）真空系统

真空系统是对电子枪室和真空工作室抽真空用的。电子束焊接设备的真空系统一般分为两部分：电子枪抽真空系统和工作室抽真空系统。电子枪的高真空系统可通过机械泵与扩散泵配合获得。

电子束焊的真空系统大多使用两种类型的真空泵，一种是活塞式或叶片式机械泵，也称位低真空泵，用以将电子枪和工作室从大气压抽到压强为 10Pa 左右。在低真空焊机、大型真空室或对抽气速度要求较高的设备中，这种机械泵应与双转子真空泵配合使用，以提高抽速并使工作室压强降到 1Pa 以下。另一种是扩散泵，用于将电子枪和工作室压强降到 10^{-2}Pa 以下。扩散泵不能直接在大气压下启动，必须与低真空泵配合组成高真空抽气机组。在设计抽真空程序时应严格遵守真空泵和机组的使用要求，否则将造成扩散泵油氧化，真空室污染甚至损坏真空装置等后果。

目前的新趋势是采用涡轮分子泵，其极限真空度更高，无油蒸气污染，不需要预热，节省抽真空时间。工作室真空度可在 $10^{-3} \sim 10^{-1}$Pa 之间。较低的真空度可用机械泵获得，高真空则采用机械泵及扩散泵系统。

（4）工作室

电子束焊接设备工作室（也称真空室）的尺寸、形状应根据焊机的用途和被焊工件大小来确定。真空室的设计一方面应满足气密性要求；另一方面应满足承受大气压所必需的刚度、强度指标和 X 射线防护的要求。

工作室可用低碳钢板制成，以屏蔽外部磁场对电子束轨迹的干扰。工作室内表面应镀镍或进行其他的表面处理，以减少表面吸附气体、飞溅及油污等，缩短抽真空时间和便于工作室清洁的工作。真空室通常开一个或几个窗口用以观察内部焊件及焊接情况。

低压型电子束焊机（加速电压<40kV）可以靠工作室钢板的厚度和合理设计工作室结构来防止 X 射线的泄漏。中、高压型电子束焊机（加速电压>60kV）的电子枪和工作室必须设置严密的铅板防护层，铅板防护层应粘接在真空室的外壁上，在外壁形状复杂的情况下，允许在工作室内壁粘接铅板。在电子枪内电位梯度大的静电透镜区内，不允许在其内壁粘接铅板。

（5）工作台和辅助装置

工作台、夹具、转台对于在焊接过程中保持电子束与接缝的位置准确、焊接速度稳定、焊缝位置的重复精度都是非常重要的。大多数的电子束焊接设备采用固定电子枪，让工件做直线移动或旋转运动来实现焊接。对大型真空室，也可采用使工件不动，而驱使电子枪运动进行焊接。为了提高电子束焊的生产效率，可采用多工位夹具，抽一次真空室可以焊接多个零件。

我国真空电子束焊机的研制自 20 世纪 80 年代以来取得了较大进展。目前中等功率的真空电子束焊机已形成了系列。50kV、60kV 的焊机已在实际生产中得到应用，一些焊接设备采用了微机控制等先进技术。

选用电子束焊设备时，应综合考虑被焊材料、板厚、形状、产品批量等因素。一般来说，焊接化学性能活泼的金属（如 W、Ta、Mo、Nb、Ti 等）及其合金应选用高真空焊机；焊接易蒸发的金属及其合金应选用低真空焊机；厚大工件选用高压型焊机，中等厚度工件选用中压型焊机；成批生产时选用专用焊机，品种多、批量小或单件生产则选用通用型焊接设备。

3.3　电子束焊的焊接工艺

3.3.1　电子束焊的工艺特点

（1）薄板的焊接

电子束焊可用于焊接板厚 0.03～2.5mm 的薄板件，这些零件多用于仪表、压力或真空密封接头、膜盒、封接结构等构件中。

薄板导热性差，电子束焊接时局部加热强烈。为防止过热、应采用夹具。图 3.7 示出薄板膜盒零件及其装配焊接夹具，夹具材料为纯铜。对极薄工件可考虑使用脉冲电子束流。电子束能量密度高，易于实现厚度相差很大的接头的焊接。焊接时薄板应与厚板紧贴，适当调节电子束焦点位置，使接头两侧均匀熔化。

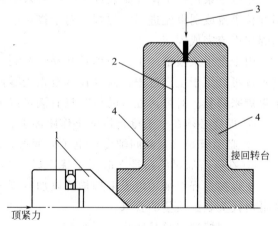

图 3.7　膜盒零件及其装配焊接夹具
1—侧顶夹具；2—焊件；3—氩气；4—夹具

（2）厚板的焊接

电子束焊可以一次焊透厚度 300mm 的钢板。焊道的深宽比可以高达 60：1。当被焊钢板厚度在 60mm 以上时，应将电子枪水平放置进行横焊，以利于焊缝成形。电子束焦点位置对于熔深影响很大，在给定的电子束能量下，将电子束焦点调节在工件表面以下熔深的 0.5～0.75mm 处电子束的穿透能力最好。根据实践经验，焊前将电子束焦点调节在板材表面以下板厚的 1/3 处，可以发挥电子束的熔透效力并使焊缝成形良好。表 3.5 示出真空度对电子束焊熔深的影响，厚板焊接时应保持良好的真空度。

表 3.5　电子束焊不同焊接条件对钢板熔深的影响

焊接条件					熔深 /mm
真空度 /Pa	电子束工作距离 /mm	加速电压 /kV	电子束电流 /mA	焊接速度 /cm·s^{-1}	
$<10^{-2}$	500	150	50	1.50	25
10^{-2}	200	150	50	1.50	16
10^{-5}	13	175	43	1.50	4

　　焊接大厚度工件时为了防止焊接所产生的大量金属蒸气和离子直接侵入电子枪可设置电子束偏转装置，使电子枪轴线与工件表面的垂直方向成 5°～90°夹角。这对于大批量生产中保证电子枪的工作稳定是十分有利的。

　　(3) 添加填充金属

　　只有在对接头有特殊要求或者因接头准备和焊接条件的限制不能得到足够的熔化金属时，才添加填充金属，其主要作用是：

　　① 在接头装配间隙过大时可防止焊缝凹陷；

　　② 对焊接裂纹敏感材料或异种金属接头可防止裂纹的产生；

　　③ 焊接沸腾钢时加入少量的脱氧剂（Al、Mn、Si 等）的焊丝，或在焊接铜时加入镍均有助于消除气孔。

　　添加填充金属的方法是在接头处放置填充金属，箔状填充金属可夹在接缝的间隙处，丝状填充金属可用送丝机构送入或用定位焊固定。送丝速度和焊丝直径的选择原则是使填充金属量约为接头凹陷体积的 1.25 倍。

　　(4) 复杂件的焊接

　　用电子束进行定位焊是装配工件的有效措施，其优点是节约装夹时间和成本低。可以采用焊接束流或弱束流进行定位焊，对于搭接接头可用熔透法定位，也可先用弱束流定位，再用焊接束流完成焊接。

　　由于电子束很细、工作距离长和易于控制，所以电子束可以焊接狭窄间隙的底部接头。这不仅可以用于生产过程，而且在修复报废零件时也非常有效。复杂形状的昂贵铸件常用电子束焊来修复。对可达性差的接头只有满足以下条件才能进行电子束焊。

　　① 焊缝必须在电子枪允许的工作距离上；

　　② 必须有足够宽的间隙允许电子束通过，以免焊接时损伤工件；

　　③ 在束流通过的路径上应无干扰磁场。

　　在焊接过程中采用电子束扫描可以加宽焊缝、降低熔池冷却速度、消除熔透不均匀等，降低对接头装配质量的要求。

　　(5) 焊接缺陷及其防止

　　和其他熔化焊一样，电子束焊接头也会出现未熔合、咬边、焊缝下陷、气孔、裂纹等缺陷。此外电子束焊焊缝特有的缺陷还有熔深不均匀、长孔洞、中部裂纹和由于剩磁或干扰磁场造成的焊道偏离接缝等。

　　熔深不均匀出现在不穿透焊缝中，这种缺陷是高能束流焊接所特有的。它与电子束焊接时熔池的形成和金属流动有密切的关系。加大小孔直径可消除这种缺陷。利用作圆形扫描的电子束的能量分布有利于消除熔深不均匀。改变电子束焦点在工件内的位置也会影响到熔深的大小和均匀程度。适当的散焦可以加宽焊缝，有利于消除和减小熔深不均匀的缺陷。

长孔洞及焊缝中部裂纹都是电子束深熔透焊接时所特有的缺陷，降低焊接速度、改进材质有利于消除此类缺陷。

3.3.2　焊前准备及接头设计

（1）焊前准备

1）接合面的加工与清理

电子束焊接头属紧密配合无坡口对接形式，一般不加填充金属，仅在焊接异种金属或合金，又确有必要时才使用填充金属。要求接合面经机械加工，表面粗糙度一般为 $1.5\sim25\mu m$。宽焊缝比窄焊缝对接合面要求可放宽，搭接接头也不必过严。

真空电子束焊前必须对焊件表面进行严格清理，否则导致焊缝缺陷，力学性能变坏，还影响抽气时间和焊枪运行的稳定性。对非真空电子束焊的焊件清理，不必像真空焊那样严格。清理方法可用丙酮清洗，若为了强力去油而使用含有氯化烃类溶剂，随后必须将工件放在丙酮内彻底清洗。清理完毕后不能再用手或工具触及接头区，以免污染。

2）接头装配

电子束焊接头装配时要紧密接合，不留间隙，并尽量使接合面平行，以便窄小的电子束能均匀熔化接头两边的母材。装配公差取决于焊件厚度、接头设计和焊接工艺，装配间隙宜小不宜大。对无锁底的对接接头，板厚 $\delta<1.5mm$ 时，局部最大间隙不应超过 $0.07mm$；随板厚增加，可用稍大一些的间隙。板厚超过 $3.8mm$ 时，局部最大间隙可到 $0.25mm$。焊薄工件时装配间隙一般要小于 $0.13mm$。

焊铝合金时的接头间隙可比钢大一些。填丝电子束焊接时，间隙要求可适当放宽。若采用偏转或摆动电子束使熔化区变宽时，可以用较大的间隙。非真空电子束焊有时用到 $0.75mm$ 的间隙。深熔焊时，装配不良或间隙过大，会导致过量收缩、咬边、漏焊等缺陷。

3）夹紧

所有电子束焊都是机械或自动操作的，如果零件不是设计成自紧式的，必须利用夹具进行定位与夹紧，然后移动工作台或电子枪体完成焊接。

要使用无磁性的金属制造所有的夹具和工装，以免电子束发生磁偏转。工件的装夹方法与钨极氩弧焊相似，只是夹具的刚性和加紧力比钨极氩弧焊时的要小，不需要水冷，但要求制造精确，因为电子束焊要求装配和对中极为严格。非真空电子束焊可用一般焊接变位机械，其定位、夹紧都较为简便。在某些情况下可用定位缝焊代替夹具。

4）退磁

所有的磁性金属材料在电子束焊之前应退磁处理。剩磁可能因磁粉探伤、电磁卡盘或电化加工等造成，即使剩磁不大，也足以引起电子束偏转。焊件退磁可放在工频感应磁场中，靠慢慢移出进行退磁，也可用磁粉探伤设备进行退磁。

对于极窄焊缝，剩磁感应强度为 $0.5\times10^{-4}T$，对于较宽焊缝为 $(2\sim4)\times10^{-4}T$。

（2）接头设计

电子束焊接的接头形式有对接、角接、搭接和卷边焊，均可进行无坡口全熔透或给定熔深的单道焊。这些接头可以用于电子束焊接一次穿透完成。如果电子束的功率不足以穿透接头的全厚度，也可采取正反两面焊的方法来完成。

电子束焊接中一些常见的接头形式如图 3.8 所示。电子束焊的焊缝非常狭窄，因此在焊缝宽度方向上必须具有很高的尺寸精度。

电子束焊不同接头有各自特有的接合面设计、接缝准备和施焊的方位。接头设计原则是

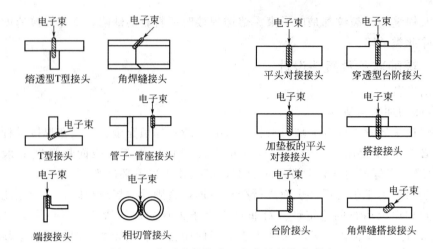

图 3.8 电子束焊接中一些常见的接头形式

便于接头的准备、装配和对中，减少收缩应力，保证获得所需熔透度。

1）对接接头

对接接头的准备最简便，适于部分或全熔透焊，只需装配夹紧即可。不等厚度板对接或平齐接比台阶接为好。焊台阶焊缝时，需采用较宽的电子束施焊，且焊接角度须精确控制，否则易焊偏造成脱焊。图 3.8 中的自定位接头，在周边焊和其他特定焊缝中可以自行紧固。当采用部分母材作填充金属时，焊缝成形可得到改善。斜对接接头可增大焊缝金属面积，但装夹定位比较困难，只用于受结构条件或其他原因限制的场合。

2）角接头

电子束焊最常用的角接头形式如图 3.9 所示。图中（a）接头留有未焊合的接缝，承载能力差。图中（h）接头主要用于薄件，其中一个焊件须精确预先弯边 90°。其他几种接头都易于装配与对齐。

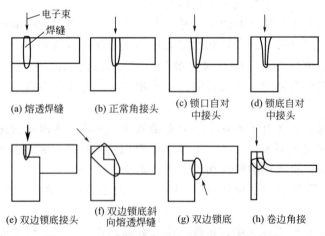

图 3.9 电子束焊最常用的角接头形式与焊缝

3）T 型接头

电子束焊最常用的 T 型接头形式如图 3.10 所示。图中（a）接头有未焊合的缝隙，接头强度差，且有缺口和腐蚀敏感性。图中（b）为较好的接头，焊接时焊缝易于收缩，拘束应力小。图中（c）为双面焊的 T 型接头，用于板厚超过 25mm 的场合。焊接第二面时，先焊的第一面焊缝起拘束作用，有开裂倾向。

4）搭接接头

常用于焊接厚度小于 1.6mm 的焊件，图 3.11 是其中常用的三种接头形式。图中（a）和（b）均有剩余未焊透的缝隙。其中熔透型接头主要用于板厚 0.2mm 以下的场合，有时需采用散焦电子束或电子扫描以增加熔合区宽度。厚板搭接焊时，需填充焊丝以增加填角尺寸，有时也采用散焦电子束以加宽焊缝，并形成平滑的过渡。

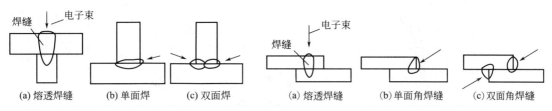

图 3.10　电子束焊最常用的 T 型接头形式与焊缝　　图 3.11　电子束焊常用的搭接接头形式与焊缝

5）端接接头

电子束焊接头有时也采用端接接头。厚板端接采用大功率深熔透焊，薄件或不等厚件常用小功率或散焦电子束进行焊接。

3.3.3　电子束焊的工艺参数

电子束焊的主要焊接参数是加速电压 U_a、电子束电流 I_b、聚焦电流 I_f、焊接速度 v 和工作距离等。电子束焊的焊接参数主要根据板厚来选择。一般说来，熔深与加速电压、电子束电流成正比，与束斑直径（受聚焦电流影响）、工作距离和焊接速度成反比。电子束电流和焊接速度是主要调整的工艺参数。

（1）加速电压 U_a

在大多数电子束焊中，加速电压参数往往不变，必要时也只做较小的调整。根据电子枪的类型（低、中、高压）加速电压通常选取某一数值，如 60kV 或 150kV。在相同的功率、不同的加速电压下，所得焊缝熔深和形状是不同的。提高加速电压可增加焊缝的熔深，在保持其他参数不变的条件下，焊缝横断面深宽比与加速电压成正比例。当焊接厚大件并要求得到窄而平的焊缝或电子枪与焊件的距离较大时可提高加速电压。

（2）电子束电流 I_b

电子束电流（简称束流）与加速电压一起决定着电子束焊的功率。增加电子束电流，熔深和熔宽都会增加。在电子束焊中，由于加速电压基本不变，所以为满足不同的焊接工艺需要，常常要调整电子束电流值。这些调整包括以下几方面：

① 在焊接环缝时，要控制电子束电流的递增、递减，以获得良好的起始、收尾搭接处的质量；

② 在焊接各种不同厚度的材料时，要改变电子束电流，以得到不同的熔深；

③ 在焊接厚大件时，由于焊接速度较低，随着焊件温度的增加，电子束电流需逐渐减小。

对于同一台电子束焊设备，焊接同一零件，可能有几组适用的焊接参数。如图 3.12 所示，钢的电子束焊接参数有一个较大的选择范围（如阴影部分所示），针对不同零件的具体要求，可以选择更为合适的工艺参数进行焊接。

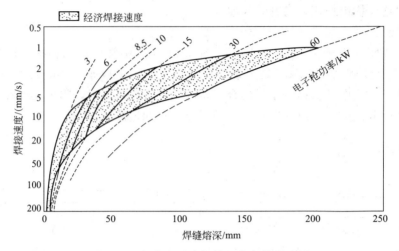

图 3.12　钢的电子束焊接工艺参数的选用

（3）焊接速度 v

焊接速度和电子束功率一起决定着焊缝的熔深、焊缝宽度以及被焊材料熔池行为（冷却、凝固及焊缝熔合线形状）。增加焊接速度会使焊缝变窄，熔深减小。

焊接热输入是焊接参数综合作用的结果。电子束焊接时，热输入的计算公式为

$$q = 60U_b I_b / v \tag{3-1}$$

式中，q 为热输入，kJ/cm；U_b 为加速电压，kV；I_b 为电子束电流，mA；v 为焊接速度，cm/min。

图 3.13 示出电子束焊热量输入与板厚的关系。板厚越大，所要求的热输入越高。

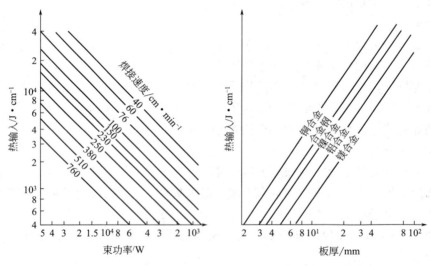

图 3.13　电子束功率、热输入和焊接速度与板厚的关系

热输入与电子束焊接能量成正比，与焊接速度成反比。在保证全焊透的条件下，利用热输入与材料厚度及焊接速度的关系，初步选定焊接参数。因为电子束斑点的品质和电子枪的特性密切相关，而不同设备的电子枪特性是不同的，初步选定的参数必须经过试验修正。此外，还应考虑焊缝横断面、焊缝外形及防止产生焊缝缺陷等因素，综合选择和试验确定实际使用的焊接参数。

（4）聚焦电流 I_f

电子束焊时，相对于焊件表面而言，电子束的聚焦位置有上焦点、下焦点和表面焦点三种，焦点的位置对焊缝形状影响很大。电子束聚焦状态对熔深及焊缝成形影响很大，焦点变小可使焊缝变窄、熔深增加。根据被焊材料的焊接速度、接头间隙等决定聚焦位置，进而确定电子束斑点大小。

薄板焊接时，应使焦点位于工件表面。当被焊工件厚度大于 10mm 时，通常采用下焦点焊（即焦点处于焊件表面的下部），且焦点在焊缝熔深的 30％处。厚板焊接时，应使焦点位于工件表面以下 0.5～0.75mm 的熔深处。例如，当被焊工件厚度大于 50mm 时，焦点在焊缝熔深的 50％～70％之间较为合适。

（5）工作距离

焊件表面与电子枪的工作距离会影响到电子束的聚焦程度。工作距离变小时，电子束的压缩比增大，使电子束斑点直径变小，增加了电子束能量密度。但工作距离太小会使过多的金属蒸气进入枪体中导致放电，因而在不影响电子枪稳定工作的前提下，应采用尽可能短的工作距离。表 3.6 为常用材料电子束焊接的工艺参数。

表 3.6　常用材料电子束焊接的工艺参数

材质	板厚 /mm	加速电压 U_a /kV	电子束电流 I_b /mA	焊接速度 v /cm·s^{-1}
低碳钢 低合金钢	3	28	120	1.67
		50	130	2.67
	12	50	80	0.50
	15	30	350	0.50
不锈钢	1.3	25	28	0.86
	2.0	55	17	2.83
	5.5	50	140	4.17
	8.7	50	125	1.67
奥氏体钢	15	30	230	1.39
		30	330	2.22
纯钛	0.1	5.1	18	0.67
	3.2	18	80	0.33
钛合金 6Al4V	6.4	40	180	2.53
	12.7	45	270	2.12
	19.1	50	500	2.12
	25.4	50	330	1.90
铝及铝合金	6.4	35	95	1.48
	12.7	26	235	1.17
		40	150	1.70
	19.1	40	180	1.70
	25.4	29	250	0.33
		50	270	2.53

续表

材质	板厚 /mm	加速电压 U_a /kV	电子束电流 I_b /mA	焊接速度 v /cm·s^{-1}
纯铜	10	50	190	1.67
	18	55	240	0.37
钨	1.5	23	250	0.58
	2.5	16	150	0.83
钼	1.0	21	130	0.67
铌	2.5	28	170	0.92

3.3.4　电子束焊缝的形成

同电弧焊一样，电子束焊接也属于熔化焊接。焊接时的能量高度集中和局部高温是电子束焊的最大特点。当电子束焊接所选用的焦点功率密度低于 $10^5\,W/cm^2$ 时，由于工件表面不会产生显著的金属蒸发现象，电子束的能量在工件表面转化为热能，这时电子束穿透金属的深度很小，熔池及焊缝金属的形成与其他电弧熔焊方法相似，是以热传导的方式来完成的。

当电子束焊接所选用的焦点功率密度超过 $10^5\,W/cm^2$ 时，电子束在工件上形成穿透的小孔，随着电子束与工件的相对移动，熔融金属被排斥在电子束前进方向的后方，逐渐凝固而形成焊缝。此时，电子束焊缝表面处的熔宽相对较大，这是由于从电子枪发射出来的电子束具有一定数量的杂散电子，在杂散电子的作用下工件表面被熔化而加宽。所以电子束焊缝的熔宽一般是以熔深一半处的宽度来计算的。

电子束焊的优点是具有深穿透效应。为了保证获得深穿透效果，发挥其焊缝深宽比大的特点，除了选择合适的电子束焊工艺参数外，还可以采取如下的一些工艺措施。

1）电子束水平入射焊

当要求焊接熔深超过 100mm 时，可以采用电子束水平入射和侧向焊接方法进行焊接。因为水平入射侧向焊接时，液态金属在重力作用下，流向偏离电子束轰击路径的方向，其对小孔通道的封堵作用降低，此时的焊接方向可以是自下而上或是横向水平施焊。

2）脉冲电子束焊

在同样功率下，采用脉冲电子束焊，可有效地增加熔深。因为脉冲电子束的峰值功率比直流电子束高得多，使焊缝获得高得多的峰值温度，金属蒸发速率会以高出一个数量级的比例提高。脉冲电子束焊可产生更多的金属蒸气，蒸气反作用力增大，小孔效应增强。

3）变焦电子束焊

极高的功率密度是获得深熔焊的基本条件。电子束功率密度最高的区域在其焦点上。在焊接大厚度焊件时，可使焦点位置随着焊件的熔化速度变化而改变，始终以最大功率密度的电子束来轰击待焊金属。但由于变焦的频率、波形、幅值等参数是与电子束功率密度、焊件厚度、母材金属和焊接速度有关的，所以手工操作起来比较复杂，宜采用计算机自动控制。

电子束焦点位置对焊缝形状也产生影响，如图 3.14 所示。无论是聚焦过度或聚焦不足都会引起电子束散焦，会增大有效电子束直径而降低电子束的功率密度，产生浅的或 V 形的焊缝。只有聚焦适当才能形成深宽比大的平行焊缝。

4）焊前预热或预置坡口

焊件在焊前被预热，可减少焊接时热量沿焊缝横向的热传导损失，有利于增加熔深。有

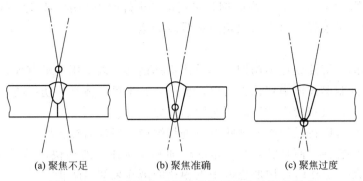

(a) 聚焦不足   (b) 聚焦准确   (c) 聚焦过度

图 3.14 电子束聚焦对焊缝几何形状和熔深的影响

些高强度钢焊前预热，还可以减少焊接裂纹倾向。在深熔焊时，往往有一定量的金属堆积在焊缝表面，如果预开坡口，则这些金属会填充坡口，相当于增加了熔深。另外，如果结构允许，尽量采用穿透焊，因为液态金属的一部分可以在焊件的下表面流出，以减少熔融金属在接头表面的堆积，减少液态金属的封口效应，增加熔深，减少焊根缺陷。

3.4 材料的电子束焊

在熔焊方法中，电子束焊是材料的焊接性较好的焊接方法之一。常用的金属、合金、金属间化合物等都可以采用电子束焊，而且焊接接头区的性能与其他熔焊方法相比具有更好的力学性能。

3.4.1 钢铁材料的电子束焊

1）低碳钢和低合金钢

低碳钢易于焊接，与电弧焊相比，焊缝和热影响区晶粒细小。半镇静钢焊接有时也会产生气孔，降低焊接速度、加宽熔池有利于消除气孔。

低合金钢电子束焊接的焊接性与电弧焊类似。非热处理强化钢易于用电子束焊进行焊接，接头性能接近退火基体的性能。经热处理强化的低合金钢，焊接热影响区的硬度会下降，采用焊后回火处理可以使其硬度回升。焊接刚性大的工件时，特别是基体金属已处于热处理强化状态时，焊缝易出现裂纹。合理设计接头使焊缝能够自由收缩，采用焊前预热、焊后缓冷以及合理选择焊接条件等措施可以减轻淬硬钢的裂纹倾向。

对于需进行表面渗碳、渗氮处理的零件，一般应在表面化学热处理前进行焊接。如果必须在表面化学热处理后进行焊接，则应先将焊接区的表面化学热处理层除去，然后再进行焊接。

碳的质量分数低于 0.3% 的低合金钢焊接时不需要预热和缓冷，但工件厚度大、结构刚性大时需预热到 250～300℃。对于焊前已进行过淬火和回火处理的工件，焊后的回火温度应低于原母材的回火温度。轻型变速箱的齿轮大多采用电子束焊，齿轮材料是 20CrMnTi 或 16CrMn。焊前材料处于退火状态，焊后进行调质和表面渗碳处理。

合金结构钢的碳含量（或碳当量）高于 0.30% 时，应在退火或正火状态下焊接，也可以在淬火加正火处理后焊接。板厚大于 6mm 的合金结构钢电子束焊，应采用焊前预热和焊后缓冷的工艺措施，以免焊接区产生裂纹。

碳的质量分数大于 0.50% 的高碳钢，采用电子束焊时裂纹敏感性比用其他电弧焊时低。轴承钢也可采用电子束焊，但应采取预热和缓冷措施。

2）不锈钢

奥氏体不锈钢、沉淀硬化不锈钢、马氏体不锈钢都可以采用电子束焊。电子束焊极高的冷却速度有助于抑制奥氏体中碳化物析出，奥氏体、半奥氏体类不锈钢的电子束焊接都能获得性能良好的接头，具有较高的抗晶间腐蚀的能力。

马氏体不锈钢可以在任何热处理状态下进行焊接，但焊后接头区会产生淬硬的马氏体组织，增加了裂纹敏感性。而且随着含碳量的增加和焊接速度的加快，马氏体的硬度将提高，开裂敏感性也较强。必要时可用散焦电子束预热的措施来加以防止。

3）高速钢与弹簧钢的电子束焊

高速钢中含有 W、Mo、V、Co 等合金元素，这些合金元素的总含量超过 10%。用高速钢制成的刀具和钻头，在切削和钻削过程中比一般低合金工具钢的刀具和钻头更加锋利（俗称"锋钢"）。弹簧钢具有较高的屈服强度和良好的疲劳强度，在冲击、振动或长期均匀的周期性交变应力条件下工作。生产中应用的双金属机用锯条，就是高速钢与弹簧钢采用真空电子束焊接而成的产品。

双金属锯条刃部一般采用的高速钢牌号为 W18Cr4V、W6Mo5Cr4V2 等；锯条背部采用的弹簧钢牌号为 65Mn、60Si2CrA、60Si2MnA 等。

高速钢与弹簧钢电子束焊的工艺步骤如下。

① 焊前准备 焊前认真清理两种母材金属表面的氧化物、铁锈及油污等。

② 合理确定锯条毛坯尺寸 双金属机用锯条的毛坯尺寸见表 3.7。

表 3.7 双金属机用锯条的毛坯尺寸

钢的牌号	工作部位	锯条厚度/mm	锯条长度/mm	锯条宽度/mm	备 注
高速钢（W18Cr4V）	锯条刃部	1.8±0.1	488±0.5	7±0.2	焊接时以背部为定位基准
弹簧钢（60Si2CrA）	锯条背部	1.8±0.1	488±0.5	31±0.05	

③ 真空电子束焊接设备 一般选择电子束焊机的最高加速电压为 150kV，最大束流为 200mA，焊接真空室的真空度为 1.33×10^{-4}Pa。

④ 技术要求及焊接工艺参数 焊接时要求焊接速度为 3～5cm/s，焊缝正面宽度小于 1.0mm，异质焊缝背面宽度大于 0.3mm，锯条焊后的变形量不大于 1.0mm。另外，要保证焊缝中无气孔、裂纹、未焊透等缺陷，要求焊接废品率不得超过 3%。推荐的高速钢与弹簧钢双金属机用锯条电子束焊的工艺参数见表 3.8。

表 3.8 高速钢与弹簧钢双金属机用锯条电子束焊的工艺参数

母材厚度/mm	加速电压/kV	电子束电流/mA	焊接速度/cm·s⁻¹	焊缝正面宽度/mm	焊缝背面宽度/mm	真空度/Pa
1.8+1.8	60	36	3	1.0～1.2	≥0.3	1.33×10^{-4}
	80	26	4	0.8～1.0	≥0.3	
	100	18	5	0.5～0.8	≥0.3	
	120	8	5	0.3～0.5	≥0.3	

3.4.2　有色金属的电子束焊

（1）铝及铝合金的焊接

真空电子束焊焊接纯铝及非热处理强化铝合金是一种理想的方法，单道焊接工件厚度可达到 475mm。热影响区小，变形小，不填焊丝，焊缝纯度高，接头的力学性能与母材退火状态接近。

对于非热处理强化的铝合金，电子束焊接技术多用于大厚度件、薄壁件、精密件等。非热处理强化铝合金容易进行电子束焊，接头性能接近于母材。对于热处理强化的高强度铝合金，电子束焊时可能产生裂纹或气孔，有的接头性能低于其基体。可用填加适当成分的填充金属、减低焊速、焊后固溶时效等方法来加以改善。对于热处理强化铝合金、铸造铝合金，只要焊接工艺参数选择合适，可以明显减少热裂纹和气孔等缺陷。

采用电子束焊接铝及铝合金常用的焊接接头形式有：对接、搭接、T 型接头，接头装配间隙应小于 0.1mm。几种铝及铝合金真空电子束焊接的工艺参数见表 3.9。

表 3.9　几种铝及铝合金真空电子束焊接的工艺参数

厚度 /mm	合金牌号	加速电压 /kV	电子束 电流 /mA	焊接速度 /cm·s^{-1}	热输入 /kJ·m^{-1}
1.27	6061	18	33	42	14.2
1.27	2024	27	21	29.8	18.9
3.0	2014	29	54	31.5	51.2
3.2	6061	26	52	33.6	39.4
3.2	7075	25	80	37.8	51.2
12.7	2219	30	200	39.9	150
16	6061	30	275	31.5	260
19	2219	38	145	21	260
25.4	5086	35	222	12.6	591
50.8	5086	30	500	15.1	985
60.5	2219	30	1000	18.1	1655
125.3	5083	58	525	4.2	7170

注：真空度为 1.33×10^{-3}Pa；平焊位置、电子枪垂直。

焊前应对接缝两侧宽度不小于 10mm 的表面用机械和化学方法做除油和清除氧化膜处理。为了防止气孔和改善焊缝成形，对厚度小于 40mm 的铝板，焊速应在 60～120cm/min。40mm 以上的厚铝板，焊速应在 60cm/min 以下。

铝及铝合金有时焊前呈变形强化或热处理强化状态，即使电子束焊热输入小，焊接接头仍将发生热影响区软化失强或出现焊接裂纹倾向。此时，可提高焊接速度以减小热影响区软化区宽度和软化程度；也可施加特殊的填充材料以改变焊缝金属成分，或减轻近缝区过热，降低焊接裂纹倾向。

热处理强化的 2219（Al-Cu-Mn）铝合金是用于航天产品的轻质高强结构材料。该合金钨极氩弧焊（TIG）或熔化极氩弧焊（MIG）时，焊接接头强度系数仅为 50%～65%；该合金电子束焊时，根据焊前和焊后热处理工艺的不同，可获得不同的焊接接头强度，如表 3.10 所示。

由表 3.10 可见，2219 铝合金电子束焊接头的力学性能，无论是抗拉强度、屈服强度、伸长率、断裂韧度，均高于钨极氩弧焊接头的力学性能。

表 3.10　2219（Al-Cu-Mn）铝合金焊接接头的力学性能

热处理	厚度 /mm	环境温度 /℃	抗拉强度 /MPa	屈服强度 /MPa	伸长率 /%	断裂韧度 K_{IC} /MPa·m$^{-3/2}$
母材 526℃固溶，177℃人工时效12h，未焊接	12.7	20	441	314	18	46.9
母材焊前固溶人工时效，钨极氩弧焊（TIG），不热处理	12.7	20	282	145	8	26.6 38.7
母材焊前固溶人工时效，真空电子束焊（EBW），焊后不热处理	12.7	20	345	256	13	41.5
		−196	470	308	14.5	40.8
母材焊前固溶自然时效，真空电子束焊（EBW），焊后人工时效	12.7	20	392	341	10.5	41.6
		−196	503	375	13.5	—
母材焊前退火，真空电子束焊（EBW），焊后固溶人工时效	12.7	20	456	337	16.0	44.1
		−196	523	371	15.5	

1201 铝合金（Al-6Cu-Mn）的成分和性能与 2219 铝合金相近，是用于俄罗斯"能源号"运载火箭贮箱的结构材料。该合金在 530℃水淬（固溶）和 175～180℃×16h 人工时效后进行电子束焊接，工艺参数为：加速电压 26kV、电子束电流 190mA、焊接速度 40m/h，不填丝。同时用钨极氩弧焊（TIG）进行对比试验，工艺参数为：焊接电压 15～16V、焊接电流 640A、焊接速度 6m/h。试验结果表明，电子束焊的接头强度比氩弧焊时高 20%，焊缝冲击韧度高出一倍。由于电子束焊时的热输入仅为 TIG 焊的 1/6，故其软化区宽度仅相当于 TIG 焊的 1/4，只有 15～18mm。

铝-锂合金是用于新型航空航天飞行器的轻质高强铝合金。俄罗斯在焊接性良好的 1201 铝合金（Al-6Cu-Mn）基础上添加少量合金元素 Li，研制成新型 Al-Mg-Li 合金 1420（Al-5Mg-2Li-Zr）。经空淬（固溶）及 120℃×12h 人工时效后，合金抗拉强度可达 441～451MPa，屈服强度可达 274～304MPa。该合金经钨极氩弧焊后，焊接接头强度系数为 70%。但是，采用电子束焊接，焊接接头强度系数可达到 80%～85%，而且热影响区窄，构件变形小。

（2）铜及铜合金的焊接

电子束的能量密度和穿透能力比等离子弧还强，利用电子束对铜及铜合金作穿透性焊接有很大的优越性。电子束焊接时一般不加填充焊丝，冷却速度快、晶粒细、热影响区小，在真空下焊接可以完全避免接头的氧化，还能对接头除气。铜及铜合金真空电子束焊缝的气体含量远远低于母材。焊缝的力学性能与热物理性能可达到与母材相等的程度。

电子束焊接含 Zn、Sn、P 等低熔点元素的黄铜和青铜时，这些元素的蒸发会造成焊缝合金元素的损失。此时应采用避免电子束直接长时间聚焦在焊缝处的焊接工艺，如使电子束聚焦在高于工件表面的位置，或采用摆动电子束的方法。

电子束焊接厚大铜件时，会出现因电子束冲击发生熔化金属的飞溅问题，导致焊缝成形变坏。此时可采用散射电子束修饰焊缝的办法加以改善。表 3.11 是铜及铜合金电子束焊的工艺参数。表 3.12 是电子束焦点位置与熔深的关系。

电子束焊接一般采用不开坡口、不留间隙的对接接头。可用穿透式，也可用锁边式（或称镶嵌式）。对一些非受力件接头也可直接采用塞焊接头。

表 3.11　铜及铜合金电子束焊的工艺参数

板厚 /mm	加速电压 /kV	电子束电流 /mA	焊接速度 /cm·s⁻¹
1	14	70	0.56
2	16	120	0.56
4	18	200	0.50
6	20	250	0.50
10	50	190	0.30
18	55	240	0.11

表 3.12　电子束焦点位置与熔深的关系

金属中的杂质总含量/%	电子束功率 /kW	熔化深度/mm			平均熔深 /mm
		焦点低于工件表面	焦点在工件表面	焦点高于工件表面	
0.035	6.9	7.0	7.5	8.0	5.5
	5.7	5.0	5.75	6.25	5.5
	4.0	2.5	3.25	3.5	5.5
0.0048 （无氧铜）	6.9	6.75	7.5	8.5	6.0
	5.7	5.5	6.0	6.5	6.0
	4.0	4.5	4.25	3.75	6.0

（3）钛及钛合金的焊接

钛在高温时会迅速吸收 O_2 和 N_2，从而降低韧性，但采用真空电子束焊可获得优质焊缝。与其他熔焊方法相比，真空电子束焊焊接钛及钛合金具有独特的优势。首先是真空度通常为 10^{-3} Pa，污染程度极小（仅为 0.0006%），比含量为 99.99% 的高纯度氩的纯度高出 3 个数量级，对液态和高温的固态金属不可能导致污染，焊缝中氢、氧、氮的质量分数比钨极氩弧焊时低得多。

由于真空电子束的能量密度比等离子弧高，焊缝和热影响区很窄，过热倾向相当微弱，焊缝和热影响区不出现粗大的片状 α 相，晶粒不会显著粗化（见表 3.13），因而抑制了焊接接头区域的脆化倾向，能够保证良好的力学性能。

表 3.13　Ti-6Al-6V-2Sn 钛合金电子束焊接头的热影响区宽度和晶粒尺寸

焊接方法	板厚 /mm	焊缝宽度 /mm	热影响区宽度 /mm	热影响区晶粒尺寸 /mm
钨极氩弧焊	1.65	7.9~9.5	2.54	0.89
	2.36	9.5~11.1	3.56~4.57	0.89
高压电子束焊	1.27	2.18	0.05	0.25~0.54
	2.41	1.52	0.05	0.25~0.64
低压电子束焊	3.18	3.56	1.27	0.25~0.64

由 TC4 钛合金电子束焊接头的力学性能（见表 3.14）可见，采用同质焊丝钨极氩弧焊的 TC4 钛合金接头，其强度和塑性都比母材低，尤其塑性的下降更为显著，由于焊接冶金和热作用的结果，断裂发生在焊缝或热影响区。而 TC4 钛合金电子束焊接头的断裂发生在母材上，因此真空电子束焊的焊接接头力学性能不逊于母材。

表 3.14 TC4 钛合金电子束焊接头的力学性能

焊接方法	抗拉强度 σ_b/MPa	屈服强度 σ_s/MPa	伸长率 δ/%	强度系数 /%	断裂位置
电子束焊	1117.2	1046.6	12.5	96.8	母材
钨极氩弧焊（TC4 焊丝）	964.4	909.4	4.4	84.0	焊缝或热影响区
TC4 母材	1150.5	1102.5	11.8	—	—

真空电子束焊比钨极氩弧焊能量密度高，焊缝的深宽比大，几百毫米厚的钛及钛合金板材不开坡口可一次焊成，而且焊缝窄、热影响区小、晶粒细、接头性能好。

电子束焊对钛和钛合金薄壁工件的装配要求高，不然焊接中易产生塌陷。为了预防焊缝中的气孔，焊前要认真清理焊件坡口两侧的油锈，尽量降低母材中的气体含量。对焊缝进行重熔，一次重熔可使直径 0.3～0.6mm 的气孔完全消失，二次重熔可使更小的气孔大为减少。

防止钛及钛合金电子束焊表面缺陷的措施有：选择合适的焊接工艺参数，使电子束沿焊缝作频率为 20～50Hz 的纵向摆动，或加焊一道修饰焊缝。钛及钛合金电子束焊的工艺参数见表 3.15，焊接时为了防止晶粒长大，宜采用高电压、小束流的工艺参数。钛及钛合金电子束焊接头的力学性能见表 3.16。

表 3.15 钛及钛合金电子束焊的工艺参数

板厚/mm	加速电压/kV	电子束电流/mA	焊接速度/cm·s^{-1}	板厚/mm	加速电压/kV	电子束电流/mA	焊接速度/cm·s^{-1}
0.7	90	4	2.52	20	40	150	2.02
1.3	100	5	5.32	55	60	390～480	1.67～1.94
3	60	28	1.12	75	60	480	0.67
5	60	16	0.56	80	55	400	0.46
10	60	50～70	1.57～1.94	150	60	800	0.42
13	40	100	1.77	—	—	—	—

表 3.16 Ti-5Al-2.5Sn 钛合金电子束焊接头的力学性能

部位	抗拉强度/MPa	伸长率/%	断面收缩率/%	冲击吸收功/J
母材（板厚 10mm）	830	10.1	31.2	66
焊缝	834	14.8	36.2	43

3.4.3 金属间化合物的电子束焊

TiAl 金属间化合物的室温塑性差，但通过 Cr、Mn、V、Mo 等元素的合金化和控制组织，使其形成一定比例和形态的（$\gamma+\alpha_2$）两相组织，可使其室温伸长率提高到 2%～4%。因此，一些 TiAl 合金设计成室温具有（$\gamma+\alpha_2$）的层片状组织，α_2 呈薄片状，穿越 γ 晶粒。这种双相组织是在冷却过程中通过 $\alpha\rightarrow(\alpha_2+\gamma)$ 的共析反应获得的。

在 Ti-48Al 合金中，在 1130～1375℃ 的高温温度范围内 γ 相转变为 α 相，但冷却过程中 α 相转变为 γ 相非常快。将 Ti48Al2Cr2Nb 合金由 1400℃ 的 α 相区淬火，导致向 γ 相的转

变，只有在缓冷时才能获得层片状组织。因此，焊接时较快的冷却速度将使 TiAl 合金的理想组织状态受到破坏，使其恢复原来的脆性，甚至引起冷裂纹。

采用电子束焊焊接厚度 10mm 的 Ti48Al2Cr2Nb 合金时，预热 750℃ 可使焊缝转变为层片状组织，但没有预热的快速冷却时，焊缝主要是块状转变组织。在这种高冷却速度的条件下，焊缝极易开裂，因此必须严格控制焊接热过程。TiAl 合金同样存在氢脆问题，由于目前所用的焊接方法都是低氢的，因此氢并没有成为一个主要问题。

对 TiAl 合金电子束焊的焊接裂纹敏感性进行了研究，所用材料为 TiB_2 颗粒强化的 Ti-48Al 合金，所含强化相 TiB_2 的体积分数为 6.5%，组织为层片状（$\alpha_2+\gamma$）的晶团、等轴 α_2 和 γ 晶粒以及短而粗的 TiB_2 颗粒。电子束焊所用的工艺参数和相应的热影响区冷却速度见表 3.17。

表 3.17　电子束焊的工艺参数及热影响区冷却速度

焊接速度 /cm·s^{-1}	加速电压 /kV	电子束电流 /mA	预热温度 /℃	冷却速度 /K·s^{-1}
0.2	150	2.2	27	90
0.6	150	2.5	27	650
1.2	150	4.0	27	1015
2.4	150	6.0	27	1800
0.2	150	2.2	300	35
0.6	150	2.5	335	200
0.6	150	2.5	170	400
1.2	150	4.0	335	310
0.6	100	2.0	470	325
1.2	150	3.5	27	1320

冷却速度对裂纹倾向的影响如图 3.15 所示，当热影响区冷却速度低于 300K/s 时裂纹不敏感；冷却速度超过 300K/s 后，裂纹敏感性随冷却速度的增加明显增大。冷却速度超过 400K/s 时焊缝中产生横向裂纹，并可能向两侧母材中扩展。从这类裂纹的断口形貌看，没有热裂纹的迹象，属于冷裂纹。

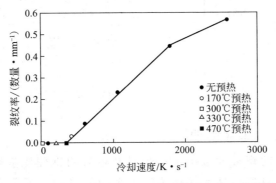

图 3.15　裂纹率与热影响区平均计算冷却速度的关系
（由 1400℃ 冷却至 800℃）

因此，用电子束焊焊接 TiAl 合金时，冷却速度是影响焊接裂纹的主要因素。有关研究表明，当焊接速度为 6mm/s 时，防止裂纹产生所必需的预热温度为 250℃（见图 3.16）。

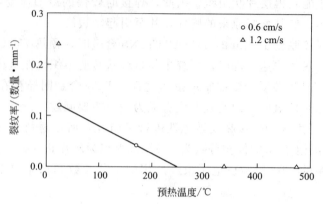

图 3.16　预热温度与裂纹出现率之间的关系
（焊接速度为 0.6cm/s 和 1.2cm/s）

电子束焊接 Fe-28Al-5Cr-0.5Nb-0.1C 合金的熔合区组织细化，焊缝组织为柱状晶组织，沿热传导方向生长，热影响区窄，局部温度梯度较大，晶粒组织较钨极氩弧焊焊缝细化。控制焊接速度在 2cm/s 以下，几种 Fe_3Al 合金的焊接区均没有裂纹出现。

采用图 3.17 所示的电子束焊接热循环，焊接速度 0.42cm/s 时，从焊缝、熔合区到焊接热影响区显微硬度无明显变化，也没有明显的脆硬相生成。力学性能试验结果表明，焊接接头区的室温拉伸和弯曲时断裂均发生在母材部位，抗拉强度和抗弯强度较大，接头区没有明显弱化焊接结构件的力学性能。

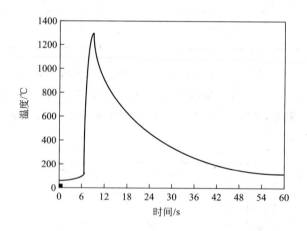

图 3.17　Fe_3Al 合金电子束焊的焊接热循环

3.4.4　异种材料的电子束焊

异种材料电子束焊的焊接性取决于被焊材料各自的物理化学性能。彼此可以形成固溶体的异种金属焊接性良好，易生成金属间化合物的异种金属的接头韧性差。各种金属组合采用电子束焊的可能性列于表 3.18。对于不能互溶和难以直接电子束焊接的异种金属，可以通过加入两种金属兼容的中间过渡金属（通常采用箔片）或加入填充金属来实现焊接，见表 3.19。例如铜和钢焊接时加入镍片作过渡金属，可使焊缝密实和均匀，接头性能良好。

表 3.18　各种金属组合采用电子束焊的可能性

	Al	Be	Cu	Au	Fe	Mg	Mo	Ni	Pt	Si	Ag	Ti	W	Zr	V
Al	√√	√	√		√		√	√				√		√	√
Be	√	√√	√	√	√										
Cu	√	√	√√	√			√	√			√	√	√		
Au		√	√	√√				√	√	√					
Fe					√√		√					√	√	√	√
Mg						√√									
Mo	√						√√	√							
Ni	√		√	√			√	√√	√	√		√			√
Pt				√				√	√√						
Si				√				√		—	√				
Ag									√	√	√√				
Ti	√		√		√			√				√√	√		√
W			√		√							√	√√		
Zr	√				√							√		√√	√
V	√							√				√		√	√√

注：√为焊接性良好（√√为同种金属焊接）；空白为焊接性差或无报道数据。

表 3.19　异种金属电子束焊时所采用的中间过渡金属

被焊异种金属	中间过渡金属
Ni＋Ta	Pt
Mo＋钢	Ni
Cr-Ni 不锈钢＋Ti	V
Cr-Ni 不锈钢＋Zr	V
钢＋硬质合金	Co、Ni
Al＋Cu	Zn、Ag
黄铜＋Pb	Sn
低合金钢＋碳钢	10MnSi8

用电子束焊接异种材料时，可以采取的工艺措施如下。

① 两种材料的熔点接近，这种情况对焊接无特殊要求，可将电子束指向接头中间；如果要求焊缝金属的熔合比不同，以改善组织性能时，可把电子束倾斜一角度而偏于要求熔合比多的母材一边。

② 两种材料的熔点相差较大，这种情况下，为了防止低熔点母材熔化流失，可将电子束集中在熔点较高的母材一侧。焊接时不让低熔点母材熔化过多而影响焊缝质量，可利用铜护板传递热量，以保证两种母材受热均匀。为了防止焊缝根部未焊透等缺陷，应改变电子束对焊件表面的倾斜角，在大多数情况下，电子束应指向熔点较高的母材。

③ 异种金属相互接触和受热时会产生电位差，这会引起电子束偏向一侧，应注意这一特殊现象，防止焊偏等。

④ 焊接难熔的异种金属时应尽量降低热输入，采用小束斑，尽可能在固溶状态下施焊，焊后进行时效处理。

（1）钢与有色金属的电子束焊

为了提高钢与铝焊接接头的性能，选用 Ag 作为中间过渡层的电子束焊，焊接接头的强度可提高到 $117.6\sim156.8$ MPa。因为 Ag 不会与 Fe 生成金属间化合物，焊接接头试样断裂在铝一侧的母材上。

为了避免产生裂纹，焊缝金属中铝含量超过 65% 时，能获得充分的共晶合金，而不产生裂纹。在焊接工艺上可调整熔合比，使焊缝金属大部分进入共晶区，这可以大大减小焊接裂纹敏感性。应指出，在焊接过程中，电子束电流会使铝熔化量增多，在钢与 Ag 的边界处产生 Al 浓度较高的区域，出现 $FeAl_2$、FeAl 等化合物，使焊缝变脆，接头强度下降，甚至产生裂纹。

Q235 碳钢与铜可直接进行电子束焊接，但最好采用中间过渡层的焊接方法，可采用 Ni、Al 或 Ni-Cu 等作中间过渡层。

在钢与钛及钛合金的焊接生产中，应用电子束焊较多。钢与钛及钛合金的真空电子束焊的特点是可获得窄而深的焊缝，而且热影响区也很窄。由于是在真空中焊接，避免了钛在高温中吸收氢、氧、氮而使焊缝金属脆化。在电子束焊的焊缝中有可能生成金属间化合物（TiFe、$TiFe_2$），使接头塑性降低，但由于焊缝比较窄（焊缝熔深和宽度之比为 3：1 或 20：1），在工艺上加以控制能够减少生成或不生成 TiFe 和 $TiFe_2$。因此，钢与钛的电子束焊可以获得质量良好的焊接接头。

钢与钛及钛合金的真空电子束焊之前，必须对钛的表面进行清理，即用不锈钢丝刷或用机械加工端面之后再进行酸洗，用水冲洗干净。钢与钛及钛合金的真空电子束焊接工艺参数，可参考钛及钛合金的电子束焊工艺参数。

12Cr18Ni10Ti 不锈钢与钛及钛合金真空电子束焊接时，一般选用 Nb 和青铜作为填充材料，这些填充材料可使焊缝不出现金属间化合物，焊缝不出现裂纹和其他缺陷，接头强度高且具有一定的塑性。如果不用中间层焊接时，将获得塑性低的接头，甚至出现裂纹。这些中间层的合金有：V+Cu、Cu+Ni、Ag、V+Cu+Ni、Nb 和 Ta 等。

不锈钢与钼的焊接可以采用电子束焊，焊接时使电子束偏离开钼的一侧，以调节和控制钼一侧的加热温度。只要焊接接头表面加工合适和工艺参数选择适当，熔化的不锈钢就能很好地浸润钼的表面，形成具有一定力学性能的接头。

不锈钢与钼焊接接头的强度与塑性取决于接头形式和焊接工艺参数。不锈钢与钼电子束焊的工艺参数及接头性能见表 3.20，试验温度为 20℃。以上述工艺参数焊接的接头，在拉伸试验和弯曲试验时，试样断裂位置在钼与焊缝金属之间的边界上。

表 3.20　不锈钢与钼电子束焊的工艺参数及接头性能

焊接参数					接头性能		
厚度/mm		加速电压 /kV	电子束电流 /mA	焊接速度 /cm·s^{-1}	抗拉强度 /MPa	弯曲角 /(°)	接头形式
Mo	1Cr18Ni9Ti						
0.5	0.8	16.0	15	0.83	250～530	13～73	对接
0.3	0.4	16.3	20	1.11	460～720	40～70	搭接
0.3	0.4	16.5	9	1.11	230～550	40～140	角接

不锈钢与钨电子束焊时，为了获得满意的焊接接头，须采取特殊的焊接工艺和有效的焊接措施。不锈钢与钨电子束焊的工艺步骤如下。

① 焊前对不锈钢和金属钨进行认真地清理和酸洗。酸洗溶液的成分为：H_2SO_4 54％＋HNO_3 45％＋HF 1.0％，酸洗温度为 60℃，酸洗时间为 30s。酸洗后的母材金属需在水中冲洗并烘干，烘干温度为 150℃。

② 为了防止焊接接头氧化，焊前再将被焊接头用酒精或丙酮进行除油和脱水。将清理好的被焊接头装配、定位，然后放入真空室中，并调整好焊机参数和电子束焊枪。

③ 焊接过程中应注意真空室中的真空度，要求真空度在 1.33×10^{-5} Pa 以上。

④ 不锈钢与钨真空电子束焊的工艺参数为：加速电压 17.5kV，电子束电流 70mA，焊接速度 0.83cm/s。

⑤ 焊后取出焊件并缓冷。待焊件冷至室温时，进行焊接接头检验，发现焊接缺陷应及时返修。

（2）陶瓷与金属的电子束焊

电子束焊应用到金属-陶瓷连接工艺中，扩大了选用材料的范围，也提高了被连接件的气密性和使用性能，满足了多方面的需求。

1）陶瓷与金属电子束焊的特点

陶瓷与金属的真空电子束焊是一种很有效的焊接方法，它有许多优点，由于是在真空条件下，能防止空气中的氧、氮等污染，有利于陶瓷与活性金属的焊接，焊后的气密性良好。电子束经聚焦能形成很小的束斑直径，可小到 0.1～1.0mm 范围，其功率密度可提高到 $10^7 \sim 10^9$ W/cm^2。因而电子束穿透力很强，加热面积很小，焊缝熔宽小、熔深很大，熔深与熔宽之比可达到 10：1～50：1。这样不仅焊接热影响区小，而且应力变形也极其微小。这对于精加工件可作为最后一道工序，可以保证焊后结构的精度。

陶瓷与金属的真空电子束焊接时，焊件的接头形状有多种形式，比较合适的接头形式以平对接焊为最好。也可以采用搭接或套接，工件之间的装配间隙应控制在 0.02～0.05mm，不能过大，否则可能产生未焊透等缺陷，达不到形成牢固接头的目的。

电子束焊机的主要部件是电子光学系统（包括电子枪和磁聚焦、偏转系统），它是获得高能量密度电子束的关键，在配以稳定、调节方便的电源系统后，能保证电子束焊接的工艺稳定性。电子束焊枪的加速电压有高压型（110kV 以上）、中压型（40～60kV）和低压型（15～30kV），对于陶瓷与金属的焊接，最合适的是采用高真空度低压型的电子束焊枪。

2）陶瓷与金属电子束焊的工艺过程

① 把焊件表面处理干净，将工件放在预热炉内进行预热；

② 当真空室的真空度达到 10^{-2}Pa 之后，开始用钨丝热阻炉对工件进行预热，在 30min 内可由室温上升到 1600～1800℃；

③ 在预热恒温下，让电子束扫描被焊工件的金属一侧，开始焊接；

④ 焊后降温退火，预热炉要在 10min 之内使电压降到零值，使焊件在真空炉内自然冷却到某一温度后才能出炉。

陶瓷与金属真空电子束焊的工艺参数对接头质量影响很大，尤其对焊缝熔深和熔宽的影响更加敏感，这也是衡量电子束焊接的重要指标。选择合适的焊接参数可以使焊缝形状、强度、气密性等达到设计要求。

氧化铝陶瓷（85％ Al_2O_3、95％ Al_2O_3）、高纯度 Al_2O_3、半透明的 Al_2O_3 陶瓷与金属

之间的电子束焊接时，可选择如下工艺参数：功率 3kW，加速电压 150kV，最大的电子束电流为 20mA，用电子束聚焦直径 0.25～0.27mm 的高压电子束焊机进行直接焊接，可获得良好的焊接质量。

高纯度 Al_2O_3 陶瓷与难熔金属（W、Mo、Nb、Fe-Co-Ni 合金）电子束焊接时，也可采用上述工艺参数用高压电子束焊机进行焊接。同时还可用厚度 0.5mm 的 Nb 片作为中间过渡层，进行两个半透明的 Al_2O_3 陶瓷对接接头的电子束焊接。还可以用直径 $\phi1.0mm$ 的金属钼针与氧化铝陶瓷实行电子束焊接。

陶瓷与金属目前应用真空电子束焊接，多用于难熔金属（W、Mo、Ta、Nb 等）与陶瓷的焊接，而且要使陶瓷的线膨胀系数与金属的线膨胀系数相近，达到接头的匹配性。由于电子束的加热斑点很小，可以集中在一个非常小的面积上加热，这时只要采取焊前预热，焊后缓慢冷却以及接头形式合理设计等措施，可以获得满足使用要求的焊接接头。

3）陶瓷与金属电子束焊应用实例

在石油化工等部门使用的一些传感器需要在强烈浸蚀性的介质中工作。这些传感器常常选用氧化铝系列的陶瓷作为绝缘材料，而导体就选用 18-8 不锈钢。不锈钢与陶瓷之间应有可靠的连接，焊缝必须耐热、耐蚀、牢固可靠和致密不漏。

陶瓷是一根长为 15mm，外径 10mm，壁厚 3mm 的管子。陶瓷管套在不锈钢管之中，陶瓷与不锈钢管之间采用动配合。陶瓷管两端各留有一个 0.3～1.0mm 的加热膨胀间隙，防止加热时产生很大的切应力。采用真空电子束焊方法焊接 18-8 不锈钢管与陶瓷管，接头为搭接焊缝，工艺参数如表 3.21 所示。

表 3.21　18-8 不锈钢与陶瓷真空电子束焊的工艺参数

材　料	母材厚度/mm	工　艺　参　数				
		加速电压/kV	电子束电流/mA	焊接速度/cm·s^{-1}	预热温度/℃	冷却速度/℃·min^{-1}
18-8 钢＋陶瓷	4+4	10	8	10.3	1250	20
18-8 钢＋陶瓷	5+5	11	8	10.3	1200	22
18-8 钢＋陶瓷	6+6	12	8	10.0	1200	22
18-8 钢＋陶瓷	8+8	13	10	9.67	1200	23
18-8 钢＋陶瓷	10+10	14	12	9.17	1200	25

18-8 不锈钢与陶瓷电子束焊的工艺步骤如下。

① 焊前将 18-8 不锈钢和陶瓷分别进行仔细清洗和酸洗，去除油污及氧化物等杂质，然后以 40～50℃/min 的加热速度将工件加热到 1200℃，保温 4～5min，然后关闭预热电源，以便陶瓷预热均匀。

② 对工件的其中一端进行焊接，焊接速度应均匀。因陶瓷的熔点比 18-8 不锈钢高，所以焊接时电子束应偏离接头中心线（偏向陶瓷一侧）一定距离。距离大小根据陶瓷的熔点确定，两种母材熔点相差越大，偏离距离越大。

③ 第一条焊缝焊好后，要重新将工件加热到 1200℃，以防止产生裂纹。然后才能进行第二条焊缝的焊接。

④ 接头全部焊完后，以 20～25℃/min 的冷却速度随炉缓冷。冷却过程中由于收缩力的作用，陶瓷中首先产生轴向挤压力。所以工件要缓慢冷却到 300℃以下才可以从加热炉中取

出在空气中缓冷，以防挤压力过大，挤裂陶瓷。

⑤ 对焊后接头进行质量检验，如发现焊接缺陷，应重新焊接，直至质量合格。

3.4.5　高温合金的电子束焊

（1）焊接特点

采用电子束焊不仅可以成功地焊接固溶强化型高温合金，也可以焊接电弧焊难焊的沉淀强化型高温合金。焊前状态最好是固溶状态或退火状态。对某些液化裂纹较敏感的合金应采用较小的焊接热输入，而且应调整焦距，减小焊缝弯曲部位的过热。

（2）接头形式

可以采用对接、角接、端接、卷边接，也可以采用 T 型接头和搭接形式。推荐采用平对接、锁底对接和带垫板对接形式。接头的对接端面不允许有裂纹、压伤等缺陷，边缘应去毛刺，保持棱角。锁底对接接头的清根形式及尺寸见图 3.18。

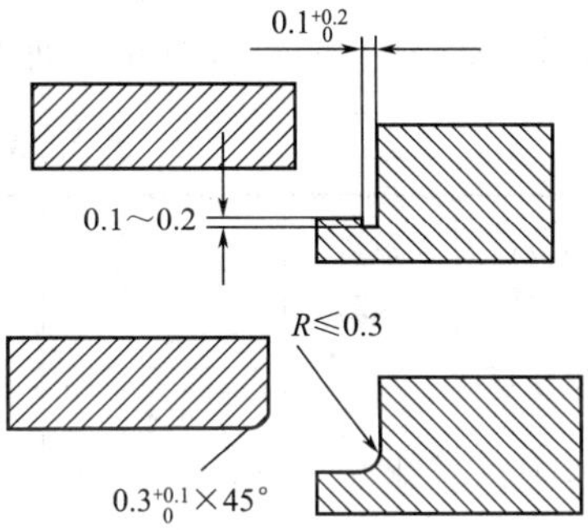

（3）焊接工艺

焊前对有磁性的工作台及装配夹具应退磁、其磁通量密度不大于 2×10^{-4} T/cm^2。焊接件应仔细清理，表面不应有油污、油漆、氧化物等杂物。经存放或运输的零件，焊前还需要用绸布蘸丙酮擦拭焊接处。零件装配应使接头处紧密配合和对齐，局部间隙不超过 0.08mm 或材料厚度的 0.05 倍，错位不大于 0.75mm。当采用压配合的锁底对接时，过盈量一般为 0.02～0.06mm。

图 3.18　锁底对接接头
清根形式及尺寸

装配好的焊接件首先应进行定位焊。定位焊点位置应布置合理以保证装配间隙不变。定位焊点应无焊接缺陷，且不影响其后的电子束焊接。对冲压的薄板焊接件，定位焊更为重要，焊点应布置紧密、对称、均匀。

焊接工艺参数根据母材性能、厚度、接头形式和技术要求确定。推荐采用较小热输入和适当焊接速度的工艺。表 3.22 列出了高温合金电子束焊的工艺参数。

表 3.22　高温合金电子束焊的工艺参数

合金牌号	厚度 /mm	接头形式	焊机功率 /kW	电子枪形式	工作距离 /mm	加速电压 /kV	电子束电流 /mA	焊接速度 /cm·s^{-1}	焊道数
GH4169	6.25	对接	60kV，300mA		100	50	65	2.53	
	32.0			固定枪	82.5	50	350	2.00	1
GH188	0.76	锁底对接	150kV，40mA		152	100	22	1.67	

（4）焊接缺陷及防止

高温合金电子束焊的焊接缺陷主要是热影响区的液化裂纹及焊缝中的气孔、未熔合等。热影响区的裂纹多分布在焊缝钉头转角处，并沿熔合区延伸。形成裂纹的几率与母材裂纹敏感性、焊接工艺参数和焊接件的刚度有关。

防止焊接裂纹的措施有：采用含杂质低的优质母材，减少晶界的低熔点相；采用较小的焊接热输入，防止热影响区晶粒长大和晶界局部液化；控制焊缝形状，减少应力集中；必要时填加抗裂性好的焊丝。

焊缝中的气孔形成与母材纯净度、表面粗糙度、焊前清理有关，并且在非穿透焊接时容易在根部形成长气孔。防止气孔的措施有：加强对待焊件的焊前检验，在焊接端面附近不应有气孔、缩孔、夹杂等缺陷，提高焊接端面的加工精度；适当限制焊接速度，在允许的条件下，采用重复焊接的方法。

电子束焊的焊缝偏移容易导致未熔合和咬边缺陷。其防止措施有：保证零件表面与电子束轴线垂直；对夹具进行完全退磁，防止残余磁性使电子束产生横向偏移，形成偏焊现象；调整电子束的聚焦位置。电子束焊的固有焊缝下凹缺陷，可以采用双凸肩接头形式和填加焊丝的方法弥补。

（5）焊接接头性能

高温合金电子束焊接的接头力学性能较高，焊态下接头强度系数可达 95% 左右，焊后经时效处理或重新固溶时效处理的接头强度可与母材相当。但接头塑性不理想，仅为母材的 60%～80%。表 3.23 列出几种高温合金电子束焊接头的强度和塑性。

表 3.23　几种高温合金电子束焊接头的力学性能

母材牌号	焊前状态	焊后状态	室温拉伸性能			600℃拉伸性能		
			屈服强度 σ_s/MPa	抗拉强度 σ_b/MPa	伸长率 δ/%	屈服强度 σ_s/MPa	抗拉强度 σ_b/MPa	伸长率 δ/%
GH4169	固溶	焊态	525 (95%)	845 (98%)	38.3 (77%)	453 (84%)	656 (91%)	34.3 (69%)
		双时效	1215 (96%)	1348 (99%)	18.9 (84%)	965 (95%)	1016 (97%)	23.6 (81%)
GH4169＋GH907	固溶	焊态	544	801	29.7	362	593	33.9
		按 GH4169 规范时效	1033	1083	9.98	757	847	9.75
	固溶＋时效	按 GH4169 规范时效	960	1008	12.88	740	789	13.8
		按 GH907 规范时效	918	994	13.2	661	782	14.8
GH4033	固溶	焊态	475	800	20.6	—	—	—

注：表中括号内的百分数表示焊缝的强度系数或塑性系数。

难熔金属中的铼、钽、铌、锆容易用电子束焊进行焊接。钼和钨则很难用电子束焊进行焊接，特别是在有拘束的条件下很容易出现裂缝。难熔金属与其他合金的电子束焊也非常困难，能否有效的焊接在一起取决于它们的熔点、热导率、热膨胀率等物理性能差异及能否生成金属间化合物，后者往往是很脆的。

3.4.6　电子束焊的应用领域示例

（1）在电子和仪表工业中的应用

在电子和仪表工业中，有许多零件要求用精密焊接方法制造。这些零件除材料特殊、结构复杂且紧凑外，有时还有特殊的技术性能要求，如除了对接头的性能要求外，需保证气密性、焊后形成真空腔、不能破坏温敏元件等。真空电子束焊在解决这些技术难题时起到了独特的作用。电子束焊在电子和仪表工业中应用的示例见表 3.24。

表 3.24　电子束焊在电子和仪表工业中应用的示例

序号	名称	母材金属	对焊缝的要求	焊接质量
1	电子管钡钨阴极 [见图 3.19(a)]	钨-钽(钼)	母材金属熔点高,要求焊缝变形小、无污染、焊缝光滑	电子束焊得到满意焊缝
2	管式应变计传感器 [见图 3.19(b)]	不锈钢	管内装有应变丝和 MgO 绝缘粉。要求焊缝半穿透、变形小	严格的电子束焊工艺与合适的工装配合,得到满意的焊接质量
3	陶瓷与金属焊接 [图 3.20(a)]	陶瓷+铌	要求焊缝不加第三种材料,且保证气密	电子束焊工艺严格,要经过预热及焊后退火
4	光电器件管壳封口焊 [见图 3.20(b)]	高铬钢+ 可伐合金	金属管壳与玻璃管壳已封接完毕,要求最后封口焊对纤维屏与玻璃焊料不能产生热冲击且保证气密性	电子束焊输入热量小,功率集中,严格控制操作,可得到满意的焊缝
5	振动筒传感器 [图 3.21(a)]	弹性合金 3J53	要求焊缝将内外筒组成一个真空腔体	真空电子束焊焊缝质量好,满足焊后得到一个真空腔体的要求
6	遥测压力传感器 [图 3.21(b)]	1Cr18Ni9Ti+ 可伐合金 4J29	组件结构紧凑,要求焊后壳体内部是真空状态。焊缝 A 不损伤内部元器件,焊缝 B 不能使芯柱上的玻璃炸裂,焊缝 C 起排气作用后熔封	合适的工装及恰当的真空电子束焊工艺保证了焊缝的气密性要求

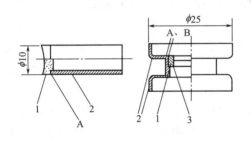

(a) 电子管钡钨阴极结构
1—多孔钙块；2—支持筒或盘；3—压环；A、B—焊缝

(b) 管式应变计传感器示意
1—底板；2—细管；A—焊缝

图 3.19　电子束焊在电子和仪表工业中的焊接示例

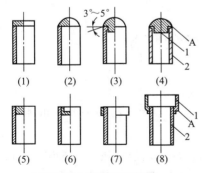

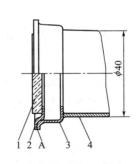

(a) 陶瓷与金属焊接试件结构
1—金属；2—陶瓷；A—焊缝

(b) 光电器件管壳封口示意图
1—纤维屏玻璃；2—窗架盘；3—金属管壳；4—玻璃管壳；A—焊缝

图 3.20　陶瓷-金属以及光电器件管壳封口的电子束焊

（2）在汽车零部件生产中的应用

早在 20 世纪 60 年代,美国就将非真空电子束焊引入了批量汽车零件的生产中,因为电子束焊用于焊接厚大件时,比其他焊接方法有明显的优势。为了克服大型真空电子束焊机造

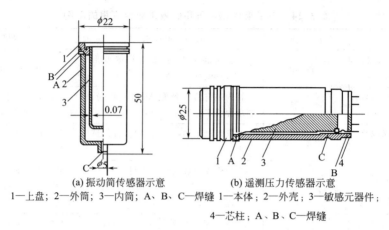

(a) 振动筒传感器示意　　　　　(b) 遥测压力传感器示意
1—上盘；2—外筒；3—内筒；A、B、C—焊缝　1—本体；2—外壳；3—敏元器件；
4—芯柱；A、B、C—焊缝

图 3.21　振动筒传感器和遥测压力传感器的电子束焊

价高、设备复杂、抽真空时间长的缺点，非真空电子束焊的应用受到人们的关注。

近几年欧洲汽车制造大量采用了电子束焊，因为非真空电子束焊成本低、效率高，可在汽车生产线上连续进行焊接。为了减轻结构质量，节省燃料及减少废气排放，汽车上采用了一些铝合金零部件，非真空电子束焊用于焊接汽车用铝合金可得到质量良好的接头。

几种电子束焊的典型汽车组件如下。

① 汽车扭矩转换器　该组件上部与下部壳体采用搭接形式，采用填丝的非真空电子束焊接工艺，电子束焊机是多工位的。目前在世界范围内每天焊接的汽车扭矩转换器达 25000 个以上。

② 汽车变速箱齿轮组件　汽车的变速箱齿轮及一些载重汽车、越野汽车、公共汽车等的离合器组件采用非真空电子束焊。通常焊接这些变速箱齿轮组件采用对接接头，材料是中碳钢和合金钢。

③ 铝合金仪表板的焊接　汽车上的仪表板等采用铝合金焊接结构制造，接头形式一般是卷边的，多采用非真空电子束焊。

3.5　电子束焊的安全防护

3.5.1　防止高压电击的措施

高压电子束焊机的加速电压可达 150kV，触电危险性很大，必须采取尽可能完善的绝缘防护措施。

① 保证高压电源和电子枪有足够的绝缘，耐压试验应为额定电压的 1.5 倍；

② 设备外壳应接地良好，采用专用地线，设备外壳用截面积大于 12mm² 的粗铜线接地，接地电阻应小于 3Ω；

③ 更换阴极组件或维修时，应切断高压电源，并用接地良好的放电棒接触准备更换的零件或需要维修的地方，放完电后才可以维修操作；

④ 电子束焊机应安装电压报警或其他电子联动装置，以便在出现故障时自动断电；

⑤ 操作人员操作时应戴耐高压的绝缘手套、穿绝缘鞋。

3.5.2　X射线的防护

电子束焊接时，约有 1% 以下的射线能量转变为 X 射线辐射。我国规定，对无监护的工作人员允许的 X 射线剂量不应大于 0.25mR/h。因此必须加强对 X 射线的防护措施：

① 加速电压低于 60kV 的焊机，一般靠焊机外壳的钢板厚度来防护；

② 加速电压高于 60kV 的焊机，外壳应附加足够厚度的加铅板加强防护；

③ 电子束焊机在高电压下运行，观察窗应选用铅玻璃，铅玻璃的厚度可按相应的铅当量选择（见表 3.25）；

表 3.25　国产铅玻璃牌号和相应的铅当量

牌号	ZF1	ZF2	ZF3	ZF4	ZF5	ZF6
密度/g·cm^{-3}	3.84	4.09	4.46	4.52	4.65	4.77
铅当量	0.174	0.198	0.238	0.243	0.258	0.277

注：铅当量指 1 个单位厚度的铅玻璃相当于表中示出厚度的铅板。

④ 工作场所的面积一般不应小于 40m^2，高度不小于 3.5m。对于高压大功率电子束焊设备，可将高压电源设备和抽气装置与操作人员的工作室分开；

⑤ 焊接过程中不准用肉眼观察熔池，必要时应佩戴铅玻璃防护眼镜。

此外，设备周围应通风良好，工作场所应安装抽尘装置，以便将真空室排出的油气、烟尘等及时排出。

思 考 题

1. 与常规的焊接方法相比，电子束焊有什么主要的优缺点？

2. 简述电子束焊的工作原理。电子束焊是如何分类的，低真空和非真空电子束焊接各有什么优点？各用于何种场合？

3. 简述何谓"小孔效应"，在电子束焊中起什么作用，对焊接质量有什么影响？

4. 电子束焊的设备由哪几个部分组成，各部分的作用是什么？

5. 电子束焊的工艺参数有哪些？对焊接接头质量有什么影响？选择电子束焊的工艺参数时，应考虑哪几个方面的问题？

6. 简述电子束焊缝为什么具有很大的深宽比（一般可达 20∶1 以上），对焊接影响如何。

7. 电子束焊时是如何添加填充金属的，为什么要添加填充金属？

8. 简述薄板、厚板和复杂工件的电子束焊各有什么特点。

9. 采用电子束焊接异种材料有什么特点，任举一例说明。

第4章 扩散连接

扩散连接（或称扩散焊）是依靠界面原子相互扩散而实现结合的一种精密的连接方法，近年来随着航空航天、电子和能源等工业部门的发展，扩散连接技术得到了快速的发展。扩散连接在尖端科学技术部门起着十分重要的作用，是异种材料、耐热合金和新材料（如高技术陶瓷、金属间化合物、复合材料等）连接的主要方法之一。特别是对用熔焊方法难以连接的材料，扩散连接具有明显的优势，日益引起人们的重视。

4.1 扩散连接的分类及特点

扩散连接（diffusion bonding）是指在一定的温度和压力下，被连接表面相互靠近、相互接触，通过使局部发生微观塑性变形，或通过被连接表面产生的微观液相而扩大被连接表面的物理接触，然后结合层原子之间经过一定时间的相互扩散，形成结合界面可靠连接的过程。

一些特殊高性能构件的制造，经常要求把特殊合金或性能差别很大的异种材料，如金属与陶瓷、铝与钢、钛与钢、金属与玻璃等连接在一起，这些难焊材料用传统的熔焊方法难以实现可靠的连接。为了适应这种要求，作为固相连接方法之一的扩散连接技术引起了人们的重视，成为连接领域新的热点。

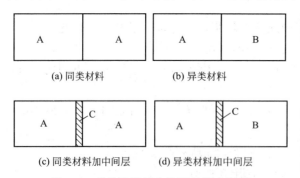

图 4.1 扩散连接接头的四种组合类型

4.1.1 扩散连接的分类

可根据不同的准则对扩散连接方法进行分类。一般可分为固相扩散连接和液相扩散连接两大类。固相扩散连接所有的界面反应均在固态下进行，液相扩散连接是在异种材料之间发生相互扩散，使界面组分变化导致连接温度下液相的形成。在液相形成之前，固相扩散连接和液相扩散连接的原理相同，而一旦有液相形成，液相扩散连接实际上就变成钎焊＋扩散焊。也可以按连接时是否填加中间层、连接气氛等来分类。

根据扩散连接的定义，各种材料扩散连接接头的组合可分为如图 4.1 所示的四种类型。

一般地，扩散连接有两种分类方法（见表 4.1），每类扩散连接的特点如下。

表 4.1　扩散连接的分类

分类法	划分依据		类别名称
第一种	按被焊材料的组合形式	无中间层	同种材料扩散连接
			异种材料扩散连接
		加中间层	同种材料扩散连接
			异种材料扩散连接
第二种	按连接过程中接头区是否出现液相或其他工艺变化		固相扩散连接(SDB)
			过渡(瞬间)液相扩散连接(TLP)
			超塑性成形扩散连接(PF-DB)
			热等静压扩散连接(HIP)

（1）同种材料扩散连接

通常指不加中间层的两种同种金属直接接触的扩散连接。这种类型的扩散连接，一般要求待焊表面制备质量较高，焊接时要求施加较大的压力，焊后扩散接头的化学成分、组织与母材基本一致。对于同种材料来说，Ti、Cu、Zr、Ta 等最易实现扩散连接；铝及其合金、含 Al、Cr、Ti 的铁基及钴基合金则因氧化物不易去除而难于实现扩散连接。

（2）异种材料扩散连接

指两种不同的金属、合金或金属与陶瓷、石墨等非金属材料的扩散连接。异种金属的化学成分、物理性能等有显著差异。两种材料的熔点、线胀系数、电磁性、氧化性等差异越大，扩散连接难度越大。异种材料扩散连接时可能出现的问题：

① 由于线胀系数不同而在结合面上出现热应力，导致界面附近出现裂纹。

② 在扩散结合面上由于冶金反应产生低熔点共晶或者形成脆性金属间化合物，易使界面处产生裂纹，甚至断裂。

③ 因为两种材料扩散系数不同，可能导致扩散接头中形成扩散孔洞。

（3）加中间层的扩散连接

对于采用常规扩散连接方法难以焊接或焊接效果较差的材料，可在被焊材料之间加入一层过渡金属或合金（称为中间层），这样就可以焊接很多难焊的或冶金上不相容的异种材料，可以焊接熔点很高的同种或异种材料。

（4）固相扩散连接

在扩散连接过程中，母材和中间层均不发生熔化或产生液相的扩散连接方法，是常规的扩散连接方法。固相扩散连接通常在扩散焊设备的真空室中进行。被焊材料或中间层合金中含有易挥发元素时不宜采用这种方法。

（5）液相扩散连接

是指在扩散连接过程中接缝区短时出现微量液相的扩散连接方法。换句话说，是利用在某一温度下待焊异种金属之间会形成低熔点共晶的特点加速扩散过程的连接方法。在扩散焊过程中，中间层与母材发生共晶反应，形成一层极薄的液相薄膜，此液膜填充整个接头间隙后，再使之等温凝固并进行均匀化扩散处理，从而获得均匀的扩散焊接头。微量液相的出现有助于改善界面接触状态，允许使用较低的扩散压力。

获得微量液相的方法主要有以下两种。

① 利用共晶反应　利用某些异种材料之间可能形成低熔点共晶的特点进行液相扩散连

接（称为共晶反应扩散连接）。这种方法要求一旦液相形成应立即降温使之凝固，以免继续生成过量液相，所以要严格控制温度。

将共晶反应扩散连接原理应用于加中间层扩散连接时，液相总量可通过中间层厚度来控制，这种方法称为瞬间液相扩散连接（或过渡液相扩散连接）。

② 添加特殊钎料 采用与母材成分接近但含有少量既能降低熔点又能在母材中快速扩散的元素（如 B、Si、Be 等），用此钎料作为中间层，以箔片或涂层方式加入。与普通钎焊相比，此钎料层厚度较薄，钎料凝固是在等温状态下完成，而钎焊时钎料是在冷却过程中凝固的。

（6）超塑性成形扩散连接

这种扩散连接工艺的特点是：扩散连接压力较低，与成形压力相匹配，扩散时间较长，可长达数小时。在高温下具有相变超塑性的材料，可以在高温下用较低的压力同时实现成形和扩散连接。用此种组合工艺可以在一个热循环中制造出复杂的空心整体结构件。采用此方法的条件之一是材料的超塑性成形温度与扩散连接温度接近，该方法在低真空度下完成。在超塑性状态下进行扩散连接有助于焊接接头质量的提高，这种方法已在航空航天工业中得到应用。

（7）热等静压扩散连接

在热等静压设备中实现扩散连接。焊前应将组装好的工件密封在薄的软质金属包囊中并将其抽真空，封焊抽气口，然后将整个包囊置于加热室中进行加热，利用高压气体与真空气囊中的压力差对工件施加各向均衡的等静压力，在高温高压下完成扩散连接过程。

由于压力各向均匀，工件变形小。当待焊表面处于两被焊工件本身所构成的空腔内时，可不用包囊而直接用真空电子束焊等方法将工件周围封焊起来。这种方法焊接时所加气压压强较高，可高达 100MPa。当工件轮廓不能充满包囊时应采用夹具将其填满，防止工件变形。这种方法尤其适合于脆性材料的扩散连接。

4.1.2 扩散连接的特点

（1）扩散连接的工艺特点

一些新材料（如陶瓷、金属间化合物、复合材料、非晶态材料及单晶等）采用传统的熔焊方法很难实现可靠的连接。一些特殊的高性能结构件的制造，往往要求把性能差别较大的异种材料（如金属与陶瓷、有色金属与钢、金属与玻璃等）连接在一起，这用传统的熔焊方法也难以实现。为了满足上述种种要求，作为固相连接方法之一的扩散连接日益引起人们的重视。

根据被焊材料的组合和连接方式的不同，几种扩散连接方法的工艺特点见表 4.2。

表 4.2 扩散连接方法的工艺特点

类型	工 艺 特 点
同种材料扩散连接	是指不加中间层的两同种金属直接接触的一种扩散连接。对待焊表面制备质量要求高，焊时要求施加较大的压力。焊后接头组织与母材基本一致 对氧溶解度大的金属（如 Ti、Cu、Fe、Zr、Ta 等）最易焊，而对容易氧化的铝及其合金，含 Al、Cr、Ti 的铁基及钴基合金则难焊
异种材料扩散连接	是指异种金属或金属与陶瓷、石墨等非金属之间直接接触的扩散连接。由于两种材质上存在物理和化学等性能差异，焊接时可能出现： 1）因线膨胀系数不同，导致结合面上出现热应力 2）由于冶金反应在结合面上产生低熔点共晶或形成脆性金属间化合物 3）因扩散系数不同，导致接头中形成扩散孔洞 4）因电化学性能不同，接头可能产生电化学腐蚀

类型	工 艺 特 点
加中间层的扩散连接	是指在待焊界面之间加入中间层材料的扩散连接。该中间层材料通常以箔片、电镀层、喷涂或气相沉积层等形式使用，其厚度＜0.25mm。中间层的作用是：降低扩散焊的温度和压力，提高扩散系数，缩短保温时间，防止金属间化合物的形成等。中间层经过充分扩散后，其成分逐渐接近母材。此法可以焊接很多难焊的或在冶金上不相容的异种材料
过渡液相扩散连接（TLP）	是一种具有钎焊特点的扩散连接。在焊件待焊面之间放置熔点低于母材的中间层金属，在较小压力下加热，使中间层金属熔化、润湿并填充整个接头间隙成为过渡液相，通过扩散和等温凝固，然后再经一定时间的扩散均匀化处理，从而形成焊接接头的方法，又叫扩散钎焊
超塑性成形扩散连接（PF-DB）	是一种将超塑性成形与扩散连接组合起来的工艺，适用于具有相变超塑性的材料，如钛及其合金等的焊接。薄壁零件可先超塑性成形然后焊接，也可相反进行，次序取决于零件的设计。如果先成形，则使接头的两个配合面对在一起，以便焊接；如果两个配合面原来已经贴合，则先焊接，然后用惰性气体充压使零件在模具中成形
热等静压扩散连接（HIP）	是利用热等静压技术完成焊接的一种扩散连接。焊接时将待焊件安放在密封的真空盒内，将此盒放入通有高压惰性气体的加热釜中，通过电热元件加热，利用高压气体与真空盒中的压力差对工件施以各向均衡的等静压力，在高温与高压共同作用下完成焊接过程。此法因加压均匀，不易损坏构件，适合于脆性材料的扩散连接。可以精确地控制焊接构件的尺寸

扩散连接属固相焊。固相焊可分为两大类。一类是温度低、压力大、时间短的连接方法，通过局部塑性变形促使工件表面紧密接触和氧化膜破裂，塑性变形是形成接头的主导因素。如摩擦焊、爆炸焊、冷压焊和热压焊等，通常把这类连接方法称为压焊。另一类是温度高、压力小、时间相对较长的扩散连接方法，一般是在保护气氛或真空中进行。这种连接方法仅产生微量的塑性变形，界面扩散是形成接头的主导因素，属于这一类的连接方法主要是扩散连接。

从广义上讲，扩散连接属于压焊的一种，与常用压焊方法（冷压焊、摩擦焊、爆炸焊及超声波焊）相同的是在连接过程中要施加一定的压力。但以扩散为主导因素的扩散连接和以塑性变形为主导的压力焊在连接机理、方法和工艺上有很大区别。扩散连接与其他焊接方法加热温度、压力及过程持续时间等工艺条件的对比如表 4.3 所示。

表 4.3　扩散连接与其他焊接方法工艺条件的比较

工艺条件	扩散连接	熔焊	钎焊
加热	局部、整体	局部	局部、整体
温度	0.5～0.8 倍母材熔点	母材熔点	高于钎料熔点
表面准备	严格	不严格	严格
装配	精确	不严格	不严格
焊接材料	金属、合金、非金属	金属合金	金属、合金、非金属
异种材料连接	无限制	受限制	无限制
裂纹倾向	无	强	弱
气孔	无	有	有
变形	无	强	轻
接头施工可达性	无限制	有限制	有限制
接头强度	接近母材	接近母材	取决于钎料的强度
接头抗腐蚀性	好	敏感	差

（2）扩散连接的优缺点

1）优点

扩散连接与熔焊方法、钎焊方法相比，在某些方面具有明显的优点，主要表现在以下几个方面。

① 可以进行内部及多点、大端面构件的连接（如异种复合板制造、大端面圆柱体的连接等），以及电弧可达性不好或用熔焊方法不能实现的连接。不存在具有过热组织的热影响区。工艺参数易于精确控制，在批量生产时接头质量和性能稳定。

② 是一种高精密的连接方法，用这种方法连接后的工件精度高、变形小，可以实现精密接合，一般不需要再进行机械加工，可获得较大的经济效益。

③ 可以连接用熔焊和其他方法难以连接的材料，如活性金属、耐热合金、陶瓷和复合材料等。对于塑性差或熔点高的同种材料，或对于不互溶或在熔焊时会产生脆性金属间化合物的异种材料，扩散连接是一种可靠的方法。在扩散连接的研究与实际应用中，70%涉及到异种材料的连接。

2）缺点

① 零件被连接表面的制备和装配质量的要求较高，特别对接合表面要求严格；

② 连接过程中，加热时间长，在某些情况下会产生基体晶粒长大等副作用；

③ 生产设备一次性投资较大，且被连接工件的尺寸受到设备的限制；无法进行连续式批量生产。

尽管如此，近年来扩散连接技术仍发展很快，已经被应用于航空航天、仪表及电子、核工业等部门，并逐步扩展到机械、化工、电力及汽车制造等领域。

4.2　扩散连接原理及扩散机制

4.2.1　扩散连接原理

扩散连接是在一定的温度和压力下，经过一定的时间，工件接触界面原子间相互扩散而实现的可靠连接。具体地说，扩散连接是把两个或两个以上的固相材料（包括中间层材料）紧压在一起，置于真空或保护气氛中加热至母材熔点以下某个温度，对其施加压力使连接界面凸凹不平处产生微观塑性变形达到紧密接触，再经过保温、原子相互扩散而形成牢固接头的一种连接方法。

扩散连接过程是在温度、压力和保护气氛（或真空条件）的共同作用下完成的，但连接压力不能引起试件的宏观塑性变形。温度和压力的作用是使被连接表面微观凸起处产生塑性变形而增大紧密接触面积，激活界面原子之间的扩散。

扩散连接时，首先要使待连接母材表面接近到相互原子间的引力作用范围。图 4.2 为原子间作用力与原子

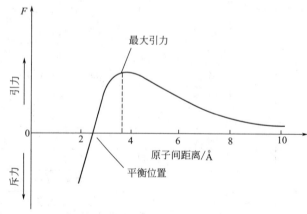

图 4.2　原子间作用力与原子间距的关系

间距的关系示意图。可以看出，两个原子远离时其相互间的作用引力几乎为零，随着原子间距的不断靠近，相互引力不断增大。当原子间距约为金属晶体原子点阵平均原子间距的 1.5 倍时，引力达到最大。如果原子进一步靠近，则引力和斥力的大小相等，原子间相互作用力为零，从能量角度看此时状态最稳定。这时，自由电子成为共有，与晶格点阵的金属离子相互作用形成金属键，使被连接材料间形成冶金结合。

在金属不熔化的情况下，要形成界面结合牢固的焊接接头就必须使两待焊表面紧密接触，使之距离达到 $(1\sim5)\times10^{-8}$ cm 以内。在这种条件下，金属原子间的引力才开始起作用，才可能形成金属键，获得具有一定结合强度的接头。

实际上，金属表面无论经过什么样的精密加工，在微观上总还是起伏不平的。经微细磨削加工的金属表面，其轮廓算术平均偏差为 $(0.8\sim1.6)\times10^{-4}$ cm。在零压力下接触时，实际接触点只占全部表面积的百万分之一；施加一般压力时，实际紧密接触面积仅占全部表面积的 1% 左右，其余表面之间距离均大于原子引力起作用的范围。即使少数接触点形成了金属键连接，其连接强度在宏观上也是微不足道的。

由于实际的材料表面不可能完全平整和清洁，因而实际的扩散连接过程要复杂得多。固态金属表面除在微观上呈凹凸不平外，最外层表面还有 $0.2\sim0.3$nm 的气体吸附层（主要是水蒸气、O_2、CO_2 和 H_2S 等）；在吸附层之下为厚度 $3\sim4$nm 的氧化层，在氧化层之下是厚度 $1\sim10\mu m$ 的变形层，如图 4.3 所示。

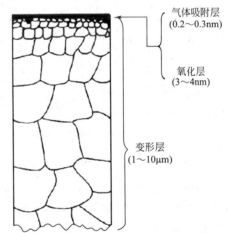

也就是说，实际的待连接表面总是存在微观凹凸不平、气体吸附层、氧化膜等。而且，待连接表面的晶体位向不同，不同材料的晶体结构不同，这些因素都会阻碍接触点处原子之间形成金属键，影响扩散连接过程的稳定进行。所以，扩散连接时必须采取适当的工艺措施来解决这些问题。

扩散连接过程实际上是通过对连接界面加热和加压，使金属表面的氧化膜破碎、表面微观凸出处发生塑性变形和高温蠕变，在若干微小区域出现界面间的结合。这些区域进一步通过原子相互扩散得以不断扩大，当整个连接界面均形成金属键结合时，即最终完成了扩散连接过程。

图 4.3　固态金属的表面结构示意图

4.2.2　扩散连接的三个阶段

扩散连接界面的形成过程示意图如图 4.4 所示。为了便于分析和研究，通常把扩散连接过程分为三个阶段：第一阶段为塑性变形使连接界面接触；第二阶段为扩散和晶界迁移；第三阶段为界面和孔洞消失。

（1）塑性变形使连接界面接触

这一阶段为物理接触阶段，高温下微观凹凸不平的表面，在外加压力的作用下，通过屈服和蠕变机理使一些点首先达到塑性变形。在持续压力的作用下，界面接触面积逐渐扩大，最终达到整个界面的可靠接触。

扩散连接时，材料表面通常是进行机械加工后再进行研磨、抛光和清洗，加工后的材料表面在微观上仍然是粗糙的，存在许多 $0.1\sim5\mu m$ 的微观凹凸，且表面还常常有氧化膜覆盖。将这样的固体表面相互接触，在不施加压力的情况下，首先会在凸出处相接触，如图

4.4（a）所示。

初始接触面积的大小与材料性质、表面加工状态及其他一些因素有关。尽管初始接触点的数量可能很多，但实际接触面积通常只有名义面积的 1/100000～1/100，而且很难达到金属之间的真实接触。即使在这些区域形成金属键，整体接头的强度仍然很低。因此，只有在高温下通过对被连接件施加压力，才能使材料表面微观凸出部位发生塑性变形，破坏氧化膜，使被焊材料间紧密接触面积不断增大，直到接触面积可以抵抗外载引起的变形，这时局部应力低于材料的屈服强度，如图 4.4（b）所示。

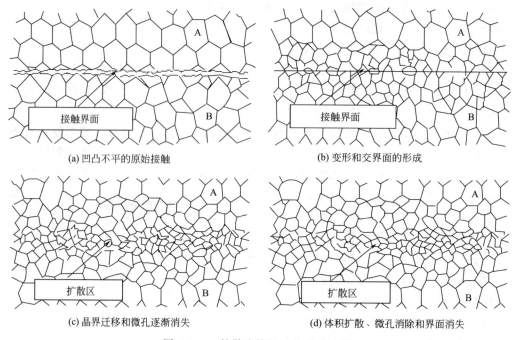

(a) 凹凸不平的原始接触　　　　　　　　　(b) 变形和交界面的形成

(c) 晶界迁移和微孔逐渐消失　　　　　　　(d) 体积扩散、微孔消除和界面消失

图 4.4　　扩散连接界面的形成过程

在金属紧密接触后，原子相互扩散并交换电子，形成金属键连接。由于开始时连接压力仅施加在极少部分初始接触的凸起处，故压力不大即可使这些局部凸起处的压应力达到很高的数值，超过材料的屈服强度而发生塑性变形。但随着塑性变形的发展，接触面积迅速增大，一般可达连接表面的 40%～75%，使其所受的压应力迅速减小，塑性变形量逐渐减小。以后的接触过程主要依靠蠕变，可达到 90%～95%。剩下的 5% 左右未能达到紧密接触的区域逐渐演变成界面孔洞，其中大部分孔洞能依靠进一步的原子扩散而逐渐消除。个别较大的孔洞，特别是包围在晶粒内部的孔洞，有时经过很长时间（几小时至几十小时）的保温扩散也不能完全消除而残留在连接界面区，成为连接缺陷。

因此，接触表面应尽可能光洁平整，以减少界面孔洞。该阶段对整个扩散连接十分重要，为以后通过扩散形成冶金结合创造了条件。在这一阶段末期，界面之间还有空隙，但其接触部分则基本上已是晶粒间的连接。

（2）扩散和晶界迁移

第二阶段是接触界面原子间的相互扩散，形成牢固的结合层。这一阶段，由于晶界处原子持续扩散而使许多空隙消失。同时，界面处的晶界迁移离开了接头的原始界面，达到了平衡状态，但仍有许多小空隙遗留在晶粒内。

　　与第一阶段的变形机制相比，该阶段中扩散的作用就要大得多。接连表面达到紧密接触后，由于变形引起的晶格畸变、位错、空位等各种缺陷大量堆集，界面区的能量显著增大，原子处于高度激活状态，扩散迁移十分迅速，很快就形成以金属键连接为主要形式的接头。由于扩散的作用，大部分孔洞消失，而且也会产生连接界面的移动。

　　该阶段通常还会发生越过连接界面的晶粒生长或再结晶以及界面迁移，使第一阶段建成的金属键连接变成牢固的冶金结合，这是扩散连接过程中的主要阶段，如图 4.4（c）所示。但这时接头组织和成分与母材差别较大，远未达到均匀化的状况，接头强度并不很高。因此，必须继续保温扩散一定时间，完成第三阶段，使扩散层达到一定深度，才能获得高质量的接头。

　　（3）界面和孔洞消失

　　第三阶段是在界面接触部分形成的结合层，逐渐向体积扩散方向发展，形成可靠的连接接头。通过继续扩散，进一步加强已形成的连接，扩大连接面积，特别是要消除界面、晶界和晶粒内部的残留孔洞，使接头组织与成分均匀化，如图 4.4（d）所示。在这个阶段中主要是体积扩散，速度比较缓慢，通常需要几十分钟到几十小时，最后才能达到晶粒穿过界面生长，原始界面和遗留下的显微孔洞完全消失。

　　由于需要时间很长，第三阶段一般难以进行彻底。只有当要求接头组织和成分与母材完全相同时，才不惜时间来完成第三阶段。如果在连接温度下保温扩散引起母材晶粒长大，反而会降低接头强度，这时可以在较低的温度下进行扩散，但所需时间更长。

　　上述扩散连接过程的三个阶段并不是截然分开的，而是依次和相互交叉进行的，甚至有局部重叠，很难准确确定其开始与终止时间。最终在接头连接区域由于蠕变、扩散、再结晶等过程而形成固态冶金结合，它可以形成固溶体及共晶体，有时也可能生成金属间化合物，形成可靠的扩散连接。

4.2.3　扩散连接机制

　　扩散连接通过界面原子间的相互作用形成接头，原子间的相互扩散是实现连接的基础。对于具体材料和合金，要具体分析原子扩散的路径及材料界面元素间的相互物理化学作用。异种材料扩散焊可能生成金属间化合物，而非金属材料的扩散界面可能有化学反应。界面生成物的形态及其生成规律，对材料扩散焊接头性能有很大的影响。

　　固态扩散有以下几种机制：空位机制、间隙机制、轮转机制、双原子机制等。空位机制、轮转机制、双原子机制的扩散可以形成置换式固溶体；间隙机制可以形成间隙式固溶体，只有原子体积小的元素，如氢、硼、碳、氮等才有这种扩散形式。

　　（1）材料界面的吸附与活化

　　在外界压力的作用下，被连接界面靠近到距离为 $2\sim4nm$，形成物理吸附。经过精细加工的表面，微观仍有一定的不平度，在外力作用下，连接表面微观凸起部位形成微区塑性变形（如果是异种材料则较软的金属先变形），被连接表面的局部区域达到物理吸附，这一阶段被称为物理接触。

　　随着扩散时间延长，被连接表面微观凸起变形量增加，物理接触面积进一步增大，在接触界面的某些点形成活化中心，该区域可以进行局部化学反应。被连接表面局部区域产生原子间相互作用，当原子间距达到 $0.1\sim0.3nm$ 时，原子间相互作用的反应区域达到局部化学结合。在界面上完成由物理吸附、活化到化学结合的过渡。金属材料扩散焊时形成金属键，而当金属与非金属连接时，此过程形成离子键与共价键。

随着时间的延长，局部的活化区域沿整个界面扩展，表面形成局部黏合与结合，最终导致整个结合面形成原子间的结合。但是，仅结合面的黏合还不能称为固态连接过程的最终完成，还必须向结合面两侧扩散或在结合区域完成组织转变和物理化学反应。

连接材料界面结合区再结晶形成共同的晶粒，接头区由于应变产生的内应力得到松弛，使结合金属的性能得到改善。异种金属扩散焊界面附近可以生成无限固溶体、有限固溶体、金属间化合物或共析组织的过渡区。当金属与非金属扩散焊时，可以在连接界面区形成尖晶石、硅酸盐、铝酸盐及其他热力学反应新相。如果结合材料在界面区可能形成脆性层，必须用改变扩散焊参数的方法加以控制。

（2）固体中扩散的基本规律

扩散是指相互接触的物质，由于热运动而发生的相互渗透。扩散向着物质浓度减小的方向进行，使粒子在其占有的空间均匀分布，它可以是自身原子的扩散，也可以是外来物质形成的异质扩散。

扩散理论的研究主要由两个方面组成，一是宏观规律的研究，重点讨论扩散物质的浓度分布与时间的关系，即扩散速度问题。根据不同条件建立一系列的扩散方程，并按边界条件不同求解。目前利用计算机的数值解析法已代替了传统的、复杂的数学物理方程解。该研究领域对指导受控于扩散过程的工程应用具有直接的指导意义。

扩散理论研究的另一领域是研究扩散过程中原子运动的微观机制，即在只有几个埃（万分之一微米）的位置间原子的无规则运动和实测宏观物质流之间的关系。它表明扩散与晶体中的缺陷密切相关，通过扩散结果可以研究这些缺陷的性质、浓度和形成条件。

扩散系数 D 是扩散的基本参数，它定义为单位时间内经过一定平面的平均粒子数。扩散系数对加热时晶体中的缺陷、应力及变形特别敏感。当晶体中的缺陷，特别是空穴增加时，原子在固体中的扩散加速。扩散系数 D 与温度 T 呈指数关系变化，即服从阿累尼乌斯（Arrehenius）公式

$$D = D_0 \exp(Q/RT) \tag{4.1}$$

式中，D 为扩散系数，cm^2/s；Q 为扩散过程的激活能，kJ/mol；R 为波尔兹曼常数；D_0 为扩散因子；T 为热力学温度，K。

由上式可以看出，扩散系数随着温度的提高显著的增加。

原子一般从高浓度区向低浓度区扩散。对于两个理想接触面的柱体（半无限体），原子的平均扩散距离有如下计算公式

$$x = (2Dt)^{1/2} \tag{4.2}$$

式中，x 为扩散原子的平均扩散距离，mm；D 为扩散系数，cm^2/s；t 为扩散时间，s。

由上式可以看出，扩散焊时，原子的扩散距离与时间的平方根成正比。在扩散焊时，可以根据不同的要求选择不同的扩散时间。为了使扩散焊接头成分和性能的均匀化，要用较长的扩散时间。如果连接界面间生成脆性的金属间化合物，则要缩短扩散时间。

1）扩散界面元素的分布

异种材料扩散焊过程中，扩散界面附近的元素浓度随加热温度和保温时间发生变化，属于非稳态扩散过程。扩散焊工件的尺寸相对于焊接过程中元素在界面附近的扩散是足够大的，能够提供充足的扩散原子。扩散焊时元素从一侧越过界面向另一侧扩散，服从一维扩散规律。

扩散焊界面附近元素的浓度随距离、时间的变化服从 Fick 第二定律，可以使用一维无

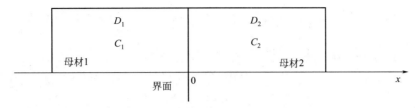

图 4.5　界面元素扩散分布方程的坐标系

限大介质中的非稳态扩散方程求解。界面元素扩散分布方程的坐标系如图 4.5 所示。

某元素在异种材料扩散焊母材 1 和母材 2 中的初始浓度分别为 C_1 和 C_2。元素在母材 1 和母材 2 中的扩散系数 D_1、D_2 不随浓度及扩散方向变化，扩散焊之前界面两侧各元素未发生扩散。扩散界面附近元素的浓度分布服从 Fick 第二定律中一维无限大介质非稳态条件下的扩散方程

$$\frac{\partial C}{\partial t} = D\,\frac{\partial^2 C}{\partial x^2} \tag{4.3}$$

通过分离变量法求扩散方程的通解

$$C(x,t) = \frac{1}{2\sqrt{\pi Dt}} \int_{-\infty}^{+\infty} f(\xi)\,\mathrm{e}^{-\frac{(\xi-x)^2}{4Dt}}\,\mathrm{d}\xi \tag{4.4}$$

根据母材 1 和母材 2 界面元素扩散的初始条件和边界条件

初始条件：$C(x,0) = \begin{cases} C_1 & (x < 0) \\ C_2 & (x > 0) \end{cases}$

边界条件：$C(x,t) = \begin{cases} C_1 & (x = -\infty) \\ C_2 & (x = +\infty) \end{cases}$

得到在扩散焊界面靠近母材 1（A）与母材 2（B）两侧的元素分布方程为

$$C(x,t) = \begin{cases} C'(x,t) = \dfrac{C_1+C_2}{2} + \dfrac{C_1-C_2}{\sqrt{\pi}} \left[\displaystyle\int_0^{\eta_1} \exp(-\eta_1{}^2)\mathrm{d}\eta_1 \right] & (x < 0) \\[3mm] C'(x,t) = \dfrac{C_1+C_2}{2} + \dfrac{C_2-C_1}{\sqrt{\pi}} \left[\displaystyle\int_0^{\eta_2} \exp(-\eta_2{}^2)\mathrm{d}\eta_2 \right] & (x > 0) \end{cases} \tag{4.5}$$

其中 $\eta_1 = \dfrac{x}{\sqrt{4D_1 t}}$，$\eta_2 = \dfrac{x}{\sqrt{4D_2 t}}$，$\eta_1$ 和 η_2 值随着元素在两种母材中的扩散系数 D_i 而变化。

考虑到各元素在母材 1 与母材 2 中扩散系数相差很大，增设界面边界条件：

$$D_1 \frac{\partial C_A(x=0,t)}{\partial x} = D_2 \frac{\partial C_B(x=0,t)}{\partial x}$$

这表明在母材 1 与母材 2 扩散焊界面交界处的扩散流量相等，此时得到元素在扩散焊界面处的分布方程为

$$C(x,t) = \begin{cases} C'(x,t) = \dfrac{C_1+C_2}{2} + \dfrac{\sqrt{D_2}\,(C_1-C_2)}{\sqrt{\pi}\,(\sqrt{D_1}+\sqrt{D_2})} \left[\displaystyle\int_0^{\eta_1} \exp(-\eta_1{}^2)\mathrm{d}\eta_1 \right] & (x < 0) \\[4mm] C'(x,t) = \dfrac{C_1+C_2}{2} + \dfrac{\sqrt{D_1 D_2}\,(C_1-C_2)}{\sqrt{\pi}\,(D_2+\sqrt{D_1 D_2})} \left[\displaystyle\int_0^{\eta_2} \exp(-\eta_2{}^2)\mathrm{d}\eta_2 \right] & (x > 0) \end{cases}$$

$$\tag{4.6}$$

根据误差函数 $erf(Z)=\dfrac{2}{\sqrt{\pi}}\displaystyle\int_0^Z \exp(-\eta^2)\mathrm{d}\eta$，式（4.6）的误差函数解为

$$C(x,t)=\begin{cases} C'(x,t)=\dfrac{C_1+C_2}{2}+\dfrac{\sqrt{D_2}\,(C_1-C_2)}{2(\sqrt{D_1}+\sqrt{D_2})}erf\left(\dfrac{x}{\sqrt{4D_1t}}\right) & (x<0)\\[4mm] C'(x,t)=\dfrac{C_1+C_2}{2}+\dfrac{\sqrt{D_1D_2}\,(C_1-C_2)}{2(D_2+\sqrt{D_1D_2})}erf\left(\dfrac{x}{\sqrt{4D_2t}}\right) & (x>0)\end{cases} \qquad (4.7)$$

式（4.7）即为异种材料（母材 1 和母材 2）扩散焊界面附近元素浓度与扩散距离 x 和保温时间 t 的误差函数关系式。

在异种材料扩散焊界面元素分布的计算方程中，除了扩散距离 x 和保温时间 t 两个变量外，最重要的参数是各元素在扩散焊母材中的浓度 C_i 以及扩散系数 D_i。元素在扩散界面两侧的浓度梯度是元素扩散的驱动力之一。

元素在扩散焊界面两侧母材中的原始浓度可以通过电子探针（EPMA）分析测定。元素的扩散系数采用放射性同位素示踪法测定的各元素扩散的扩散因子 D_0 和扩散激活能 Q 计算得出。根据阿累尼乌斯（Arrehenius）公式 $D=D_0\exp(-Q/RT)$，应用 C 语言编写程序可计算出异种材料中扩散元素在不同温度下的扩散系数。

2）表面氧化膜的行为

在材料表面总是存在一层氧化膜。通过表面分析发现，一些材料（如铝及铝合金等）表面氧化膜的存在严重阻碍了扩散连接过程的进行。因此，实际上材料在扩散连接初期均为表面氧化膜之间的相互接触。在随后的扩散连接过程中，表面氧化膜的行为对扩散连接质量有很大的影响。

材料表面氧化膜的行为一直是扩散连接研究的重点问题之一。不同材料的表面氧化膜在扩散连接过程中的行为是不同的。根据材料表面氧化膜的行为特点，可将材料分为三种类型，其基本特征如图 4.6 所示。

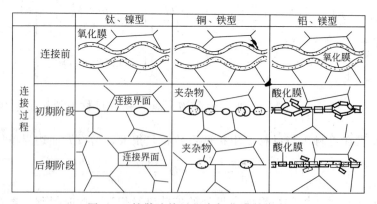

图 4.6　扩散连接过程中氧化膜的类型

关于表面氧化膜的去向，一般认为是在连接过程中氧化膜首先发生分解，然后原子向母材中扩散和溶解。例如，扩散连接钛或钛合金时，由于氧在钛中的固溶度和扩散系数大，所以氧化膜很容易通过分解、扩散、溶解机制而消除。但铜和钢铁材料中氧的固溶度较小，氧化膜较难向金属中溶解。这时，氧化膜在连接过程中会聚集形成夹杂物，夹杂物数量随连接时间的增加逐渐减少，这类夹杂物常常能在接头拉断的断口上观察到。扩散连接铝时，由于氧在铝中几乎不溶，因此氧化膜在连接前后几乎没有什么变化。

① 钛、镍型　这类材料扩散连接时，氧化膜可迅速通过分解、向母材溶解而去除，因而在连接初期氧化膜即可消失。如镍表面的氧化膜为 NiO，1427K 时氧在镍中的固溶度为 0.012%，厚度 5nm 的氧化膜在该温度下只要几秒即可溶解，钛也属此类。这类材料的氧化膜在不太厚的情况下一般对扩散连接过程没有影响。

② 铜、铁型　由于氧在基体金属中溶解度较小，材料表面的氧化膜在连接初期不能立即溶解，界面上的氧化物会发生聚集，在空隙和连接界面上形成夹杂物。随着连接过程的进行，通过氧向母材的扩散，夹杂物数量逐渐减少。铜、铁和不锈钢均属此类。母材为钢铁材料时，夹杂物主要是钢中所含的 Al、Si、Mn 等元素的氧化物及硫化物。

③ 铝、镁型　这类材料的表面有一层稳定而致密的氧化膜，它们在基体金属中几乎不溶解，因而在扩散连接中不能通过溶解、扩散机制消除。但可以通过微区塑性变形使氧化膜破碎，露出新鲜金属表面，但能实现的金属之间的连接面积仍较小。通过用透射电镜对铝合金扩散连接进行深入的研究，发现 6063 铝合金扩散连接时氧化膜为粒状 AlMgO，$w_{Mg}=1\%\sim2.4\%$ 时，就会形成 MgO。为了克服氧化膜的影响，可以在真空扩散连接过程中用高活性金属（如 Mg）将铝表面的氧化膜还原，或采用超声波振动的方法使氧化膜破碎以实现可靠的连接。

氧化膜的行为近年来主要是采用透射电子显微镜进行研究。此外，还可根据电阻变化来研究扩散连接时氧化膜的行为、连接区域氧化膜的稳定性以及紧密接触面积的变化等。

3）扩散孔洞与 Kerkendal 效应

在异种金属或不同成分的合金进行扩散连接时，由于母材的化学成分不同，不同元素的原子具有不同的扩散速度（扩散系数不一样），造成穿过界面的物质流不一样，使某物质向一个方向运动，最终会形成界面的移动。扩散速度大的原子大量越过界面向另一侧金属中扩散，而反方向扩散过来的原子数量较少，这样造成了通过界面向其两侧扩散迁移的原子数量不等。移出量大于移入量的一侧出现了大量的空穴，集聚起来达到一定密度后即聚合为孔洞，这种孔洞称为扩散孔洞。这一现象是 1947 年 Kerkendal 和 Smigeiskas 等人研究铜和黄铜扩散焊的过程中首先发现的，故称 Kerkendal 效应。在其他金属组合（如 Ni-Cu、Cu-Al、Fe-Ni 等）中也都发现了这种现象。

扩散孔洞可在连接过程中产生，也会在连接后的长期高温工作时产生。图 4.7 为 Ni-Cu 扩散连接界面附近的扩散孔洞及 Kerkendal 效应示意图。显见，扩散孔洞与界面孔洞不同，扩散孔洞的特征是集聚在离界面一段距离的区域。这是因为 Cu 原子向 Ni 中扩散的速度比 Ni 原子向 Cu 中扩散大造成的。另外，在原始分界面附近铜的横截面由于丧失原子而缩小，在表面形成凹陷，而镍的横截面由于得到原子而膨胀，在表面形成凸起。

在无压力的情况下扩散连接或退火都会产生扩散孔洞。造成扩散孔洞的原因是由于不同元素的原子扩散速度不一样引起的。一般情况下，若两种不同金属相互接触，结合界面移向熔点低的金属一侧。当非均匀扩散时，边界也非均匀的运动，从而出现孔洞。

扩散孔洞的存在严重影响接头的质量，特别是使接头强度降低。扩散连接后未能消除的微小界面孔洞中还残留有气体，这些残留气体对接头质量也有影响。

图 4.8 (a) 归纳了在不同保护气氛中界面空隙内所含的残留气体。其中，第一阶段是指两个微观表面相互接触并加热、加压时，凸出部分首先发生塑性变形并实现了连接。但随着连接过程的进行，界面间隙或孔洞内的残留气体被封闭。第二阶段是指被封闭在孔洞中的气体与母材发生反应，使其含量和组成发生变化。界面间隙或孔洞中的残留气体主要是氧、氮、氢、氩等。

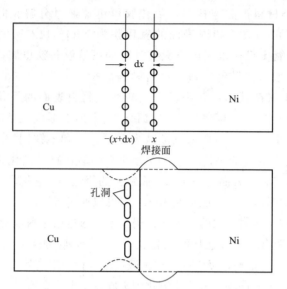

图 4.7　Ni-Cu 扩散连接界面附近的扩散孔洞及 Kerkendal 效应示意

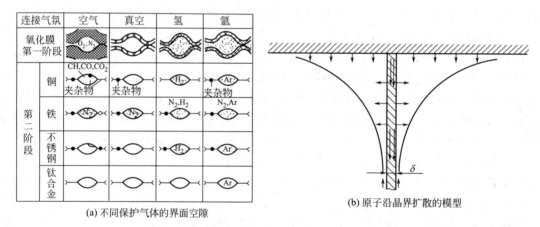

(a) 不同保护气体的界面空隙　　　　　　　　(b) 原子沿晶界扩散的模型

图 4.8　界面空隙内所含的残留气体及原子沿晶界扩散的模型

压力可减少扩散孔洞，提高接头强度。扩散连接时施加一定的压力，使所加的压强超过低熔点金属在扩散连接温度下的屈服强度，有利于扩散孔洞的消除。随着压力的增大，扩散孔洞减少。对已形成扩散孔洞的接头，加压退火可有效地减少扩散孔洞。

4）扩散与组织缺陷的关系

实际工程材料都存在着大量的缺陷，很多材料甚至处于非平衡状态，组织缺陷对扩散的影响十分显著。在许多情况下，组织缺陷决定了扩散的机制和速度。材料的晶粒越细，即材料一定体积中的边界长度越大，沿晶界扩散的现象越明显。原子沿晶界的扩散与晶体内的扩散不一样。英国物理学家 Fisher 提出的沿晶界扩散的模型［如图 4.8（b）所示］认为，晶界是晶粒间嵌入一定厚度的薄片，扩散沿晶界薄片进行的很快，沿边界进入的原子数量远超过从表面直接进入晶粒的原子。原子首先沿边界快速运动，而后再从边界进入晶粒内部，沿晶界扩散的路径与晶内扩散不一样，晶界扩散原子的平均扩散距离与时间的四次方根成正比。

$$x_b = \left(\delta D \sqrt{\pi t / 2} \sqrt{D} \right)^{1/2} \qquad (4.8)$$

式中，x_b 为原子沿晶界扩散的距离，μm；δ 为晶界厚度，μm；D 为扩散系数，mm^2/s；t 为扩散时间，s。

沿金属表面的扩散与该表面的结构有关。实际晶体表面是不均匀的，表面存在着不平和微观凸起，有时表面形成机械加工硬化，这使表面层位错密度很高，再加上异种金属连接时，不同材料原子间的吸附与化学作用，使表面原子有很大的活性。对表面、边界和体积扩散的试验研究结果表明，表面扩散的激活能在三种形式的扩散中是最小的，即 $Q_{表面} < Q_{边界} < Q_{体积}$。在同样的温度下，扩散系数 $D_{表面} > D_{边界} > D_{体积}$，即在表面扩散要快得多。

5）扩散连接过程中的化学反应

随着扩散过程的进行，由于成分变化在扩散区中同时发生多相反应，称之为多相扩散或反应扩散。反应扩散的基本特点如下。

① 整个过程由扩散＋相变反应两步组成，其中扩散是控制因素，由于发生了相变，扩散一般在多相系统中进行。

② 在浓度-距离曲线上，在多相扩散区之间浓度分布不连续，在相界面上有浓度突变。

③ 新相形成的规律与相图相对应。但从动力学上看，由于相变孕育期长或在高压下均可使相图上反映的相区变窄直至消失。

④ 新相长大的动力学规律，一般情况下，相区宽度应服从抛物线规律。新相长大速度与在各相区间的扩散系数及相界浓度梯度成正比。

异种材料（特别是金属与非金属连接时），界面将进行化学反应。首先在局部形成反应源，而后向整个连接界面上扩展，当整个界面都形成反应时，能形成良好的扩散连接。产生局部化学反应的萌生源与工艺参数，如温度、压力和时间有密切关系。压力对化学反应源有决定性的影响，压力越大，反应源的扩展程度越大；温度和时间主要影响反应源的扩散程度，对反应数量的影响不大。固态物质之间的反应只能在界面上进行。向活性区输送原始反应物，使其局部化学反应继续进行是反应区扩大的条件之一。

界面进行化学反应主要有化合反应和置换反应。化合反应的特性是形成单质。反应剂和反应产物的晶体结构比较简单，通常这些物质的物理和化学性能是已知的。如金属经过氧化层与陶瓷或玻璃的连接（形成各种尖晶石、硅酸盐及铝酸盐等）即属于这种类型，这类反应进行得很普遍。

置换反应是以活性元素置换非活性元素的情况，在 Al-Mg 合金与玻璃或陶瓷的连接中得到了典型应用。铝与氧化硅在界面上发生置换反应，SiO_2 中的 Si 被 Al 置换，还原为 Si 原子溶解于铝中。当达到饱和浓度后，由固溶体中析出含硅的新相。使用活性金属 Al、Ti、Zr 等扩散连接 SiC 和 Si_3N_4 陶瓷时也有类似反应。

扩散焊时化合反应与置换反应的差别在于，化合反应是在生成的金属表面氧化物与玻璃或陶瓷中的氧化物之间进行的。化合反应由开始局部接触，而后逐渐扩展到整个表面，形成一定的化合物层，在这个过程中反应速度一直是增加的。由于反应物的溶解度较小，在界面上可能形成一个很宽的难熔化合物层。由于在非金属化合物中扩散过程进行得很慢，所以反应速度急剧下降，化合物的形成过程就此结束。此时继续增加扩散焊的时间，对接头的强度没有显著的影响。

异种金属的扩散系数要比同种金属的扩散系数大，用扩散连接来焊接脆性金属比焊接塑性金属更合适。当界面结合率要求达到 100% 时，需要加入形成液相的金属中间层或夹层。如果没有中间层，就要求加大压力，以便获得良好的界面接触。原子扩散过程是比较慢的，但是如果提高加热温度，可加快扩散速度。

4.3　扩散连接的设备与工艺

4.3.1　扩散连接设备的组成

扩散连接设备包括加热系统、加压系统、保护系统（在加热和加压过程中，保护工件不被氧化的真空或可控气氛）和控制系统等，如图4.9所示。

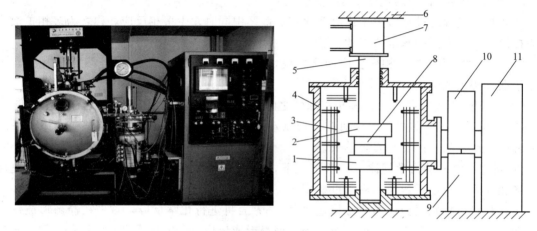

图 4.9　扩散连接设备的组成示意图

1—下压头；2—上压头；3—加热器；4—真空炉炉体；5—传力杆；6—机架；
7—液压系统；8—焊件；9—机械泵；10—扩散泵；11—电器及控制系统

在进行扩散连接时，必须保证连接面及被连接金属不受空气的影响，必须在真空或惰性气体介质中进行，现在采用最多的方法是真空扩散焊。真空扩散焊可以采用高频、辐射、接触电阻、电子束及辉光放电等方法，对工件进行局部或整体加热。工业生产中普遍应用的扩散焊设备，主要采用感应和辐射加热的方法。

扩散连接设备主要是由带有真空系统的真空室、对工件的加热源、对工件的加压系统、水循环系统、对温度和真空度的检测系统、电器和控制系统组成。无论何种加热方式的真空扩散焊设备都主要由以下几部分组成。

（1）保护系统

保护系统可以是真空或惰性气体。真空系统一般由扩散泵和机械泵组成。机械泵能达到 1.33×10^{-3} Pa 的真空度，加扩散泵后可以达到 $1.33 \times 10^{-4} \sim 1.33 \times 10^{-6}$ Pa 的真空度，可以满足几乎所有材料的扩散焊要求。真空度越高，越有利于被焊材料表面杂质和氧化物的分解与蒸发，促进扩散连接的顺利进行。但真空度越高，抽真空的时间越长。

按真空度可分为：低真空、中真空、高真空等。目前扩散连接设备一般采用真空保护。真空室越大，要达到和保持一定的真空度对所需真空系统要求越高。真空室中应有由耐高温材料围成的均匀加热区，以保持设定的温度；真空室外壳需要冷却。

（2）加热系统

常采用感应加热和电阻辐射加热，对工件进行局部或整体加热。根据不同的加热要求，电阻辐射加热可选用钨、钼或石墨作加热体，经过高温辐射对工件进行加热。按加热方式分为：感应加热、辐射加热、接触加热等。

（3）加压系统

扩散连接过程一般要施加一定的压力。在高温下材料的屈服强度较低，为避免构件的整体变形，加压只是使接触面产生微观的局部变形。扩散连接所施加的压力较小，压强可在 $1\sim100\mathrm{MPa}$ 范围内变化。只有当材料的高温变形阻力较大、加工表面较粗糙或扩散连接温度较低时，才采用较高的压力。按加压系统分为：液压系统、气压系统、机械系统、热膨胀加压等。

目前大多数扩散连接设备采用液压和机械加压系统。近年来，国内外已采用气压将所需的压力从各个方向均匀地施加到工件上，称为热等静压技术（HIP）。

（4）测量与控制系统

扩散焊设备都具有对温度、压力、真空度及时间的控制系统。根据选用的热电偶不同，可实现对温度从 $20\sim2300℃$ 的测量与程序控制，温度控制的精度可在 $\pm(5\sim10)℃$。压力的测量与控制一般是通过压力传感器进行的。

扩散焊设备种类繁多，目前采用较多的是感应加热方式。表 4.4 列举了几种扩散焊设备的主要技术参数。

扩散焊时压力的施加和保持由液压系统完成。控制仪表主要由数字控制处理器、程序控制器、计算机以及加热温度、压力、真空度的测量和记录仪器等组成。由于采用了计算机控制，扩散焊过程实现了全部自动运行。扩散焊的加热温度、压力、保温时间、真空度等参数可以通过预先编制的程序控制整个焊接过程，提高了焊接过程的精度和可靠性。

表 4.4　真空扩散焊设备主要技术参数

设备型号或类型		ZKL-1	ZKL-2	WorkhorseⅡ	HKZ-40	DZL-1
加热区尺寸/mm		$\phi600\times800$	$\phi300\times400$	$304\times304\times457$	$300\times300\times300$	—
真空度 /Pa	冷态	1.33×10^{-3}	1.33×10^{-3}	1.33×10^{-6}	1.33×10^{-3}	7.62×10^{-4}
	热态	5×10^{-3}	5×10^{-3}	6.65×10^{-5}	—	—
加压能力/kN		245（最大）	58.8（最大）	300	80	300
最高炉温/℃		1200	1200	1350	1300	1200
炉温均匀性/℃		1000 ± 10	1000 ± 5	1300 ± 5	1300 ± 10	1200 ± 5

4.3.2　表面处理及中间层材料

扩散连接的工艺流程一般包括以下几个阶段：工件表面处理、工件装配、装炉、扩散连接（包括抽真空、加热、加压、保温等）、炉冷。

（1）工件表面处理及装配

为了使工件得到满意的扩散连接，被连接件必须满足以下两个必要条件。

① 使被连接件表面金属与金属间达到紧密接触；

② 必须对有妨碍的材料表面污染物加以破坏和分解，以便形成金属间结合。

金属表面一般不平整，附着有氧化物或其他固或液态产物（如油脂、灰尘等），吸附有气体或潮气。待连接件组装前须对工件表面进行仔细处理。表面处理不仅包括清洗，去除化学结合的表面膜层（氧化物），清除气、水或有机物表面膜层，还有对金属表面粗糙度的要求。

除油是扩散连接前工件表面清理工序的必要部分，一般采用乙醇、三氯乙烯、丙酮、洗涤剂等，可在多种溶液中反复清洗。

为了保证在扩散连接时能有均匀接触，对表面的最小平直度和最小粗糙度有一定的要求。采用机械加工、磨削、研磨和抛光方法能够加工出所要求的表面平直度和光洁度，以保证不用大的变形就可使其界面达到紧密接触。但机械加工或磨削的附带效果是引起表面的冷作硬化。另外，机械加工还会使材料表面产生塑性变形，导致材料再结晶温度降低，但这种作用有时不明显。

对那些氧化层影响严重和存在表面硬化层的材料，应在加工之后再用化学方法浸蚀与剥离，将氧化层去除。可采用化学腐蚀或酸洗清除材料表面的氧化膜。对不同的材料来说，适用的化学溶剂不同。对工件进行连接前处理的化学腐蚀有两个作用：

① 去除非金属表面膜（通常是氧化物）；

② 部分或全部去除在机械加工时形成的冷作加工硬化层。

也可采用在真空中加热的方法来获取清洁的表面。有机物或水、气的吸附层通过在真空中进行高温处理很容易去除，但大多数氧化物在真空加热时不分解。真空清洁处理后的零件要求随即在真空或控制气氛中保存，以免重新形成吸附层。

选择表面处理方法时需考虑具体的连接条件。如果在很高的温度或压力下扩散连接，焊前获得特别清洁的表面就不十分重要了。因为真空和高温条件本身具有洁净表面的作用，但洁净效果取决于材料及其表面膜的性质。原子活性、表面凹凸变形以及对杂质元素溶解度的增加，有助于使表面污染物分解。真空处理在高温下可以溶解基体材料上粘附的氧化膜，可以分解工件表面的氧化膜，但不易分解 Ti、Al 或含大量 Cr 的合金表面上的氧化膜。在较低温度和较低压力下连接时有必要进行较严格的表面处理。

工件装配是扩散连接最终得到质量良好的扩散焊接头的关键步骤之一。待连接件表面紧密接触可使被连接面在较低的温度或压力下实现可靠的结合与连接。对于异形工件可采用装配严格的工装。

（2）中间层材料及选择

为了促进扩散连接过程的进行，降低扩散连接温度、时间、压力和提高接头性能，扩散连接时会在待连接材料之间插入中间层。有关中间层的研究是扩散连接的一个重要方面。中间层材料不仅在液相扩散连接时使用，在固相扩散连接中也有广泛的应用。

在工件之间增加中间层是异种材料扩散连接的有效手段之一，特别是对于原子结构差别很大的材料。采用中间层实际上是改变了原来的连接界面性能，使连接成为不同异种材料之间的连接。中间层可以改善材料表面的接触，降低对待焊表面制备的要求，改善扩散条件（降低扩散焊温度、压力和缩短扩散焊时间），避免或减少形成脆性金属间化合物的倾向，避免或减少因被焊材料之间的物理化学性能差异过大而引起的其他冶金问题。

1）中间层材料的特点

① 容易发生塑性变形；含有加速扩散的元素，如 B、Be、Si 等；

② 物理化学性能与母材的差异较被焊材料之间的差异小；不与母材发生不良冶金反应，如产生脆性相或不希望的共晶相；

③ 不会在接头处引起电化学腐蚀问题。

通常，中间层是熔点较低（但不低于扩散焊接温度）、塑性较好的纯金属，如 Cu、Ni、Al、Ag 等，或者与母材成分接近的含有少量易扩散的低熔点元素的合金。

2）中间层的作用

① 改善表面接触，减小扩散连接时的压力。对于难变形材料，使用比母材软的金属或合金作为中间层，利用中间层的塑性变形和塑性流动，提高物理接触和减小达到紧密接触所需的时间。同时，中间层材料的加入，使界面的浓度梯度增大，促使元素的扩散和加速扩散孔洞的消失。

② 改善冶金反应，避免或减少形成脆性金属间化合物。异种材料扩散连接应选用与母材不形成金属间化合物的第三种材料，以便通过控制界面反应，借助中间层材料与母材的合金化，如固溶强化和沉淀强化，提高接头结合强度。

③ 异种材料连接时，可以抑制夹杂物的形成，促使其破碎或分解。例如，铝合金表面易形成一层稳定的 Al_2O_3 氧化膜层，扩散连接时很难向母材中溶解，可以采用 Si 作中间层，利用 Al-Si 共晶反应形成液膜，促使 Al_2O_3 层破碎。

④ 促进原子扩散，降低连接温度，加速连接过程。例如，Mo 直接扩散连接时，连接温度为 1260℃，而采用 Ti 箔作中间层，连接温度只需要 930℃。

⑤ 控制接头应力，提高接头强度。连接线膨胀系数相差很大的异种材料时，选取兼容两种母材性能的中间层，使之形成梯度接头，能避免或减小界面的热应力，从而提高接头强度。

3）中间层的选用

中间层可采用箔、粉末、镀层、离子溅射和喷涂层等多种形式。中间层厚度一般为几十微米，以利于缩短均匀化扩散的时间。过厚的中间层连接后会以层状残留在界面区，会影响到接头的物理、化学和力学性能。通常中间层厚度不超过 $100\mu m$，而且应尽可能采用小于 $10\mu m$ 的中间层。中间层厚度在 $30\sim100\mu m$ 时，可以箔片的形式夹在待焊表面间。为了抑制脆性金属间化合物的生成，有时也会故意加大中间层厚度使其以层状分布在连接界面，起到隔离层的作用。

不能轧制成箔片的中间层材料，可以采用电镀、真空蒸镀、等离子喷涂的方法直接将中间层材料涂覆在待焊材料表面。镀层厚度可以仅有几微米。中间层厚度可根据最终成分来计算、初选，通过试验修正确定。

中间层材料是比母材金属低合金化的改型材料，以纯金属应用较多。例如，含铬的镍基高温合金扩散连接常用纯镍作中间层。含快速扩散元素的中间层也可使用，如含铍的合金可用于镍合金的扩散连接，以提高接头形成速率。合理地选择中间层材料是扩散连接的重要因素之一。固相扩散连接时常用的中间层材料及连接参数见表 4.5。

表 4.5　固相扩散连接时常用的中间层材料及连接参数

连接母材	中间层材料	连接工艺参数			
		压强/MPa	温度/℃	时间/min	保护气体
Al/Al	Si	7～15	580	1	真空
Be/Be	—	70	815～900	240	非活性气体
	Ag 箔	70	705	10	真空
Mo/Mo	—	70	1260～1430	180	非活性气体
	Ti 箔	70	930	120	氩气
	Ti 箔	85	870	10	真空

续表

连接母材	中间层材料	连接工艺参数			
		压力/MPa	温度/℃	时间/min	保护气体
Ta/Ta	—	70	1315~1430	180	非活性气体
	Ti 箔	70	870	10	真空
Ta-10W/Ta-10W	Ta 箔	70~140	1430	0.3	氩气
Cu-20Ni/钢	Ni 箔	30	600	10	真空
Al/Ti	—	1	600~650	1.8	真空
	Ag 箔	1	550~600	1.8	真空
Al/钢	Ti 箔	0.4	610~635	30	真空

在固相扩散连接中，多选用软质纯金属材料作中间层，常用的材料为 Ti、Ni、Cu、Al、Ag、Au 及不锈钢等。例如 Ni 基超合金扩散连接时采用 Ni 箔，Ti 基合金扩散连接时采用 Ti 箔作中间层。

液相扩散连接时，除了要求中间层具有上述性能以外，还要求中间层与母材润湿性好、凝固时间短、含有加速扩散的元素。对于 Ti 基合金，可以使用含有 Cu、Ni、Zr 等元素的 Ti 基中间层。对于铝及铝合金，可使用含有 Cu、Si、Mg 等元素的 Al 基中间层。对于 Ni 基母材，中间层需含有 B、Si、P 等元素。

中间层的厚度对扩散连接接头性能有很大的影响。用 Cu、Ni 等软金属或合金扩散连接各种高温合金时，接头的性能取决于中间层的相对厚度 x，相对厚度 x 为中间层厚度与试件厚度（或直径）的比值。中间层相对厚度小时，由于变形阻力大，使表面物理接触不良，接头性能差；只有中间层的相对厚度为某一最佳值时，才可以得到理想的接头性能。中间层材料和相对厚度对高温合金接头的高温性能也有影响。试验表明，用 Ni 作中间层接头的高温性能比母材差，接头的高温持久强度低于不加镍中间层的。如果用镍合金作中间层，则可以改善接头的高温性能。中间层的相对厚度对高温性能同样存在一最佳值。

在陶瓷与金属的扩散连接中，活性金属中间层可选择 V、Ti、Nb、Zr、Ni-Cr、Cu-Ti 等。为了减小陶瓷和金属接头的残余应力，中间层的选择可分为以下三种类型。

① 单一的金属中间层　通常采用软金属，如 Cu、Ni、Al 及 Al-Si 合金等，通过中间层的塑性变形和蠕变来缓解接头的残余应力。例如，Si_3N_4 与钢的连接中发现，不采用中间层时，接头中的最大残余应力为 350MPa；当分别采用厚度 1.5mm 的 Cu 和 Mo 中间层时，接头最大残余应力的数值分别降低至 180MPa 和 250MPa。

② 多层金属中间层　一般在陶瓷一侧添加低线膨胀系数、高弹性模量的金属，如 W、Mo 等；而在金属一侧添加塑性好的软金属，如 Ni、Cu 等。多层金属中间层降低接头区残余应力的效果较好。

③ 梯度金属中间层　按弹性模量或线膨胀系数的逐渐变化来依次放置，整个中间层表现为在陶瓷一侧的部分线膨胀系数低、弹性模量高，而在金属一侧的部分线膨胀系数高、塑性好。也就是说，从陶瓷一侧过渡到金属一侧，梯度中间层的弹性模量逐渐降低，而线膨胀系数逐渐增高，这样能更有效地降低陶瓷/金属接头的残余应力。

（3）阻焊剂

扩散连接时为了防止压头与工件或工件之间某些区域被扩散焊粘接在一起，需加阻焊剂

（片状或粉状）。阻焊剂应具有以下性能。

① 有高于焊接温度的熔点或软化点；

② 具有较好的高温化学稳定性，在高温下不与工件、夹具或压头发生化学反应；

③ 不释放出有害气体污染附近的待焊表面，不破坏保护气氛或真空度。

例如：钢与钢扩散连接时，可以用人造云母片隔离压头；钛与钛扩散连接时，可以涂一层氮化硼或氧化钇粉。

4.3.3　扩散连接的工艺参数

扩散连接的工艺参数主要有：加热速度、加热温度、保温时间、压力、真空度和气体介质等，其中最主要的参数为加热温度、保温时间、压力和真空度，这些因素对扩散连接过程及接头质量有重要的影响，而且是相互影响的。

（1）扩散连接参数的选用原则

扩散连接参数的正确选择是获得致密的连接界面和优质接头性能的重要保证。确定扩散连接工艺参数时，必须考虑下述一些重要的冶金因素。

① 材料的同素异构转变和显微组织，它们对扩散速率有很大的影响。常用的合金钢、钛、锆、钴等均有同素异构转变。Fe 的自扩散速率在体心立方晶格 α-Fe 中比在同一温度下的面心立方晶格 γ-Fe 中的扩散速率约大 1000 倍。显然，选择在体心立方晶格状态下进行扩散连接将可以大大缩短连接时间。

② 母材能产生超塑性时，扩散连接就容易进行。进行同素异构转变时金属的塑性非常大，所以当连接温度在相变温度上下反复变动时可产生相变超塑性，利用相变超塑性也可以大大促进扩散连接过程。除相变超塑性外，细晶粒也对扩散过程有利。例如当 Ti-6Al-4V 合金的晶粒足够细小时也产生超塑性，对扩散连接十分有利。

③ 加快扩散速率的另一个途径是合金化，确切地说是在中间层合金系中加入高扩散系数的元素。高扩散系数的元素除了加快扩散速率外，在母材中通常有一定的溶解度，不和母材形成稳定的化合物，但降低金属局部的熔点。因此，必须控制合金化导致的熔点降低，否则在接头界面处可能产生液化。

异种材料连接时，界面处有时会形成 Kerkendal 孔洞，有时还会形成脆性金属间化合物，使接头的力学性能下降。将线膨胀系数不同的异种材料在高温下进行扩散连接，冷却时由于界面的约束会产生很大的残余应力。构件尺寸越大、形状越复杂、连接温度越高，产生的线膨胀差就越大，残余应力也越大，甚至可使界面附近立即产生裂纹。因此，在扩散接头设计时要设法减少由线膨胀差引起的残余应力，特别要避免使硬脆材料承受拉应力。为了解决此类问题，工艺上可降低连接温度，或插入适当的中间层，以吸收应力、转移应力和减小线膨胀差。

（2）扩散连接参数的选用

1）加热温度

加热温度是扩散连接最重要的工艺参数，加热温度的微小变化会使扩散速度产生较大的变化。温度是最容易控制和测量的工艺参数，在任何热激活过程中，提高温度引起动力学过程的变化比其他参数的作用大得多。扩散连接过程中的所有机制都对温度敏感。加热温度的变化对连接初期工件表面局部凸出部位的塑性变形、扩散系数、表面氧化物的溶解以及界面孔洞的消失等会产生显著影响。

加热温度决定了母材的相变、析出以及再结晶过程。此外，材料在连接加热过程中由于温度变化伴随着一系列物理、化学、力学和冶金学方面的性能变化，这些变化直接或间接地影响到扩散连接过程及接头的质量。

从扩散规律可知，扩散系数 D 与温度 T 为指数关系［见式（4.1）］。也就是说，在一定的温度范围内，温度越高扩散系数越大，扩散过程越快。同时，温度越高，金属的塑性变形能力越好，连接界面达到紧密接触所需的压力越小，所获得的接头结合强度越高。但是，加热温度的提高受被焊材料的冶金和物理化学特性方面的限制，如再结晶、低熔共晶和金属间化合物的生成等。此外，提高加热温度还会造成母材软化及硬化。因此，当温度高于某一限定值后，再提高加热温度时，扩散焊接头质量提高不多，甚至反而有所下降。不同材料组合的连接接头，应根据具体情况，通过实验来确定加热温度。

加热温度的选择要考虑母材成分、表面状态、中间层材料以及相变等因素。从大量试验结果看，由于受材料的物理性能、工件表面状态、设备等因素的限制，对于许多金属和合金，扩散连接合适的加热温度一般为 $0.6\sim0.8T_m$（T_m 为母材熔点，异种材料连接时 T_m 为熔点较低一侧母材的熔点），该温度范围与金属的再结晶温度范围基本一致，故有时扩散连接也可称为再结晶连接。表 4.6 给出一些金属材料的扩散连接温度与熔化温度的关系。对于出现液相低熔共晶的扩散连接，加热温度应比中间层材料熔点或共晶反应温度稍高一点。液相低熔共晶填充间隙后的等温凝固和均匀化扩散温度可略微降低一些。

表 4.6　一些金属材料的扩散焊温度与熔化温度的关系

金属材料	扩散焊温度 $T/℃$	熔化温度 $T_m/℃$	T/T_m
银（Ag）	325	960	0.34
铜（Cu）	345	1083	0.32
70-30 黄铜	420	916	0.46
钛（Ti）	710	1815	0.39
20 号钢	605	1510	0.40
45 号钢	800,1100	1490,1490	0.54,0.74
铍（Be）	950	1280	0.74
2% 铍铜	800	1071	0.75
Cr20-Ni10 不锈钢	1000 1200	1454 1454	0.68 0.83
铌（Nb）	1150	2415	0.48
钽（Ta）	1315	2996	0.44
钼（Mo）	1260	2625	0.48

确定连接温度时必须同时考虑保温时间和压力的大小。温度-时间-压力之间具有连续的相互依赖关系。一般升高加热温度能使结合强度提高，增加压力和延长保温时间，也可提高接头的结合强度。

加热温度对接头强度的影响见图 4.10，保温时间为 5min。由图可见，随着温度的提高，接头强度逐渐增加；但随着压力的继续增大，温度的影响逐渐减小。如压力 $p=5MPa$ 时，1273K 的接头强度比 1073K 的接头强度大一倍多；而压力 $p=20MPa$ 时，1273K 的接头强度比 1073K 的接头强度只增加了约 0.4 倍。此外，温度只能在一定范围内提高接头的强度，温度过高反而使接头强度下降（见图 4.10 中的曲线 3、4），这是由于随着温度的升高，母材晶粒迅速长大及其他物理化学性能变化的结果。

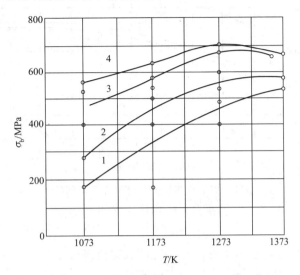

图 4.10　接头强度与连接温度的关系

1—$p=5$MPa；2—$p=10$MPa；3—$p=20$MPa；4—$p=50$MPa

总之，扩散连接温度是一个十分关键的工艺参数。选择时可参照已有的试验结果，在尽可能短的时间内、尽可能小的压力下达到良好的冶金连接，而又不损害母材的基本性能。

2）保温时间

保温时间是指被焊工件在焊接温度下保持的时间。在该保温时间内必须保证完成扩散过程，达到所需的结合强度。保温时间太短，扩散焊接头达不到稳定的结合强度。但高温、高压持续时间太长，对扩散接头质量起不到进一步提高的作用，反而会使母材的晶粒长大。对可能形成脆性金属间化合物的接头，应控制保温时间以限制脆性层的厚度，使之不影响扩散焊接头的性能。

大多数由扩散控制的界面反应都是随时间变化的，但扩散连接所需的保温时间与温度、压力、中间扩散层厚度和对接头成分及组织均匀化的要求密切相关，也受材料表面状态和中间层材料的影响。温度较高或压力较大时，扩散时间可以缩短。在一定的温度和压力条件下，初始阶段接头强度随时间延长增加，但当接头强度提高到一定值后，便不再随时间而继续增加。

原子扩散迁移的平均距离（扩散层深度）与扩散时间的平方根成正比，异种材料连接时常会形成金属间化合物等反应层，反应层厚度也与扩散时间的平方根成正比，即符合抛物线定律

$$x=k\sqrt{Dt} \tag{4.9}$$

式中，x 为扩散层深度或反应层厚度，mm；t 为扩散连接时间，s；D 为扩散系数，mm^2/s；k 为常数。

因此，要求接头成分均匀化的程度越高，保温时间就将以平方的速度增长。扩散连接接头强度与保温时间的关系如图 4.11 所示。扩散连接的最初阶段，接头强度随保温时间的延长而增大，待 6～7min 后，接头强度即趋于稳定（此时的时间称为临界保温时间），不再明显增高。相反，保温时间过长还会导致接头脆化。因此扩散连接时间不宜过长，特别是异种金属连接形成脆性金属间化合物或扩散孔洞时，应避免连接时间超过临界保温时间。

在实际扩散连接中，保温时间可以在一个较宽的范围内变化，从几分钟到几小时，甚至

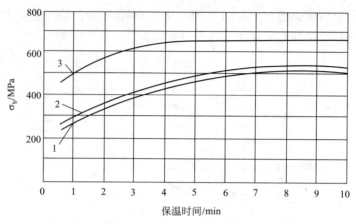

图 4.11 扩散连接接头强度与保温时间的关系

（压力 $p=20\text{MPa}$，结构钢）

1—800℃；2—900℃；3—1000℃

长达几十小时。但从提高生产率考虑，在保证结合强度条件下，保温时间越短越好。但缩短保温时间，必须相应提高温度与压力。对那些不要求成分与组织均匀化的接头，保温时间一般只需要 $10\sim30\text{min}$。

图 4.12 所示是钛合金（Ti-6Al-4V）扩散连接压力与最小连接时间的关系。对于加中间层的扩散连接，保温时间还取决于中间层厚度和对接头化学成分、组织均匀性的要求（包括脆性相的允许量）。

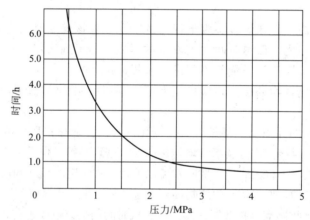

图 4.12 钛合金扩散连接压力与最小连接时间的关系

（926℃时 Ti-6Al-4V 的低压扩散焊）

3）压力

与加热温度和保温时间相比，压力是一个不易控制的工艺参数。对任何给定的温度—时间组合来说，提高压力能获得较好的界面连接，但扩散连接时的压力必须保证不引起被焊工件的宏观塑性变形。

施加压力的主要作用是促使连接表面微观凸起的部分产生塑性变形，使表面氧化膜破碎并达到洁净金属直接紧密接触，促使界面区原子激活，同时实现界面区原子间的相互扩散。此外，施加压力还有加速扩散、加速再结晶过程和消除扩散孔洞的作用。

压力越大、温度越高，界面紧密接触的面积越大。但不管施加多大的压力，在扩散连接第一阶段不可能使连接表面达到 100％ 的紧密接触状态，总有一小部分局部未接触的区域演变为界面孔洞。界面孔洞是由未能达到紧密接触的凹凸不平部分交错而构成的。这些孔洞不仅削弱接头性能，而且还像销钉一样，阻碍着晶粒的生长和扩散原子穿过界面的迁移运动。在扩散连接第一阶段形成的界面孔洞，如果在第二阶段仍未能通过蠕变而弥合，则只能依靠原子扩散来消除，这需要很长的时间，特别是消除那些包围在晶粒内部的大孔洞更是十分困难。因此在加压变形阶段，要设法使绝大部分连接表面达到紧密接触状态。

增加压力能促进局部塑性变形，在其他参数固定的情况下，采用较高的压力能形成结合强度较高的接头，如图 4.13 所示。但过大的压力会导致工件变形，同时高压力需要成本较高的设备和更精确的控制。

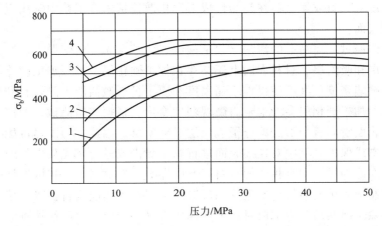

图 4.13　焊接接头强度与压力的关系（保温时间 5min）
1—T＝800℃；2—T＝900℃；3—T＝1000℃；4—T＝1100℃

扩散连接参数中应用的压力范围很宽，小的只有 0.07MPa（瞬时液相扩散焊），最大可达 350MPa（热等静压扩散连接），而一般常用压力为 3～10MPa。对于异种金属扩散连接，采用较大的压力对减少或防止扩散孔洞有良好作用。通常异种材料扩散连接采用的压力在0.5～50MPa 之间。

扩散连接时存在一个临界压力，即使实际压力超过该临界压力，接头强度和韧性也不会继续增加。连接压力与温度和时间的关系非常密切，所以获得优质连接接头的压力范围很大。在实际工作中，压力还受到接头几何形状和设备条件的限制。从经济性和加工方面考虑，选用较低的压力是有利的。

在连接同类材料时，压力的主要作用是扩散连接第一阶段使连接表面紧密接触，而在第二和第三阶段压力对扩散的影响较小。因此，在固态扩散连接时可在后期将压力减小或完全撤去，以便减小工件变形。

在正常扩散连接温度下，从限制工件变形量考虑，压力可在表 4.7 给出的范围内选取。

表 4.7　同种金属扩散连接常用的压力

材料	碳钢	不锈钢	铝合金	钛合金
常规扩散压力/MPa	5～10	7～12	3～7	—
热等静压扩散压力/MPa	100	—	75	50

4）保护气氛及真空度

扩散焊接头质量与保护方法、保护气体、母材与中间扩散层的冶金物理性能等因素有关。工件表面准备之后，必须随即对清洁的表面加以保护，有效的方法是在扩散连接过程中采用保护性气氛，真空环境也能够长时间防止污染。可以在真空室中加氢、氩、氦等保护气氛，但氢能与 Zr、Ti、Nb 和 Ta 形成不利的氢化物，应注意避免。

纯氢气氛能减少形成的氧化物数量，并能在高温下使许多金属的表面氧化物层减薄。Ar、He 也可用于在高温下保护清洁的表面，但使用这些气体时纯度必须很高，以防止造成重新污染。

连接过程中保护气氛的纯度、流量、压力或真空度、漏气率都会影响扩散焊接头的质量。扩散连接中常用的保护气体是氩气。真空度通常为 $(1\sim20)\times10^{-3}$ Pa。对于有些材料也可以采用高纯度氮、氢或氦气。在超塑性成形和扩散连接组合工艺中常用氩气氛负压（低真空）保护钛板表面。

不管材料表面经过如何精心的清洗（包括酸洗、化学抛光、电解抛光、脱脂和清洗等），也难以避免氧化层和吸附层。材料表面上还会存在加工硬化层。虽然加工硬化层内晶格发生严重畸变，晶体缺陷密度很高，使得再结晶温度和原子扩散激活能下降，有利于扩散连接过程的进行，但表面加工硬化层会严重阻碍微观塑性变形。根据实验测试，即使在低真空条件下，清洁金属的表面瞬间就会形成单分子氧化层或吸附层。因此，为了尽可能使扩散连接表面清洁，可在真空或保护气氛中对连接表面进行离子轰击或进行辉光放电处理。

另外，对于在冷却过程中有相变的材料以及陶瓷类脆性材料，在扩散连接时，加热和冷却速度应加以控制。采用能与母材发生共晶反应的金属作中间层进行扩散连接，有助于氧化膜和污染层的去除。但共晶反应扩散时，加热速度太慢，会因扩散而使接触面上的化学成分发生变化，影响熔融共晶的生成。

5）表面准备

连接表面的洁净度和平整度是影响扩散连接接头质量的重要因素。扩散连接组装之前必须对工件表面进行认真准备，其表面准备包括：加工符合要求的表面光洁度、平直度、去除表面的氧化物，消除表面的气、水或有机物膜层。

表面的平直度和光洁度是通过机械加工、磨削、研磨或抛光得到的。表面氧化物和加工硬化层通常采用化学腐蚀，应注意的是化学腐蚀后要用酒精和水清洗。

对材料表面处理的要求还受连接温度和压力的影响。随着连接温度和压力的提高，对表面处理的要求逐渐降低。一般是为了降低连接温度或压力，才需要制备较洁净的表面。异种材料连接时，对表面平整度的要求与材料组配有关，在连接温度下对较硬材料的表面平整度和装配质量的要求更为严格。例如，铝和钛扩散连接时，借助钛表面凸出部位来破坏铝表面的氧化膜，并形成金属之间的连接。对不同粗糙度表面的扩散焊试验发现，随着工件表面粗糙度的降低，铜的扩散焊接头强度和韧性均得到提高。

4.3.4　扩散焊接头的质量检验

扩散焊接头的主要缺陷有未焊透、裂纹、变形等，产生这些缺陷的影响因素也较多。扩散焊接头的质量检验方法如下。

① 采用着色、荧粉或磁粉探伤来检验表面缺陷；
② 采用真空、压缩空气以及煤油实验等来检查气密性；
③ 采用超声波、X 光射线探伤等检查接头的内部缺陷。

　　由于接头结构、工件材料、技术要求不同，每一种方法的检验灵敏度波动范围较大，要根据具体情况选用。总起来说超声波探伤是较常用的内部缺陷检验方法。

　　表 4.8 列出常见的扩散焊缺陷及主要原因。一些异种材料扩散焊的缺陷、产生原因及防止措施列于表 4.9。

表 4.8　扩散焊接头常见缺陷及产生的原因

缺陷	缺 陷 产 生 的 原 因
出现裂纹	升温和冷却速度太快,压力太大,加热温度过高,加热时间太长;焊接表面加工精度低,冷却速度太快
未焊透	加热温度不够,压力不足,焊接保温时间短,真空度低 焊接夹具结构不正确或在真空室里零件安装位置不正确;工件表面加工精度低
贴合	和未焊透的原因相似
残余变形	加热温度过高,压力太大,焊接保温时间过长
局部熔化	加热温度过高,焊接保温时间过长;加热装置结构不合理或加热装置与焊件的相应位置不对,加热速度太快
错位	焊接夹具结构不合适或在焊接真空室里工件安放位置不对,焊件错动

表 4.9　异种材料扩散焊的缺陷、产生原因及防止措施

异种材料	焊接缺陷	缺陷产生的原因	防止措施
青铜＋铸铁	青铜一侧产生裂纹,铸铁一侧变形严重	扩散焊时加热温度、压力不合适,冷速太快	选择合适的焊接工艺参数,焊接室中的真空度要合适,延长冷却时间
钢＋铜	铜母材一侧结合强度差	加热温度不够,压力不足,焊接时间短,接头装配位置不正确	提高加热温度、压力,延长焊接时间,接头装配合理
铜＋铝	接头严重变形	加热温度过高,压力过大,焊接保温时间过长	加热温度、压力及保温时间应合理
金属＋玻璃	接头贴合,强度低	加热温度不够,压力不足,焊接保温时间短,真空度低	提高焊接温度,增加压力,延长焊接保温时间,提高真空度
金属＋陶瓷	产生裂纹或剥离	线膨胀系数相差太大,升温过快,冷速太快,压力过大,加热时间过长	选择线膨胀系数相近的两种材料,升温、冷却应均匀,压力适当,加热温度和保温时间适当
金属＋半导体材料	错位、尺寸不合要求	夹具结构不正确,接头安放位置不对,工件震动	夹具结构合理,接头安放位置正确,防止震动

4.4　扩散连接的局限性及改进

4.4.1　固相扩散连接的局限性

　　与熔焊方法相比，固相扩散连接虽有许多优点，解决了许多用熔焊方法难以连接的材料的可靠连接，但由于其连接过程中材料处于固相，因而也存在下述的局限性。

　　① 固体材料塑性变形较困难，为了使连接表面达到紧密接触和消除界面孔洞，常常需要较高的连接温度并施加较大的压力，这样有引起连接件宏观变形的可能性。

② 固相扩散速度慢，因而要完全消除界面孔洞，使界面区域的成分和组织与母材相近，通常需要很长的连接时间，生产效率低。

③ 因为要加热和加压，扩散连接设备也比钎焊设备复杂得多，连接接头的形式也受到一定限制。

为了克服上述固相扩散连接的不足，人们通过改进工艺，提出了瞬间（过渡）液相扩散连接和超塑性成形扩散连接等工艺。

4.4.2　瞬间液相扩散焊（TLP）

瞬间（过渡）液相扩散连接是用一种特殊成分、熔化温度较低的薄层中间层作为过渡合金，放置在连接面之间。施加较小的压力或不施加压力，在真空条件下加热到中间层合金熔化，液态的中间层合金润湿母材，在连接界面间形成均匀的液态薄膜，经过一定的保温时间，中间层合金与母材之间发生扩散，合金元素趋向于平衡，形成牢固的连接。

瞬间液相扩散连接开始时中间层熔化形成液相，液体金属浸润母材表面填充毛细间隙，形成致密的连接界面。在保温过程中，借助固-液相之间的相互扩散使液相合金的成分向高熔点侧变化，最终发生等温凝固和固相成分均匀化。

瞬间液相扩散连接所用的中间层合金是促进扩散连接的重要因素。中间层合金的成分应保证瞬间液相扩散连接工艺顺利进行，即应有合适的熔化温度（为母材熔点 T_m 的 $0.8 \sim 0.9$ 倍），应能使接头区在连接温度下达到等温凝固，不产生新的脆性相。中间层合金成分还应保证接头性能与母材相近，达到使用要求。

用于瞬间液相扩散连接的中间层主要有如下两类。

① 降低熔点的中间层合金，成分与母材接近，但添加了少量能降低熔点的元素，使其熔点低于母材，加热时中间层直接熔化形成液相。

② 母材能发生共晶反应形成低熔点共晶的中间层合金。

一般中间层合金以 Ni-Cr-Mo 或 Ni-Cr-Co-W（Mo）为基，加入适量 B 元素（或 Si）而构成。如 DZ22 定向凝固高温合金的中间层合金 Z2P 和 Z2F；DD3 单晶合金的 D1F 均是这样设计和生产的。有时中间层合金中也适当加入或调整固溶强化元素 Co、Mo、W 的比例，如 Ni_3Al 基高温合金的中间层合金 I6F、I7F、D1F。

中间层合金的品种有粉状和厚度为 $0.02 \sim 0.04mm$ 的非晶态箔料。

在瞬间液相扩散连接中，中间层熔化或中间层与母材界面反应形成的液态合金，起着类似钎料的作用。由于有液相参与，因而瞬间液相扩散连接初始阶段与钎焊类似，从理论上说不需连接压力，实际使用的压力比固相连接时要小得多（有人认为压力约大于 $0.07MPa$ 即可）。此外，与固相扩散连接相比，由于形成的液态金属能填充材料表面的微观孔隙，降低了对待连接材料表面加工精度的要求，这也是应用上的有利之处。

但是，瞬间液相扩散连接与钎焊连接有着本质的区别。在钎焊中，钎料的熔点要超过连接接头的使用温度，对于要在高温使用的接头，连接温度就更高。而瞬间液相扩散连接则有在较低温度或在低于最终使用温度的条件下进行连接的能力。以最简单的 A-B 匀晶相图系统（图 4.14）为例，该图示意地给出了不同连接方法的连接温度所处的范围。

图 4.14 中 A 端的阴影区表示连接后中间层或钎缝最终所要达到的成分。这时，钎焊温度和固相扩散连接温度显然要超过或接近难熔金属 A 的熔点，分别如图中点 1 和点 2 所示。而瞬间液相扩散连接的温度则取决于低熔点金属 B 的熔点（或 A-B 间的共晶温度），如图中点 3，如果连接后均匀中间层的成分达到点 3′，就与固相扩散连接的情况几乎一致。由于 A

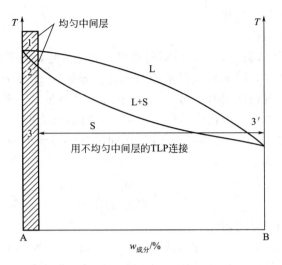

图 4.14　不同连接方法连接温度选择示意

1—钎焊；2—固相扩散连接；3—瞬间液相扩散连接

的熔点和 B 的熔点（或共晶温度）可能相差很大，因而用瞬间液相扩散连接通常能显著地降低连接温度。

这种方法尤其适用于焊接性较差的铸造高温合金。

图 4.15 示出二元共晶系统瞬间液相扩散连接不同阶段连接区域中成分的变化。该模型的建立基于以下几点假设。

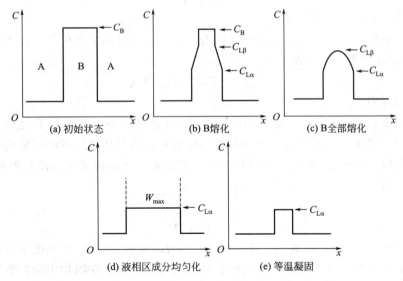

图 4.15　A/B/A 金属瞬间液相扩散连接过程示意

① 固-液界面呈局部平衡，因此相界面上各个相的成分可由相图决定；

② 由于中间层的厚度很薄，忽略液体的对流，从而把瞬间液相扩散连接作为一个纯扩散问题处理；

③ 液相和固相中原子的相互扩散系数 D_S 和 D_L 与成分无关，并且 α、β 和液相（L）各个相的偏摩尔体积相等，这就可直接用摩尔分数来表达菲克第二定律。

瞬间液相扩散连接过程可分为四个阶段：中间层溶解或熔化、液相区增宽和成分均匀化、等温凝固、固相成分均匀化。

（1）中间层溶解或熔化

A/B/A 接头在其共晶温度以上进行瞬间液相扩散连接时，由于母材 A 和中间层 B 之间存在较陡的初始浓度梯度，因而相互扩散十分迅速，导致在 A/B 界面上形成液相。随着界面原子的进一步扩散，液相区同时向母材 A 和中间层 B 侧推移，使液相区逐步增宽。由于中间层厚度要比母材薄得多，因而中间层最终被全部溶解成液相。如果固－液界面仅向中间层方向移动（单方向移动），连接温度为 T_B，中间层 B 的厚度为 W_0，那么中间层完全被溶解或熔化所需的时间 t_1 为

$$t_1 = \frac{W_0^2}{16K_1^2 D_L} \tag{4.10}$$

（2）液相区增宽和成分均匀化

中间层 B 完全溶解时，由于液相区成分不均匀，如图 4.15（c）所示，液体和固态母材之间进一步的相互扩散导致液相区成分均匀化和固相母材被不断熔化。当液相区达到最大宽度 W_{max} 时，液相区成分也正好均匀化，为 $C_{L\alpha}$，如图 4.15（d）所示。根据质量平衡原理，并忽略材料熔化时发生的体积变化，最大液相宽度 W_{max} 可用下式估算，即

$$W_0 C_B \rho_B = W_{max} C_{L\alpha} \rho_L \tag{4.11}$$

式中，ρ_B，ρ_L 为金属 A、B 和液相（成分为 $C_{L\alpha}$）的密度。

液相区达到最大宽度和成分均匀化的时间 t_2 由下式决定，即

$$t_2 = \frac{(W_{max} - W_0)^2}{16K_2^2 D_{eff}} \tag{4.12}$$

式中，D_{eff} 为有效扩散系数。

有效扩散系数 D_{eff} 取决于过程的控制因素，如原子在液相中的扩散、在固相中的扩散或界面反应。Poku 认为 D_{eff} 可表达为

$$D_{eff} = D_L^{0.7} D_S^{0.3} \tag{4.13}$$

（3）等温凝固

当液相区成分达到 $C_{L\alpha}$ 后，随着固－液相界面上液相中的溶质原子 B 逐渐扩散进入母材金属 A，液相区的熔点随之升高，开始发生等温凝固，晶粒从母材表面向液相内生长，液相逐渐减少，如图 4.15（e）所示，最终液相区全部消失。液相区完全等温凝固所需时间 t_3 可用下式计算，即

$$t_3 = \frac{W_{max}^2}{16K_3^2 D_S} \tag{4.14}$$

公式（4-10）、（4-12）和式（4-14）中的 K_1、K_2 和 K_3 在给定的温度下对特定的连接材料系统均为无量纲常数。应指出，液相区等温凝固过程受原子在固相中的扩散控制，需要较长的时间。由于实际多晶材料中存在大量晶界、位错，为扩散提供了快速通道，因此实际等温凝固时间通常要比理论计算的时间短得多。

（4）固相成分均匀化

液相区完全等温凝固后，液相虽然全部消失，但接头中心区域的成分与母材仍有差别，通过进一步保温，促使成分进一步均匀化，从而可得到成分和组织性能与母材相匹配的连接接头，这一过程需要更长的时间。瞬间液相扩散焊连接时间主要取决于液相区等温凝固和固相成分均匀化的时间。

瞬间液相扩散焊的工艺参数有加热温度、保温时间、中间层合金的厚度、压力、真空度等。压力参数是以焊件结合面能良好的接触为目的，因此可以不加压力或施加较小的压力，往往是加静压力。加热温度和保温时间参数对接头质量影响很大，它取决于母材性能、中间层合金成分和熔化温度。对要求强度高和质量好的接头，应选择较高的温度和较长的保温时间，使中间层合金与母材充分扩散，消除界面附近 B、Si 的共晶组织。中间层合金的厚度以能形成均匀液态薄膜为原则，一般厚度控制在 $0.02\sim0.05$mm。表 4.10 列出几种高温合金瞬间液相扩散连接的工艺参数。

表 4.10　几种高温合金瞬间液相扩散连接的工艺参数

合金牌号	中间层合金及厚度/mm		工艺参数		
			加热温度/℃	保温时间/h	压力/MPa
GH22	Ni	0.01	1158	4	$0.7\sim3.5$
DZ22	Z2F	0.04×2	1210	24	<0.07
	Z2P	0.10	1210	24	<0.07
DD3	D1P	0.01	1250	24	<0.07

瞬间液相扩散连接的接头组织主要由 Ni-Cr 固溶体、γ' 强化相组成，可能有 Si 或 B 的化合物相，有时有少量共晶组织。由于组织与母材基本一致，使接头的力学性能较为稳定，高温持久强度也较高。

瞬间液相扩散焊可用于连接陶瓷、沉淀强化高温合金、单晶和定向凝固的铸造高温合金以及镍-铝化合物基高温合金，如单晶和定向凝固的涡轮叶片、涡轮导向叶片等受力高温部件等。

4.4.3　超塑性成形扩散连接（SPF/DB）

材料的超塑性是指在一定温度下，组织为等轴细晶粒且晶粒尺寸小于 $3\mu m$、变形速率小于 $10^{-5}\sim10^{-3}/s$ 时，拉伸变形率可达到 $100\%\sim1500\%$，这种行为称为材料的超塑性。材料超塑性的发现，使人们可以利用超塑性材料的高延性来加速界面的紧密接触，由此发展了超塑性成形扩散连接方法。

（1）超塑性扩散连接的特点

扩散连接主要依靠局部变形和扩散来实现连接。连接界面的紧密接触和界面孔洞的消除与材料的塑性变形、蠕变及扩散过程关系密切。人们发现利用材料的超塑性可加速扩散连接过程，特别是在具有最大超塑性的温度范围，扩散连接速率最高，这表明超塑性变形与扩散连接之间有着密切的联系。

在连接初期的变形阶段，由于超塑性材料具有低流变应力的特征，所以塑性变形能迅速在连接界面附近发生，甚至有助于破坏材料表面的氧化膜，因而大大加速了界面的紧密接触过程。实际上，真正促进连接过程的是界面附近的局部超塑性。用激光快速熔凝技术在 TiAl 合金表面制备超细晶粒组织，即表层材料（厚度约 $100\mu m$）具有超塑性特性时，即可实现超塑性扩散连接。而且，扩散连接时发生的宏观应变非常小（$\leqslant1\%$）。

超塑性材料所具有的超细晶粒，大大增加了界面区的晶界密度和晶界扩散的作用，明显加速了孔洞与界面消失的过程。进行超塑性扩散连接时，可以是界面两侧的母材均具有超塑性特性，也可以是只有一边母材具有超塑性特性。即使在界面两侧母材均不具有超塑性特性时，只要插入具有超塑性特性的中间层材料，也可以实现超塑性扩散连接。

（2）钛合金的超塑性成形扩散连接

目前应用最成功的是钛及钛合金的超塑性成形扩散连接。钛及钛合金在 760～927℃ 温度范围内具有超塑性，也就是说，在高温和非常小的载荷下，达到极高的拉伸伸长而不产生缩颈或断裂。

超塑性成形扩散连接是一种两阶段加工方法，用这种方法连接钛及钛合金时不发生熔化。第一阶段主要是机械作用，包括加压使粗糙表面产生塑性变形，从而达到金属与金属之间的紧密接触。第二阶段是通过穿越接头界面的原子扩散和晶粒长大进一步提高强度，这是置换原子迁移的作用，通过将材料在高温下按所需时间保温来完成。因为钛及钛合金的超塑性成形和扩散连接是在相同温度下进行的，所以可将这两个阶段组合在一个制造循环中。对于同样的钛合金材料，超塑性扩散连接的压力（2MPa）比常规扩散连接所需压力（14MPa）低得多。

超塑性扩散连接的工艺参数直接影响接头性能。超塑性成形扩散连接的加热温度与常规扩散连接的温度一致，TC4 钛合金的加热温度范围为 1143～1213K，达到了该合金的相变温度。超过 1213K，α 相开始转变为 β 相，将使晶粒粗大，降低接头的性能。超塑性成形扩散连接与一般的扩散连接不一样，必须使变形速率小于一定的数值，所加的压力比较小，同时压力与时间有一定的联系。为了达到 100% 的界面结合，必须保证连接界面可靠接触，接头连接质量与压力和时间的关系如图 4.16 所示。图中实线以上为质量保证区域，在虚线以下不能获得良好的连接质量，接头界面结合率小于 50%。

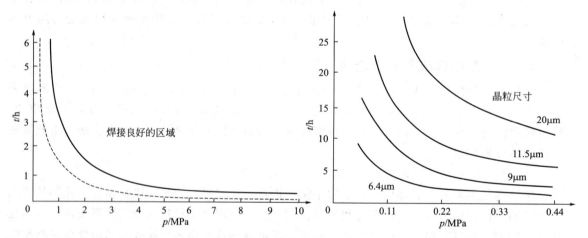

图 4.16　超塑性扩散连接接头连接质量与压力和时间的关系（T=1213K，真空度小于 1.33×10⁻³Pa）　图 4.17　钛合金超塑性扩散连接时晶粒度与压力和时间的关系

钛及钛合金的原始晶粒度对扩散连接质量也有影响。原始晶粒越细小，获得良好扩散连接接头所需要的时间越短、压力越小，在超塑性成形过程中也希望晶粒越细越好，如图 4.17 所示。所以，对于超塑性成形扩散连接工艺，要求钛及钛合金材料必须是细晶组织。

4.5　扩散连接的应用

由于扩散连接的接头质量好且稳定，几乎适合于各种材料，特别是适于一些脆性材料、特殊结构的焊接。虽然扩散连接的生产成本稍高一些,但在航空航天、电子和核工业等焊接质量更为重要的场合,仍得到相当成功的应用。许多零部件的使用环境苛刻,加之产品结构要求特殊,设计者不得不采用特种材料(如为减轻重量而采用空心结构),而且要求接头与母材成分、性能上匹配。在这种情况下,扩散连接成为优先考虑的焊接方法。

4.5.1 同种材料的扩散连接

在大多数情况下,碳钢较易于用熔焊方法焊接,所以通常不采用扩散连接。但要在大平面形成高质量接头的产品时,则可采用扩散连接。各种高碳钢、高合金钢也能顺利进行扩散连接。同种材料扩散连接的压力在 0.5～50MPa 之间选择。

实际生产中,工艺参数的确定应根据试焊所得接头性能选出一个最佳值(或最佳范围)。表 4.11 列出了一些常用同种材料扩散连接的工艺参数示例。

表 4.11 常用同种材料扩散连接的工艺参数示例

序号	材 料	中间层合金	加热温度 /℃	保温时间 /min	压力 /MPa	真空度 /Pa
1	20 号钢	—	950	6	16	$1.33×10^{-5}$
2	30CrMnSiA	—	1150～1180	12	10	$1.33×10^{-5}$
3	W18Cr4V	—	1100	5	10	$1.33×10^{-4}$
4	12Cr18Ni10Ti	—	1000	10	20	$2.67×10^{-5}$
5	1Cr13 不锈钢	Ni＋Be 9％～10％	1050 931	20 5	15 0.07	$1.33×10^{-5}$ —
6	2Al4 铝合金	—	540	180	4	—
7	TC4 钛合金	—	900～930	60～90	1～2	$1.33×10^{-3}$
8	Ti₃Al 合金	—	960～980	60	8～10	$1.33×10^{-5}$
9	Cu	—	800	20	6.9	还原性气氛
10	H72 黄铜	—	750	5	8	—
11	Mo	—	1050	5	16～40	$1.33×10^{-2}$
12	Nb	—	1200	180	70～100	$1.33×10^{-3}$
13	Nb	Zr	598	—	—	—
14	Ta	Zr	598	—	—	—
15	Zr2	Cu	767	30～120	0.21	—

钛是一种强度高、重量轻、耐腐蚀、耐高温的高性能材料,目前广泛地被应用在航空、航天工业中。多数钛结构要求减轻重量,接头质量比制造成本更重要。因此,较多地应用扩散焊方法。钛合金不需要特殊的表面准备和特殊的控制就可容易地进行扩散连接。常用焊接工艺参数为:加热温度 855～957℃,保温时间 1～4h,压力 2～5MPa,真空度 $1.33×10^{-3}$ Pa以上。应注意,钛能大量吸收 O_2、H_2 和 N_2 等气体,因此不宜在 H_2、N_2 气氛中焊接。

镍合金主要用于耐高温、耐腐蚀及高韧性的条件下,其熔焊的焊接性差,熔化焊时接头韧性远低于母材,因此较多地应用扩散焊。由于镍合金的高温强度高,须将这些合金在接近其熔化温度和相当高的压力下进行焊接。须仔细地进行焊接表面准备,还须在焊接过程中,严格控制气氛,防止表面污染,通常还需要纯镍或镍合金作中间层。

镍合金扩散焊的工艺参数:加热温度 1093～1204℃,保温时间 0.5～4h,压力 2.5～10.7MPa,真空度 $1.33×10^{-2}$ Pa以上。实际焊接参数还与零件的几何形状有关,要获得满意的焊接质量需进行多次实验。

　　铝及其合金的扩散焊有一定的困难，主要是清洗好的工件会在空气中很快生成一层氧化膜。铝与氧的亲和力很大，甚至在常温下铝也容易与空气中的氧化合，生成密度比铝本身高的氧化铝膜，这使铝的焊接发生困难。铝与铝直接扩散焊的加热温度不得超过铝的软化温度，需要较大的压力和高真空度。还可采用加中间扩散层的方法，中间层材料可选用 Cu、Ni 和 Mg 等，这时压力和加热温度都可降低。

　　固相扩散连接几乎可以焊接各类高温合金，如机械化型高温合金、含高 Al、Ti 的铸造高温合金等。高温合金中含有 Cr、Al 等元素，表面氧化膜很稳定，难以去除，焊前必须严格加工和清理，甚至要求表面镀层后才能进行固相扩散连接。几种高温合金真空扩散焊的工艺参数见表 4.12。

表 4.12　几种高温合金真空扩散连接的工艺参数

合金牌号	加热温度 /℃	保温时间 /min	压力 /MPa	真空度 /Pa
GH3039	1175	6～10	19.6～29.4	
GH3044	1000	10	19.6	1.33×10^{-2}
GH99	1150～1175	10	29.4～39.2	
K403	1000	10	19.6	

　　高温合金的热强性高，变形困难，同时又对过热敏感，因此必须严格控制焊接参数，才能获得与母材匹配的焊接接头。高温合金扩散焊时，需要较高的焊接温度和压力，焊接温度约为 $0.8\sim0.85T_m$（T_m 是合金的熔化温度）。

　　焊接压力通常略低于相应温度下合金的屈服应力。其他参数不变时，焊接压力越大，界面变形越大，有效接触面积增大，接头性能越好；但焊接压力过高，会使设备结构复杂，造价昂贵。焊接温度较高时，接头性能提高，但过高会引起晶粒长大，塑性降低。

　　含 Al、Ti 含量高的沉淀强化高温合金固态扩散焊时，由于结合面上会形成 Ti(CN)、NiTiO$_3$ 等析出物，造成接头性能降低。若加入较薄的 Ni-35％ Co 中间层合金，则可以获得组织性能均匀的接头，同时可以降低工艺参数变化对接头质量的影响。压力和温度对高温合金扩散焊接头力学性能的影响如图 4.18 所示。

　　同种材料加中间层扩散焊的工艺参数见表 4.13。

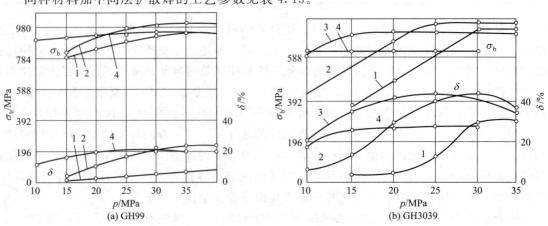

图 4.18　压力和温度对高温合金扩散焊接头力学性能的影响

1—1000℃；2—1150℃；3—1175℃；4—1200℃

表 4.13　同种材料加中间层扩散焊的工艺参数

序号	被焊材料	中间层	加热温度/℃	保温时间/min	压力/MPa	真空度/Pa（或保护气氛）
1	5A06 铝合金	5A02	500	60	3	50×10^{-3}
2	铝（Al）	Si	580	1	9.8	—
3	H62 黄铜	Ag＋Au	400～500	20～30	0.5	—
4	1Cr18Ni9Ti	Ni	1000	60～90	17.3	1.33×10^{-2}
5	K18Ni 基高温合金	Ni-Cr-B-Mo	1100	120	—	真空
6	GH141	Ni-Fe	1178	120	10.3	—
7	GH22	Ni	1158	240	0.7～3.5	—
8	GH188 钴基合金	97Ni-3Be	1100	30	10	—
9	Al_2O_3	Pt	1550	100	0.03	空气
10	95 陶瓷	Cu	1020	10	14～16	5×10^{-3}
11	SiC	Nb	1123～1790	600	7.26	真空
12	钼（Mo）	Ti	900	10～20	68～86	—
13	钨（W）	Nb	915	20	70	—

4.5.2　异种材料的扩散连接

当两种材料的物理化学性能相差很大时，采用熔焊方法很难进行焊接，采用扩散连接有时可以获得满意的接头性能。确定某个异种金属组合的扩散焊条件时，应考虑到两种材料之间相互扩散的可能性及出现的问题。这些问题及防止措施如下。

① 界面形成中间相或脆性金属间化合物，可通过选择合适的中间过渡合金来避免或防止。

② 由于扩散产生的元素迁移速度不同，而在紧邻扩散界面处造成接头的多孔性。选择合适的连接条件、工艺参数或适宜的中间层，可以解决这个问题。

③ 两种材料的线膨胀系数差异大，在加热和冷却过程中产生较大的收缩应力，产生工件变形或内应力过大，甚至开裂。可根据具体被连接件的材质、使用要求，采用焊后缓冷的工艺措施等。

一些材料异种组合的扩散焊工艺参数示例见表 4.14。

表 4.14　一些材料异种组合的扩散焊工艺参数示例

序号	焊接材料	中间层合金	加热温度/℃	保温时间/min	压力/MPa	真空度/Pa
1	Al＋Cu	—	500	10	9.8	6.67×10^{-3}
2	5A06 防锈铝＋不锈钢	—	550	15	13.7	1.33×10^{-2}
3	Al＋低碳钢	—	460	1.5	1.9	1.33×10^{-2}
4	Al＋Ni	—	450	4	15.4～36.2	—
5	Al＋Zr	—	490	15	15.435	—
6	Mo＋0.5Ti	Ti	915	20	70	—
7	Mo＋Cu	—	900	10	72	—
8	Ti＋Cu	—	860	15	4.9	—

续表

序号	焊接材料	中间层合金	加热温度/℃	保温时间/min	压力/MPa	真空度/Pa
9	Ti＋不锈钢	—	770	10	—	—
10	Cu＋低碳钢	—	850	10	4.9	—
11	可伐合金＋铜	—	850～950	10	4.9～6.8	1.33×10^{-3}
12	硬质合金＋钢	—	1100	6	9.8	1.33×10^{-2}
13	不锈钢＋铜	—	970	20	13.7	—
14	TAl(钛)＋95 陶瓷	Al	900	20～30	9.8	$>1.33\times10^{-2}$
15	TC4 钛合金＋1Cr18Ni9Ti	V＋Cu	900～950	20～30	5～10	1.33×10^{-3}
16	95 陶瓷＋Cu	—	950～970	15～20	7.8～11.8	6.67×10^{-3}
17	Al_2O_3 陶瓷＋Cu	Al	580	10	19.6	—
18	$Al_2O_3＋ZrO_2$	Pt	1459	240	1	—
19	$Al_2O_3＋$不锈钢	Al	550	30	50～100	—
20	$Si_3N_4＋$钢	Al-Si	550	30	60	—
21	Cu＋Cr18Ni13 不锈钢	Cu	982	2	①	—
22	铁素体不锈钢＋Inconel 718	—	943	240	200	—
23	Ni200＋Inconel 600	—	927	180	6.9	—
24	Zr＋奥氏体不锈钢	—	1021～1038	30	①	—
25	$ZrO_2＋$不锈钢	Pt	1130	240	1	—
26	QCr0.8＋高 Cr-Ni 合金	—	900	10	—	—
27	QSn10-10＋低碳钢	—	720	10	4.9	—

① 焊接压力借助差动热膨胀夹具施加。

（1）钢与铝、钛、铜、钼的扩散连接

钢与铝及铝合金进行扩散连接时，在扩散焊界面附近易形成 Fe-Al 金属间化合物，会使接头强度下降。为了获得良好的扩散焊接头性能，可采用增加中间过渡层的方法获得牢固的接头。中间过渡层可采用电镀等方法镀上一层很薄的金属，镀层材料一般选用 Cu 和 Ni。因为 Cu 和 Ni 能形成无限固溶体，Ni 与 Fe、Ni 与 Al 能形成连续固溶体。这样就能防止界面处出现 Fe-Al 金属间化合物，提高接头的性能。中间层的成分可根据合金状态图和在界面区可能形成的新相进行选择。

低碳钢与铝及铝合金扩散连接时，可在低碳钢表面上先镀一层铜，之后再镀一层镍。Cu、Ni 中间层可用电镀法获得。铝合金与碳钢、不锈钢扩散焊的工艺参数示例见表 4.15。

表 4.15 铝合金与碳钢、不锈钢扩散焊的工艺参数示例

异种金属	中间层	工艺参数			
		加热温度/℃	保温时间/min	压力/MPa	真空度/Pa
3A21＋Q235 钢	镀 Cu、Ni	550	2～20	13.7	1.33×10^{-4}
Al 1035＋Q235 钢	Ni	550	2～15	12.3	1.33×10^{-4}
Al 1071＋Q235 钢	Ni	350～450	5～15	2.2～9.8	1.33×10^{-3}
	Cu	450～500	15～20	19.5～29.4	1.33×10^{-3}
Al 1035＋1Cr18Ni9Ti	—	500	20～30	17.5	6.66×10^{-4}

　　合金元素 Mg、Si 及 Cu 对钢与铝扩散焊接头的强度影响很大。Mg 增加接头中形成金属间化合物的倾向。随着铝合金中 Mg 含量的增加，接头强度明显降低。当铝合金中 $w_{Cu}=0.5\%$ 且 $w_{Si}<3\%$ 时，对 1Cr18Ni9Ti 钢与铝合金的扩散焊有利。由于铝合金中 Si 含量较高，能提高抗蠕变能力。所以扩散焊时需延长保温时间才能获得较高的接头强度。

　　铝合金中 $w_{Cu}=3\%$ 时，可以明显提高接头的强度性能，这时在接头区域没有脆性相。1Cr18Ni9Ti 不锈钢与 Al-Cu 系合金扩散焊时，加热温度不应超过 525℃。

　　采用扩散焊方法连接钢与钛及钛合金时，应添加中间扩散层或复合填充材料。中间扩散层材料一般是 V、Nb、Ta、Mo、Cu 等，复合填充材料有：V+Cu、Cu+Ni、V+Cu+Ni 以及 Ta 和青铜等。不锈钢与纯钛（TA7）扩散焊的工艺参数示例见表 4.16。

表 4.16　不锈钢与纯钛 TA7 扩散焊的工艺参数示例

异种金属	中间扩散层材料	工艺参数				备注
		加热温度/℃	保温时间/min	压力/MPa	真空度/Pa	
Cr25Ni15+TA7	—	700	10	6.86	1.33×10^{-4}	钢与钛界面有 α 相
	Ta	900	10	8.82	1.33×10^{-4}	接头强度 $\sigma_b=292.4$MPa
	Ta	1100	10	11.07	1.33×10^{-4}	有 TaFe₂、NiTa
12Cr18Ni10Ti+TA7	—	900	15	0.98	1.33×10^{-5}	$\sigma_b=274\sim323$MPa
	V	900	15	0.98	1.33×10^{-5}	$\sigma_b=274\sim323$MPa
	V+Cu	900	15	0.98	1.33×10^{-5}	有金属间化合物
	V+Cu+Ni	1000	10~15	4.9	1.33×10^{-5}	有金属间化合物
	Cu+Ni	1000	10~15	4.9	1.33×10^{-5}	有金属间化合物

　　钢与铜及铜合金扩散连接时，由 Cu 溶于 Fe 中的 α 固溶体及 Fe 溶于 Cu 固溶体的混合物（共晶体）结晶而促使形成接头。加热温度 750℃，保温时间 20～30min 的扩散焊条件下，通过金相分析可观察到共晶体。因此，钢与铜采用扩散焊时要严格控制温度、时间等工艺参数，使界面处形成的共晶脆性相的厚度不超过 2～3μm，否则整个连接界面将变脆。

　　钢与铜扩散焊的工艺参数为：加热温度 900℃，保温时间 20min，压力 5MPa，真空度 $1.33\times10^{-3}\sim1.33\times10^{-2}$Pa。

　　为了提高钢与铜及铜合金扩散焊接头的强度，可采用 Ni 作中间过渡层。Ni 与 Fe、Cu 形成无限连续固溶体。根据 Fe-Ni-Cu 状态图，Ni 能大大提高 Fe 在 Cu 中或 Cu 在 Fe 中的溶解度，随后在低于 910℃ 时在 α-Fe 中形成有限溶解度的固溶体。当温度超过 910℃ 时，形成 Cu 在 γ-Fe 中的连续固溶体。在 750～850℃ 温度区间，在 Fe 与 Ni 的接触面上形成共晶体膜，共晶体的组成为：Cu 在 α-Fe 中和 Ni 与 Fe 在铜中固溶体的混合物。当温度为 900～950℃ 时，扩散过渡区形成无限连续的固溶体。当加热温度大于 900℃，保温时间大于 15min 时，形成与铜等强度的扩散焊接头。

　　不锈钢（1Cr18Ni9Ti 和 1Cr13）与钼扩散连接能获得质量稳定的接头。不锈钢与钼扩散焊时，为了提高接头性能，可采用中间扩散层，中间扩散层材料一般为 Ni 或 Cu。采用 Ni 或 Cu 作为中间层的扩散接头不产生金属间化合物，塑性好、强度高。1Cr18Ni9Ti、1Cr13 与 Mo 扩散焊的工艺参数示例见表 4.17。

表 4.17　1Cr18Ni9Ti、1Cr13 与 Mo 扩散焊的工艺参数示例

异种金属	中间层材料	工艺参数			
		加热温度 /℃	保温时间 /min	压力 /MPa	真空度 /Pa
1Cr13＋Mo	—	900～950	5～10	5～10	$1.33×10^{-4}$
	Ni	1000～1200	15～25	10～15	$1.33×10^{-4}$
	Cu	1200	5	5	$1.33×10^{-4}$
1Cr18Ni9Ti＋Mo	—	900～950	5	5	$1.33×10^{-4}$
	Ni	1000～1200	5～30	5～20	$1.33×10^{-4}$
	Cu	1200	30	19	$1.33×10^{-4}$

（2）铜与铝、钛、镍、钼的扩散连接

铜和铝扩散连接时，焊前焊件表面须进行精细加工、磨平和清洗去油，使其表面尽可能洁净和无任何杂质。焊前须先去除铝材表面的氧化膜，真空度达到 $1.33×10^{-4}$ Pa。受铝熔点的限制，加热温度不能太高，否则母材晶粒长大，使接头强韧性降低。在 540℃以下 Cu/Al 扩散焊接头强度随加热温度的提高而增加，继续提高温度则使接头强韧性降低，因为在 565℃附近时形成 Al 与 Cu 的共晶体。

受铝的热物理性能的影响，压力不能太大。Cu/Al 扩散焊压力为 11.5MPa 可避免界面扩散孔洞的产生。在加热温度和压力不变的情况下，延长保温时间到 25～30min 时，接头强度有显著的提高。

若保温时间太短，Cu、Al 原子来不及充分扩散，无法形成牢固结合的扩散焊接头。但时间过长使 Cu/Al 界面过渡层区晶粒长大，金属间化合物增厚，致使接头强韧性下降。在 510～530℃的加热温度下，扩散时间为 40～60min 时，压力 11.5MPa，扩散接头界面结合较好。用电子探针（EPMA）对 Cu/Al 扩散焊接头区的元素进行分析，结果表明，Al 和 Cu 在加热温度 510～530℃的扩散焊温度范围内互扩散较为顺利，扩散过渡区宽度约为 40μm，其中铜侧扩散区较厚（约为 28.8μm），铝侧扩散区约 11.8μm。这是因为 Al 原子活性比 Cu 强，Al 向铜侧扩散进行的较充分。

根据铜与铝扩散焊接头的显微硬度测定结果，铜侧过渡区中可能产生了金属间化合物。在高温下 Al 和 Cu 形成多种脆性的金属间化合物，在温度为 150℃时，在反应扩散的起始就形成 $CuAl_2$；在 350℃时出现化合物 Cu_9Al_4 的附加层；在 400℃时，在 $CuAl_2$ 与 Cu_9Al_4 之间出现 CuAl 层。当金属间化合物层的厚度达到 3～5μm 以上时，扩散焊接头的强度性能明显降低。

熔化焊时，在 Cu/Al 接头的靠铜一侧易形成厚度 3～10μm 的金属间化合物（$CuAl_2$）层，存在这样一个区域会使接头强韧性降低。只有在金属间化合物层的厚度小于 1μm 的情况下，才不会影响接头的强韧性。扩散层具有细化的晶粒组织并夹带有金属间化合物层，因此显微硬度明显增高，但只要控制脆性区宽度不超过某一限度，仍然可以满足扩散焊接头的使用要求。

铜和铝扩散焊的工艺参数应根据实际情况确定。对于电真空器件的零件，其工艺参数为：加热温度 500～520℃，保温时间 10～15min，压力 6.8～9.8MPa，真空度 $6.66×10^{-5}$ Pa。当压力为 9.8MPa 时，扩散焊接头的界面结合率可达到 100%。

铜与钛的扩散连接可采用直接扩散焊和加中间层的扩散焊方法，前者接头强度低，后者

强度高，并有一定塑性。铜与钛之间不加中间层直接扩散焊时，为了避免金属间化合物的生成，焊接过程应在短时间内完成。铜与 TA2 纯钛直接扩散焊的工艺参数是：加热温度 850℃，保温时间 10min，压力 4.9MPa，真空度 1.33×10^{-5} Pa。此温度虽低于产生共晶体的温度，但接头的强度并不高，低于铜的强度。

表面洁净度对扩散焊的质量影响较大。焊前对铜件用三氯乙烯进行清洗，清除油脂，然后在 10% 的 H_2SO_4 溶液中浸蚀 1min，再用蒸馏水洗涤。随后进行退火处理，退火温度为 820～830℃，时间为 10min。钛母材用三氯乙烯清洗后，在 2% HF＋50% HNO_3 的水溶液中，用超声波振动浸蚀 4min，以便清除氧化膜，然后再用水和酒精清洗干净。

在铜（T2）与钛（TC2）之间加入中间过渡层 Mo 和 Nb，抑制被焊金属间的界面反应，使被焊金属间既不产生低熔点共晶，也不产生脆性的金属间化合物，接头性能会得到很大的提高。铜与钛加中间层的扩散焊参数及接头抗拉强度见表 4.18。此外，采用扩散焊方法焊接铜与镍的零件，是真空器件制造中应用较为广泛的焊接工艺。铜与镍及镍合金的真空扩散焊工艺参数示例见表 4.19。

表 4.18　铜（T2）与钛（TC2）扩散焊参数及接头抗拉强度

中间材料	工艺参数				抗拉强度 /MPa	加热方式
	加热温度 /℃	保温时间 /min	压力 /MPa	真空度 /Pa		
不加中间层	800	30	4.9	1.33×10^{-4}	62.7	高频感应加热
	800	300	3.4	1.33×10^{-4}	144.1～156.8	电炉加热
Mo（喷涂）	950	30	4.9	1.33×10^{-4}	78.4～112.7	高频感应加热
	980	300	3.4	1.33×10^{-4}	186.2～215.6	电炉加热
Nb（喷涂）	950	30	4.9	1.33×10^{-4}	70.6～102.9	高频感应加热
	980	300	3.4	1.33×10^{-4}	186.2～215.6	电炉加热
Nb（0.1mm 箔片）	950	30	4.9	1.33×10^{-4}	94.2	高频感应加热
	980	300	3.4	1.33×10^{-4}	215.6～266.6	电炉加热

表 4.19　铜与镍及镍合金真空扩散焊的工艺参数示例

异种金属	接头形式	工艺参数			
		加热温度/℃	保温时间/min	压力/MPa	真空度/Pa
Cu＋Ni	对接	400	20	9.8	1.33×10^{-4}
	对接	900	20～30	12.7～14.7	6.67×10^{-5}
Cu＋镍合金	对接	900	15～20	11.76	1.33×10^{-5}
Cu＋可伐合金	对接	950	10	1.9～6.9	1.33×10^{-4}

铜与钼之间不能互溶，铜-钼难以进行熔化焊。铜与钼的线膨胀系数相差悬殊，在加热和冷却过程中会产生较大的热应力，焊接时容易产生裂纹。采用加入中间层金属 Ni 的扩散连接，便可缓解热应力，同时 Ni 与 Cu 互溶，可获得质量良好的扩散焊接头。

填加中间层 Ni 的铜与钼扩散焊的工艺参数为：加热温度 800～950℃，保温时间 10～15min，压力 19～23MPa，真空度 1.33×10^{-4} Pa。铜与钼扩散焊还可以采用镀层的方法，在钼表面镀上一层厚度为 7～14μm 的镍层，然后再进行真空扩散焊，能获得强度较高的扩散焊接头。

4.5.3 陶瓷与金属的扩散连接

陶瓷与金属可以采用扩散焊的方法实现连接，其中陶瓷与铜的扩散连接研究得比较多，应用也比较广泛。陶瓷材料扩散焊的方法有：①同种陶瓷材料直接连接；②用另一种薄层材料连接同种陶瓷材料；③异种陶瓷材料直接连接；④用第三种薄层材料连接异种陶瓷材料。

陶瓷材料扩散连接的主要优点是：连接强度高，尺寸容易控制，适合于连接异种材料。主要不足是扩散温度高、时间长且在真空下连接，成本高，试件尺寸和形状受到限制。

（1）主要工艺参数

陶瓷与金属的扩散连接既可在真空中，也可在氢气氛中进行。金属表面有氧化膜时更易产生陶瓷/金属相互间的化学作用。因此在真空室中充以还原性的活性介质（使金属表面仍保持一层薄的氧化膜）会使扩散焊接头具有更高的强度。

氧化铝陶瓷与无氧铜之间的扩散连接温度只要达到 900℃ 就可得到满意的接头强度。更高的强度指标要在 1030～1050℃ 温度下才能获得，因为此时铜具有很大的塑性，易在压力下产生变形，使界面接触面积增大。影响陶瓷与金属扩散焊接头强度的因素是加热温度、保温时间、施加的压力、环境介质、被连接面的表面状态以及被连接材料之间的化学反应和物理性能（如线膨胀系数）的匹配等。

1）加热温度

加热温度对扩散过程的影响最显著，连接金属与陶瓷时温度一般达到金属熔点的 90% 以上。固相扩散焊时，元素之间相互扩散引起的化学反应层可以促使形成界面结合。反应层的厚度（X）可以通过下式估算

$$X = D_0 t^n \exp(-Q/RT) \tag{4.15}$$

式中，D_0 是扩散因子；t 是连接时间，s；n 是时间指数；Q 是扩散激活能，kJ/mol，取决于扩散机制；T 是热力学温度，K；R 是波尔兹曼常数。

加热温度对陶瓷/金属接头强度的影响也有同样的趋势。根据拉伸试验得到的加热温度对接头抗拉强度（σ_b）的影响可以用下式表示

$$\sigma_b = B_0 \exp(-Q_{app}/RT) \tag{4.16}$$

式中，B_0 是系数；Q_{app} 是表观激活能，kJ/mol，可以是各种激活能的总和。

用厚度 0.5mm 的铝作中间层连接钢与氧化铝陶瓷时，扩散焊接头的抗拉强度随着加热温度的升高而提高。但是，连接温度升高会使陶瓷的性能发生变化，或在界面附近出现脆性相而使接头性能降低。

陶瓷与金属扩散焊接头的抗拉强度与金属的熔点有关，在氧化铝陶瓷与金属的接头中，金属熔点提高，接头抗拉强度增大。

2）保温时间

保温时间对扩散焊接头强度的影响也有同样的趋势，抗拉强度（σ_b）与保温时间（t）的关系为：$\sigma_b = B_0 t^{1/2}$，其中 B_0 为常数。但是，在一定试验温度下，保温时间存在一个最佳值。SiC 陶瓷/Nb 扩散焊接头中反应层厚度与保温时间的关系如图 4.19 所示。

用 Nb 作中间过渡层扩散连接 SiC/18-8 不锈钢时，保温时间过长后出现了线胀系数与 SiC 相差很大的 $NbSi_2$ 相，而使接头抗剪强度降低。用 V 作中间层连接 AlN 时，保温时间过长后也由于 V_5Al_8 脆性相的出现而使接头抗剪强度降低。

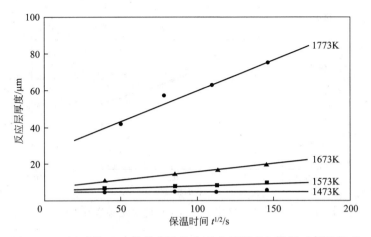

图 4.19　SiC 陶瓷/Nb 扩散焊接头中反应层厚度与保温时间的关系

3）压力

扩散焊过程中施加压力是为了使接触面处产生塑性变形，减小表面不平整和破坏表面氧化膜，增加表面接触，为原子扩散提供条件。为了防止构件发生大的变形，扩散焊时所加的压力一般较小，为 0～100MPa，这一压力范围通常足以减小表面不平整和破坏表面氧化膜，增加表面接触。

压力较小时，增大压力可以使接头强度提高。与加热温度和时间的影响一样，压力提高后也存在最佳压力以获得最佳强度，如用 Al 连接 Si_3N_4 陶瓷、用 Ni 连接 Al_2O_3 陶瓷时，最佳压力分别为 4MPa 和 15～20MPa。压力的影响还与材料类型、厚度以及表面氧化状态有关。用贵金属（如 Au、Pt）连接氧化铝陶瓷时，金属表面的氧化膜非常薄，随着压力的提高，接头强度提高直到一个稳定值。Al_2O_3/Pt 扩散连接时压力对接头抗弯强度的影响如图 4.20 所示。

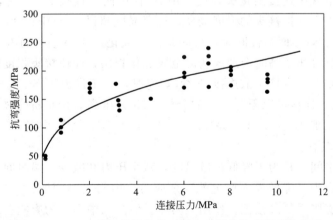

图 4.20　Al_2O_3/Pt 扩散连接时压力对接头抗弯强度的影响

（2）界面结合状态

表面粗糙度对扩散焊接头强度的影响十分显著，表面粗糙会在陶瓷中产生局部应力集中，容易引起脆性破坏。Si_3N_4/Al 连接接头表面粗糙度对接头抗弯强度的影响如图 4.21 所示，表面粗糙度由 0.1μm 变为 0.3μm 时，接头抗弯强度从 470MPa 降低到 270MPa。

固相扩散连接陶瓷与金属时，陶瓷与金属界面会发生反应形成化合物，所形成的化合物

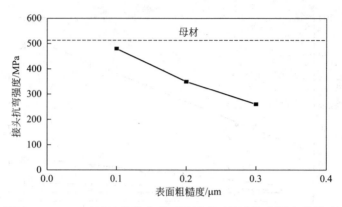

图 4.21　Si_3N_4/Al 连接接头表面粗糙度对接头抗弯强度的影响

种类与连接条件（如温度、表面状态、杂质类型与含量等）有关。几种陶瓷/金属接头中可能出现的化合物见表 4.20。

表 4.20　几种陶瓷/金属接头中可能出现的化合物

接头组合	界面反应产物	接头组合	界面反应产物
Al_2O_3/Cu	$CuAlO_2$，$CuAl_2O_4$	Si_3N_4-Al	AlN
Al_2O_3/Ti	$NiO \cdot Al_2O_3$，$NiO \cdot SiAl_2O_3$	Si_3N_4-Ni	Ni_3Si，Ni(Si)
SiC/Nb	Nb_5Si_3，$NbSi_2$，Nb_2C，$Nb_5Si_3C_x$，NbC	Si_3N_4-Fe-Cr 合金	Fe_3Si，Fe_4N，Cr_2N，CrN，Fe_xN
SiC/Ni	Ni_2Si	AlN-V	V(Al)，V_2N，V_5Al_8，V_3Al
SiC/Ti	Ti_5Si_3，Ti_3SiC_2，TiC	ZrO_2-Ni、ZrO_2-Cu	未发现有新相出现

扩散条件不同，反应产物不同，接头性能有很大差别。一般情况下，真空扩散焊的接头强度高于在氩气和空气中连接的接头强度。用 Al 作中间层连接 Si_3N_4 时，环境条件对其接头强度也有影响，真空连接接头的强度最高，抗弯强度超过 500MPa。而在大气中连接强度最低，接头沿 Al/Si_3N_4 界面脆性断裂，可能是由于氧化产生 Al_2O_3 的缘故。虽然加压能够破坏氧化膜，但当氧分压较高时会形成新的金属氧化物层，而使接头强度降低。

在高温（1500℃）下直接扩散连接 Si_3N_4 陶瓷时，由于高温下 Si_3N_4 陶瓷容易分解形成孔洞，但在 N_2 气氛中连接可以限制陶瓷的分解，N_2 分压高时接头抗弯强度较高。在 1MPa 氮气中连接的接头抗弯强度（380MPa）比在 0.1MPa 氮气中连接的接头抗弯强度（220MPa）高 30% 左右。

扩散焊时采用中间层是为了降低扩散温度，减小压力和减少保温时间，以促进扩散和去除杂质元素，同时也为了降低界面产生的残余应力。中间层厚度增大，残余应力降低，Nb 与氧化铝陶瓷的线膨胀系数最接近，作用最明显。但是，中间层的影响有时比较复杂，如果界面有反应产生，中间层的作用会因反应物类型与厚度的不同而有所不同。

中间层的选择很关键，选择不当会引起接头性能的恶化。如由于化学反应激烈形成脆性反应物而使接头抗弯强度降低，或由于线膨胀系数的不匹配而增大残余应力，或使接头耐腐蚀性能降低。中间层可以不同的形式加入，通常以粉末、箔状或通过金属化加入。

（3）陶瓷扩散焊的应用

Al_2O_3、SiC、Si_3N_4 及 WC 等陶瓷的焊接研发较早，而 AlN、ZrO_2 陶瓷发展得相对较

晚。陶瓷扩散焊接头的性能试验，以往主要以四点或三点弯曲及剪切或拉伸试验来检验，但陶瓷属于脆性材料，只有强度指标不够完全，测量接头的断裂韧度是有必要的。

陶瓷的硬度与强度较高，不易发生变形，所以陶瓷与金属的扩散连接除了要求被连接的表面非常平整和洁净外，扩散连接时还须施加压力（压力为 $0.1 \sim 15MPa$），温度高（通常为金属熔点 T_m 的 90%），焊接时间也比其他焊接方法长得多。陶瓷与金属的扩散连接中，最常用的陶瓷材料为氧化铝陶瓷和氧化锆陶瓷。与此类陶瓷焊接的金属有铜（无氧铜）、钛（TA1）、钛钽合金（Ti-5Ta）等。

氧化铝陶瓷材料具有硬度高塑性低的特性，在扩散焊时仍将保持这种特性。即使氧化铝陶瓷内存在玻璃相（多半是散布在刚玉晶粒的周围），陶瓷也要加热到 $1100 \sim 1300℃$ 以上才会出现蠕变行为，陶瓷与大多数金属扩散焊时的实际接触首先是在金属的塑性变形过程中形成的。

陶瓷与金属直接用扩散焊连接有困难时，可以采用中间层的方法，而且金属中间层的塑性变形可以降低对陶瓷表面的加工精度。例如在陶瓷与 Fe-Ni-Co 合金之间，加入厚度 $20\mu m$ 的 Cu 箔作为中间过渡层，在加热温度 $1050℃$、压力 $15MPa$，保温时间为 $10min$ 的工艺下可得到抗拉强度 $72MPa$ 的扩散焊接头。

中间过渡层可以直接使用金属箔片，也可以采用真空蒸发、离子溅射、化学气相沉积（CVD）、喷涂、电镀等。还可以采用烧结金属粉末法、活性金属化法，金属粉末或钎料等均可实现扩散连接。此外，扩散焊工艺不仅用于金属与陶瓷的焊接，也可用于微晶玻璃、半导体陶瓷、石英、石墨等与金属的连接。

思　考　题

1. 什么是扩散连接？扩散连接与熔焊相比有什么显著的特点？

2. 简述扩散连接的基本原理和扩散连接过程的三个阶段。

3. 简述扩散孔洞形成的原因、Kerkendal 效应和消除扩散孔洞的机制。

4. 根据表面氧化膜在扩散连接时的不同行为，可将扩散连接的材料分为哪几类，各有什么特点？

5. 扩散连接的工艺参数有哪些？对扩散连接质量有什么影响？选择扩散连接的工艺参数时应考虑哪几个方面的问题？

6. 在扩散连接中为什么有时采用中间过渡合金，在何种情况下采用中间过渡合金？

7. 瞬间液相扩散连接包括哪几个基本过程？它与固相扩散连接和钎焊连接有什么本质区别和联系？

8. 何谓超塑性成形扩散连接？有什么特点？

9. 简述异种材料扩散连接时可能出现的问题和解决的措施。

10. 简述陶瓷与金属部分瞬间液相扩散接连的特点，并举例说明。

第5章　搅拌摩擦焊

搅拌摩擦焊是近年来发展起来的一种新型的摩擦焊技术，使得以往通过传统熔焊方法无法实现焊接的材料通过搅拌摩擦焊技术得以实现连接，被誉为"继激光焊后又一次革命性的焊接技术"，受到广泛的重视。搅拌摩擦焊不需填充材料和保护气体，能耗低，对环境无污染，是一种绿色连接技术。搅拌摩擦焊技术一出现就受到航空界的青睐，例如波音公司已将搅拌摩擦焊技术应用于 Delta 运载火箭推进器贮箱的制造。

5.1　搅拌摩擦焊的原理及特点

5.1.1　搅拌摩擦焊的原理

搅拌摩擦焊接（friction stir welding，简称 FSW）是由英国焊接研究所 TWI（the welding institute）针对铝合金、镁合金等轻金属开发的一种固相连接技术，具有焊接变形小，无熔焊常见的裂纹、气孔、夹渣等缺陷的优点，近年来受到世界各国普遍关注。

搅拌摩擦焊的原理如图 5.1 所示。焊接主要由搅拌头完成，搅拌头由搅拌针、夹持器和圆柱体组成。焊接开始时，搅拌头高速旋转，搅拌针迅速钻入被焊板的焊缝，与搅拌针接触的金属摩擦生热形成了很薄的热塑性层。当搅拌针钻入工件表面以下时，有部分金属被挤出表面，由于正面轴肩和背面垫板的密封作用：一方面，轴肩与被焊板表面摩擦，产生辅助热；另一方面，搅拌头和工件相对运动时，在搅拌头前面不断形成的热塑性金属转移到搅拌头后面，填满后面的空腔，形成焊缝金属。

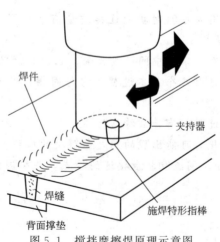

图 5.1　搅拌摩擦焊原理示意图

搅拌摩擦焊过程由以下五个阶段组成（如图 5.2 所示）：①搅拌针插入母材；②搅拌头旋转预热；③搅拌头移动焊接；④焊后停留保温；⑤搅拌针拔出。前三个阶段较为重要，特别是第三个阶段为稳定的焊接过程，摩擦产生的热量对整个搅拌摩擦焊过程影响最大。

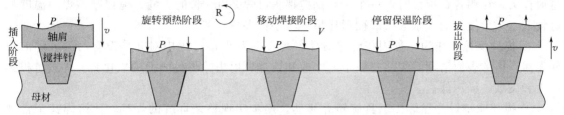

图 5.2　搅拌摩擦焊过程的不同阶段

搅拌摩擦焊已在欧、美等发达国家的航空航天工业中应用，并已成功应用于在低温下工作的铝合金薄壁压力容器的焊接，完成了纵向焊缝的直线对接和环形焊缝沿圆周的对接。该技术已在运载工具的新结构设计中广泛采用。

5.1.2　搅拌摩擦焊的特点

搅拌摩擦焊过程的示意图如图 5.3 所示。试样放在垫板上并用夹具压紧，以免在焊接过程中发生滑动或移位。焊接工具主要包括夹持部分、轴肩和搅拌针，搅拌针直径通常为轴肩直径的三分之一，长度比母材厚度稍短些。搅拌头与焊缝垂直线有 2°～5°夹角，以减小搅拌头在焊接过程中的阻力，避免搅拌针的折损。搅拌针缓慢轧入母材中，直到轴肩和母材表面接触。搅拌头与母材摩擦产热，并在其周围形成螺旋状的塑性流变层。产生的塑性流变层从搅拌针前部向后方移动。随着焊接过程的进行，搅拌头尾端材料冷却形成焊缝，从而连接两块板材。焊接过程温度不超过母材熔点，故搅拌摩擦焊不存在熔焊时熔化结晶的各种常见缺陷。

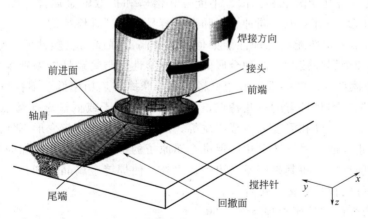

图 5.3　搅拌摩擦焊过程的示意图

搅拌摩擦焊过程的有关技术术语如下。前进面（advancing side）：搅拌头旋转速度方向与焊接速度方向相同的一侧；回撤面（retreating side）：搅拌头旋转速度方向与焊接速度方向相反的一侧；搅拌头前端（leading edge）和尾端（trailing edge）沿 y 轴对称，分别位于焊接方向的前端和末端。搅拌头尾端位于焊接方向后侧，辅助焊缝成形。其中前进面和回撤面沿焊缝中心线（x 轴）对称，对应于两块对接缝的母材，焊接时分别放置于前进面侧和回撤面侧。

搅拌摩擦焊具有如下特点。

① 可以得到高质量的接头，变形小，无裂纹、夹杂、气孔等缺陷；

② 焊接过程中不需要其他焊接材料，如焊条、焊丝、焊剂及保护气体等。唯一消耗的是搅拌头。在铝合金焊接时，一个工具钢搅拌头可焊 800m 长的焊缝。搅拌摩擦焊的温度相对较低，焊后接头的残余应力或变形比熔焊时小得多；

③ 搅拌摩擦焊作为一种固相焊接方法，焊接前及焊接过程中对环境没有污染。焊前工件无需严格的表面清理，焊接过程中的摩擦和搅拌可以去除焊件表面的氧化膜，焊接过程无烟尘和飞溅，噪声低；

④ 搅拌摩擦焊是靠焊接工具旋转并移动，逐步实现整条焊缝的焊接，比熔焊甚至常规摩擦焊更节省能源。

同时，搅拌摩擦焊也存在一些不足，主要表现如下。

① 焊接工具的设计、过程参数及力学性能只对较小范围、一定厚度的合金适用；

② 搅拌头的磨损和消耗相对较高；

③ 某些特定场合的应用（例如腐蚀性能、残余应力及变形等）受限；

④ 需要特定的夹具。

搅拌摩擦可焊性，是指金属在摩擦焊接过程中焊缝形成和获得满足使用要求接头的能力。轻金属及异种轻金属搅拌摩擦焊可焊性的评价，主要应考虑下列因素。

① 被焊金属的熔点，铝、镁及其合金的熔点不高，容易实现搅拌摩擦焊；钛合金搅拌摩擦焊有一定难度。

② 金属焊接表面上的氧化膜是否容易破碎，表面氧化膜容易破碎的金属容易焊接。铝镁及其合金表面易氧化，但这两种金属熔点相对较低，氧化膜易于破碎，仍适于搅拌摩擦焊。

③ 两种金属是否互相溶解和扩散。不能互相溶解和扩散的金属搅拌摩擦焊很困难，有时甚至是不可能的。相对来说，同种金属和合金容易实现搅拌摩擦焊。

④ 金属的高温力学性能与物理性能如何。通常高温强度高、塑性低、导热性好的材料不容易焊接。异种金属焊接时，两种金属的高温力学性能与物理性能差别太大不容易焊接。

⑤ 金属的摩擦系数。摩擦系数低的材料，由于摩擦加热功率低，不容易保证焊接质量。

由于搅拌摩擦焊本身具有的一些特点，如焊接温度等于或低于金属熔点、加热区域窄、时间短、接头的加热温度和温度分布范围宽等，焊接表面的摩擦与变形不仅清除了原有的氧化膜，而且能防止焊缝金属继续氧化，促进金属原子的扩散。搅拌头施加的压力能破碎变形层中的氧化膜或脆性层，将其破碎或挤出焊缝之外，使焊缝金属晶粒细化、性能提高等。因此，轻金属有良好的搅拌摩擦焊可焊性。

1）铝、镁合金的搅拌摩擦焊

超轻合金（如 Al-Li 合金、镁合金），由于具有密度小、强度高等优点，在航空航天工程结构中得到应用。这种合金采用熔焊时，接头易形成缺陷，难以得到优质接头，采用搅拌摩擦焊可得到与母材等强度的接头。

快速结晶技术促进了用于 375℃ 铝合金的发展，这种合金在共晶 Al-Fe 成分的基础上增加少量的 V、Si，快速结晶粉末铝合金搅拌摩擦焊通过快速结晶可得到特殊的显微组织，与常规的高温合金相比，具有良好的延展性、断裂韧性和疲劳性能。

搅拌摩擦焊可以实现铝及铝合金、镁及镁合金的可靠连接，接头形式可以设计为对接、搭接，可进行直焊缝、角焊缝及环焊缝的焊接。并可以进行单层或多层一次焊接成形，焊前不需要进行表面处理。

2）钛合金的摩擦焊

钛合金与 18-8 不锈钢的摩擦焊研究较多，采用的工艺措施主要是选中间过渡层或加大顶锻压力，过渡层的金属主要是铝和铜。选铜作为过渡层时，钛和铜之间还需要钒过渡。这种接头抗拉强度 150MPa，在 300℃/150h 处理后，不产生金属间化合物。钛和铝的摩擦焊接头强度高于铝母材，在结合面上产生 Al_3Ti 薄层，经退火处理后也不长大。

纯钛与纯铜熔点相差 600℃，并生成 $TiCu_2$、Ti_2Cu_2 及 $TiCu$ 化合物，采用熔焊极难焊。对直径 20mm 的纯钛和纯铜棒采用摩擦焊，在短时间内加压就可以抑制金属间化合物的产生，并得到性能良好的接头。

5.1.3 搅拌摩擦焊的产热和塑性流变

（1）搅拌摩擦焊的产热分析

搅拌摩擦焊过程产热示意如图 5.4 所示，主要依靠搅拌头与母材作用界面摩擦产热，包括轴肩下表面产热及搅拌针表面产热，焊缝区域塑性变形产热也占一部分。焊接过程的散热主要是向搅拌头、母材及垫板的热传导散热，以及向工件端面及表面的对流辐射散热。

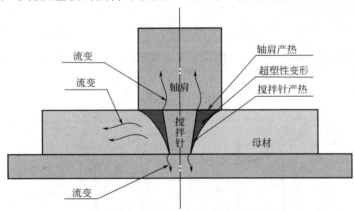

图 5.4　搅拌摩擦焊过程产热示意图

在焊接压力作用下，搅拌头与母材摩擦产热（再结晶温度之前摩擦作用对产热的贡献更大），使材料达到超塑性状态，发生塑性流变和再结晶，从而形成牢固的焊接接头。

搅拌头各部分的尺寸标记分别为：轴肩直径 $2R_1$，搅拌针根部直径 $2R_2$，搅拌针端部直径 $2R_3$、搅拌针锥角 2α、搅拌针长度 H。旋转速度 N（r/s）、角速度 ω、焊接压力 P（Pa），如图 5.5 所示。

1）轴肩产热功率

轴肩产热实际有效区域为 R_1 与 R_2 之间的圆环，假设焊接压力均匀施加于轴肩，不随半径变化，如图 5.6 所示。

半径为 r，宽度为 dr 的微圆环上所受摩擦力为

$$df = \mu F = \mu P ds = \mu P 2\pi r dr \tag{5.1}$$

轴肩产热功率为

$$W_{shoulder} = \omega M_{shoulder} = \frac{2\pi\omega\mu P}{3}(R_1^3 - R_2^3) \tag{5.2}$$

式中，ω 为角速度，$\omega = 2\pi N$。轴肩产热功率单位为 J/s（或 W）。

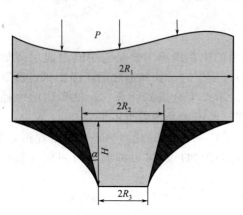

图 5.5　搅拌头各部分尺寸标注

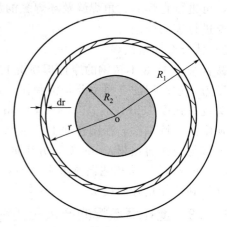

图 5.6　轴肩微单元环产热

2）搅拌针产热功率

圆台体搅拌针锥角 2α，根部和端部半径分别为 R_2 和 R_3（见图 5.7）。则半径为 r，厚度为 ds 的微圆台侧面积为

$$dA = 2\pi r\,ds \tag{5.3}$$

式中，$ds = \dfrac{dh}{\cos\alpha}$，$r = R_3 + h\tan\alpha$ 代入式（5.3）得

$$dA = \frac{2\pi(R_3 + h\tan\alpha)}{\cos\alpha}dh \tag{5.4}$$

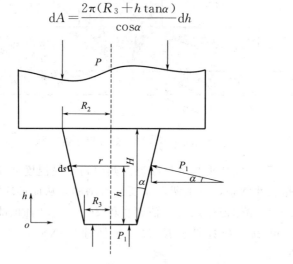

图 5.7　圆台体搅拌针产热分析

搅拌针侧面微圆环受到的摩擦力为

$$df = \mu P_1 2\pi r\,ds = \mu P 2\pi(R_3 + h\tan\alpha)\frac{dh}{\cos\alpha} \tag{5.5}$$

故圆台体搅拌针侧面产热功率为

$$W_{\text{pin1side}} = \omega M = \frac{2\pi\mu\omega PH}{3\cos\alpha}(3R_3^2 + 3R_3\tan\alpha + H^2\tan^2\alpha)$$

$$= \frac{2\pi\mu P\omega}{3\sin\alpha}(R_2^3 - R_3^3) \tag{5.6}$$

146

3）搅拌针插入阶段产热功率

如果焊接过程压力不变，搅拌针插入母材的速度为 v，如图 5.8 所示。在时间 t 时插入的深度 h 为

$$h = vt \tag{5.7}$$

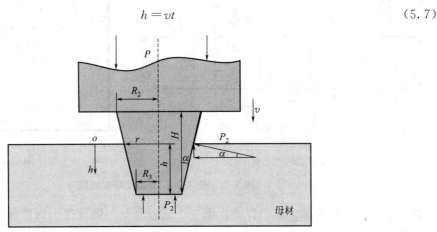

图 5.8　搅拌针扎入过程产热

搅拌针插入最大半径为 r，则

$$r = R_3 + vt\tan\alpha \tag{5.8}$$

同理可得，搅拌针插入 t 时间时，产热功率为

$$W_{\text{pin1total}} = W_{\text{pinside}} + W_{\text{pinbottom}}$$
$$= \frac{2\pi\mu\omega}{3\sin\alpha}(r^3 - R_3^3)\left(\frac{R_1}{r}\right)^2 P + \frac{2\pi\mu\omega}{3}\left(\frac{R_1}{r}\right)^2 PR_3^3 \tag{5.9}$$

（2）搅拌摩擦焊过程的塑性流变

搅拌摩擦焊接头形成主要包括焊接过程的热循环、材料受热后的状态及特性、焊缝在热机械综合作用下的运动状态、焊缝形成过程及其组织特征等。其中一个重要组成部分为焊接过程中塑性材料流动规律。其主要影响因素包括：焊接参数、搅拌头的形状、搅拌头的倾斜角等。对搅拌摩擦焊过程中材料流动及接头成形的研究目前主要包括塑性流变的可视化以及计算机模拟。由于搅拌摩擦焊接过程自身的特点，现阶段仍无法直接观察到搅拌摩擦焊材质塑性流变的动态过程。目前常用的试验方法主要有三种，异质材料（如钢球）跟踪、急停技术（搅拌针冷冻技术）、嵌入标记材料。

采用钢球跟踪方法和急停技术分析搅拌摩擦焊过程中塑性流体的流动，如图 5.9 所示。采用直径 $\phi 0.38\text{mm}$ 钢球镶嵌在焊缝两侧不同的位置，在焊接过程中快速停止搅拌头旋转，于是钢球将沿着搅拌头分布，得到塑性金属流动轨迹。"停止运动"技术指快速停止搅拌头的旋转并将搅拌头从工件中取出，保证与搅拌头接触的金属材料仍然附着在孔的周围。

通过在平行焊接方向开的沟槽内插入作为示踪元素的钢球，沟槽离焊缝中心距离不同，深度不同，焊后通过 X 射线显示钢球的分布。研究结果表明并不是所有被搅拌头影响的材料都参与环形塑性流动。搅拌头搅拌的材料由表面沿搅拌针环形向下流动，填充搅拌针移动所形成的孔隙，部分回撤面侧材料并未沿搅拌针做环形流动。

在 6061 铝合金表面加一铜箔研究搅拌摩擦焊过程中的材料流动结果表明，材料的流动是由两个过程来转移移动。一是材料与搅拌头前进面侧摩擦，材料在搅拌头的尾迹处脱离搅

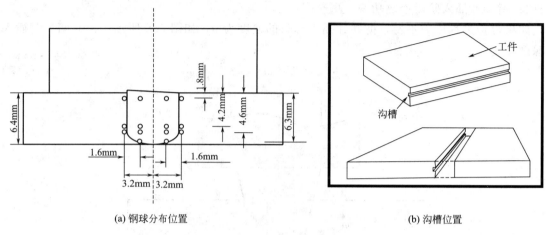

(a) 钢球分布位置   (b) 沟槽位置

图 5.9　钢球分布位置及其流线轨迹

拌头的作用，冷却沉积、形成焊缝。第二个过程是材料随搅拌头回撤面侧运动，填满前进面的孔隙。

在 7075 铝合金表面利用连续和分散 SiC 标记分析搅拌摩擦焊过程的塑性流动，结果表明，前进面到回撤面存在大量的弯曲界面，材料从前进面，经轴肩前端到达回撤面；有些塑性流体在沉积前围绕搅拌头旋转至少一次。

通过试验方法了解搅拌摩擦焊焊缝金属的塑性流变，虽然取得了一定的进展，但由于搅拌摩擦焊过程的复杂性和搅拌摩擦焊本身的特点（无法直接看到材质塑性流变的过程）而受到很大的限制。随着计算机技术的发展，运用解析和数值模拟的方法来研究搅拌摩擦焊过程中材料的塑性流变成为一种重要的研究手段。

5.2　搅拌摩擦焊设备及工艺

5.2.1　搅拌摩擦焊设备

（1）搅拌摩擦焊设备的组成

搅拌摩擦焊设备的部件很多，从设备功能结构上可以把搅拌摩擦焊机分为搅拌头、机械转动系统、行走系统、控制系统、工件夹紧机构和刚性机架等。

英国焊接研究所 1995 年研制出移动龙门式搅拌摩擦焊设备 FW21，可焊接长度达 2m 的焊缝。并保证在整个焊缝长度内，焊接质量均匀良好。可以焊接铝板的厚度为 3～15mm，最大焊接速度可达 1.0m/min，可焊接的最大工件尺寸 2m×1.2m。不久又研制出可用于焊接大尺寸板件的搅拌摩擦焊设备 FW22。还研制了可以焊接环缝的设备，最大焊接速度为 1.2m/min，工件最大尺寸为 3.4m×4m。

瑞典 ESAB 公司设计制造的搅拌摩擦焊设备可以焊接长度 16m 的焊缝。在此基础上，ESAB 公司又研制开发了基于数控技术的具有五个自由度的小巧轻便的设备，焊接厚度 5mm 的 6000 系铝板时焊接速度可达 750mm/min。

英国焊接研究所安装了一台 ESAB SuperStir™搅拌摩擦焊设备。搅拌摩擦焊设备可装备真空夹紧工作台，可以焊接非线性接头。目前可以焊接的铝板厚度为 1～25mm，工作空间为 5m×8m×1m，最大压紧力为 60kN（6t），最大旋转速度 5000r/min。

我国已经开发出了用于不同规格产品焊接用的 C 型、龙门式、悬臂式三个系列的搅拌摩擦焊设备以及多个系列的搅拌头。例如，我国自行研制的第一台搅拌摩擦焊接设备，工作台规格 1500mm×920mm，可用于直缝和环缝焊接，可焊接板厚达 15mm 的铝合金。焊接过程中采用数字控制，具有控制精度高、焊接工艺重复性好等优点。焊接速度和旋转速度均可无级调节，调节范围分别为 0～1330mm/min 和 100～3000r/min。焊接压力根据搅拌头插入深度进行调节。倾斜角可调范围为 0°～5°。

(2) 搅拌头

搅拌头是搅拌摩擦焊技术的关键，它的好坏决定了被焊材料的种类和厚度。搅拌头包括轴肩和搅拌针两部分，一般用工具钢制成，需要耐磨损和高的熔点。英国焊接研究所提出两种类型的搅拌头：三槽锥形螺纹和锥形螺纹搅拌头，如图 5.10 所示。

(a) 三槽锥形螺纹(Tri-flute)　　　　　　(b) 锥形螺纹(Whorl)

图 5.10　两种典型的搅拌头

焊接工具（包括搅拌头）有各种各样的设计，但是要设计合理。搅拌头的形状决定加热、塑性流体的形成形态；搅拌头的尺寸决定焊缝尺寸、焊接速度及工具强度；搅拌头的材料决定摩擦加热速率、工具强度及工作温度，并决定被焊材料的种类。

轴肩的发展经历了这样一个过程：平面—凹面—同心圆环槽—涡状线。轴肩的主要作用是尽可能包拢塑性区金属，促使焊缝成形光滑平整，提高焊接行走速度。搅拌针的作用是通过旋转摩擦生热提供焊接所需的热量，并带动周围材料的塑性流动以形成接头。搅拌针的发展经历了由光面圆柱体向普通螺纹、锥形螺纹、大螺纹、带螺旋流动槽的螺纹发展的历程，如图 5.11 所示。

搅拌摩擦焊接完成后，在焊缝的尾端会留有一个匙孔，为解决这个问题，发明了可以自

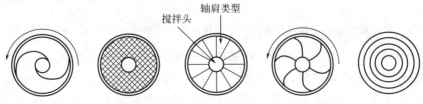

图 5.11　搅拌头轴肩类型

149

调节的搅拌摩擦焊工具，主要功能是让搅拌摩擦焊的匙孔愈合。这种焊接工具也称为搅拌针可伸缩的搅拌头，在焊缝结尾处，搅拌头自动的退回到轴肩里面，使匙孔愈合。

搅拌头的发展趋势如下。

① 冷却装置　人们提出的冷却方式有：用内部的水管冷却，在外部用水喷洒冷却或用气体冷却。

② 表面涂层改性　用于铝合金焊接的搅拌头，可以通过涂层提高其使用寿命。目前，部分搅拌头使用 TiN 涂层，效果很好，可以防止金属粘连搅拌头。

③ 复合式搅拌头　搅拌针和轴肩发挥的作用不同，两者可以使用不同的材料，尽可能使轴肩和搅拌针发挥各自的作用。使用一些耐磨搅拌针材料时，可以降低成本。轴肩与搅拌针分别制造，这样在焊接相对较硬的材料时，搅拌针磨损严重后，可以单独更换搅拌针而不是整个搅拌头都换掉。

5.2.2　搅拌摩擦焊的工艺参数

搅拌摩擦焊的工艺参数主要有搅拌头的旋转速度 R、焊接速度 v、焊接压力 p、搅拌头倾斜角、搅拌头插入速度和保持时间等。

1）搅拌头的旋转速度 R

搅拌头的旋转速度可以从几百～上千转每分钟，转速过高，例如超过 10000r/min，会引起材料应变速率增加，会影响焊缝的再结晶过程。

保持焊接速度一定，改变搅拌头旋转速度进行试验，结果表明当旋转速度较低时，不能形成良好的焊缝，搅拌头的后边有一条沟槽。随着旋转速度的增加，沟槽的宽度减小，当旋转速度提高到一定数值时，焊缝外观良好，内部的孔洞也逐渐消失。在合适的旋转速度下接头才能获得最佳强度值。图 5.12 所示为 AZ31 镁合金搅拌摩擦焊在不同的焊接速度下，接头强度随旋转速度的变化趋势。当旋转速度为 1180r/min 时，接头抗拉强度达最大值，达母材强度的 93%。超过此旋转速度，强度值有所下降。

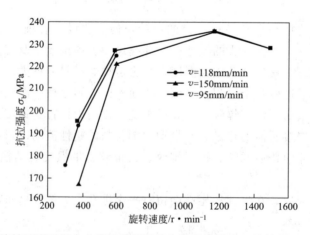

图 5.12　旋转速度对镁合金搅拌摩擦焊接头强度的影响（母材为 AZ31 镁合金）

搅拌头的旋转速度通过改变热输入和塑性流变来影响接头微观组织，进而影响接头力学性能。根据搅拌摩擦焊产热机制，旋转速度增加，热输入增大，如图 5.13 所示。当旋转速度较低时，热输入低，搅拌头前方不能形成足够的软化材料填充搅拌针后方所形成的空腔，焊缝内易形成孔洞缺陷，从而弱化接头强度。转速高，焊接峰值温度升高，因而在一定范围

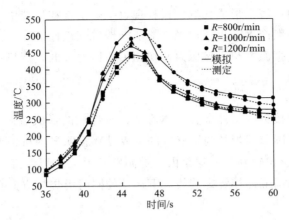

图 5.13 旋转速度对温度分布的影响（焊接速度 200mm/min）

内提高转速，热输入增加，有利于提高软化材料填充空腔的能力，避免接头内部缺陷的形成。

2）焊接速度 v

图 5.14 为焊接速度对镁合金搅拌摩擦焊接头抗拉强度的影响。由图可见，接头强度随焊接速度的提高并非单调变化，而是存在峰值。当焊接速度小于 150mm/min 时，接头强度随焊接速度的提高而增大。当转速为定值且焊接速度较低时，搅拌头/焊件界面的整体摩擦热输入较高。如果焊接速度过快，使塑性软化材料填充搅拌针行走所形成的空腔的能力变弱，软化材料填充空腔能力不足，焊缝内易形成一条狭长且平行于焊接方向的隧道沟，导致接头强度降低。

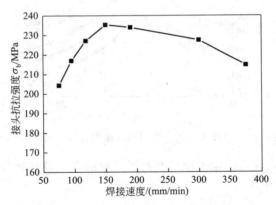

图 5.14 焊接速度对镁合金搅拌摩擦焊接头抗拉强度的影响（旋转速度 1180r/min）

3）焊接压力 p

搅拌摩擦焊的搅拌头与被焊工件表面之间的接触状态对焊缝成形有较大的影响。当压力不足时，表面热塑性金属"上浮"，溢出焊接表面，焊缝底部冷却后会由于金属的"上浮"而形成孔洞。当压力过大时，轴肩与焊件表面摩擦力增大，摩擦热将使轴肩发生"粘头"现象，使焊缝表面出现飞边、毛刺等缺陷。

搅拌摩擦焊压力适中时，焊核呈规则的椭圆状，接头区域有明显分区，焊缝底部完全焊透。焊接时搅拌针首先从前进面带动材料往回撤面旋转，经过回撤面侧一次或多次旋转后沉积。焊接压入量不足，导致产热不足无法产生足够的塑性流体且塑性流体不能很好地围绕搅拌针旋转移动，易在焊缝底部形成孔洞，这种现象一般出现在焊缝中心偏前进面一侧。搅拌摩擦焊过程中，孔洞一般产生于焊核边缘，能清晰地看到塑性流体的流动迹线。由搅拌摩擦焊热过程分析可知，焊接温度与焊接压力密切相关，压力过低，产热不足而不能形成足够的塑性流体。

4）搅拌头倾斜角

搅拌头倾斜角影响接头区塑性金属流体流动，对焊核的形成有影响。当倾斜角为 0°时，焊核几乎对称，近似呈圆形，焊核与冠状区的交界处存在明显的机械变形特征。随倾斜角增大（例如为 3°时），焊核比较扁长。这是由于随倾斜角增大，塑性流体沿焊接方向承受搅拌头的作用力增强，材料围绕搅拌针螺旋线向下运动的同时沿焊接方向存在较大的运动，从而形成扁长状的焊核。

5）搅拌头插入速度和保持时间

搅拌摩擦焊的起始插入速度不可过高，否则易造成搅拌头折损。但过慢则生产率低下。选择恰当的插入速度非常重要。插入速度的快慢最终决定焊接起始阶段预热温度是否足够，以便产生足够的塑性变形和流体流动。搅拌头插入速度对预热温度的影响如图 5.15 所示。保持时间一般为 10～15s，过短则产生塑性材料不足，过长易造成局部过热和生产率下降。

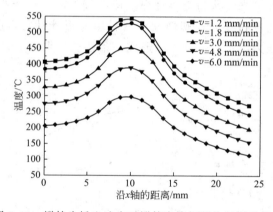

图 5.15 搅拌头插入速度对搅拌摩擦焊预热温度的影响

此外，搅拌头的形状直接决定了搅拌摩擦焊过程的产热及焊缝金属的塑性流动，最终影响焊缝的成形及焊缝性能。

5.2.3 搅拌摩擦焊的接头形式和装配精度

（1）FSW 接头形式

搅拌摩擦焊可以实现管-管、板-板的可靠连接，接头形式可以设计为对接、搭接，可进行直焊缝、角焊缝及环焊缝的焊接。并可以进行单层或多层一次焊接成形，焊前不需要进行表面处理。由于搅拌摩擦焊过程自身特性，可以将氧化膜破碎、挤出。搅拌摩擦焊的接头形式如图 5.16 所示。

表 5.1 所示是几种铝合金搅拌摩擦焊常用的焊接速度。对于铝合金的焊接，摩擦搅拌头的旋转速度可以从几百转每分钟到上千转每分钟。焊接速度一般在 1～15mm/s 之间。搅拌摩擦焊可以方便地实现自动控制。在搅拌摩擦焊过程中搅拌头要压紧工件。

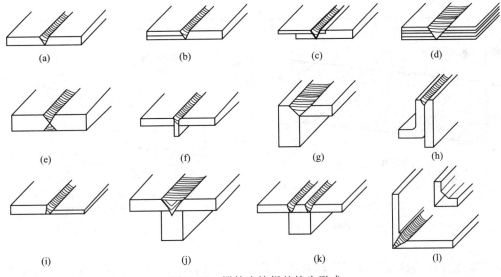

图 5.16　搅拌摩擦焊的接头形式

表 5.1　几种铝合金搅拌摩擦焊常用的焊接速度

材料	板厚 /mm	焊接速度 /mm·s^{-1}	焊道数
Al 6082-T6	5~6	12.5	1
Al 6082-T6	10	6.2	1
Al 6082-T6	30	3.0	2
Al 4212-T6	25	2.2	1
Al 4212+Cu 5010	1+0.7	8.8	1

　　不同的被焊金属在不同板厚条件下的最大焊接速度如图 5.17 所示。板厚为 5mm 时，焊接铝时搅拌摩擦焊的焊接速度最大为 700mm/min；焊接铝合金时的焊接速度处于 500~150mm/min 范围；异种铝合金的焊接速度要低得多。

　　搅拌摩擦焊的焊接速度与搅拌头转速密切相关，搅拌头的转速与焊接速度可在较大范围内选择，只有焊接速度与搅拌头转速相互配合才能获得良好的焊缝。图 5.18 是 5005 铝镁合

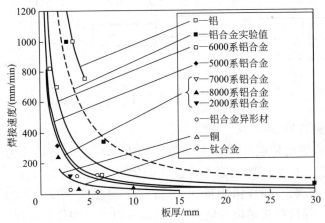

图 5.17　各种材料搅拌摩擦焊的临界焊接速度计算值

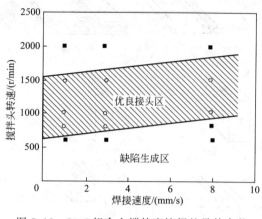

图 5.18　5005 铝合金搅拌摩擦焊的最佳参数

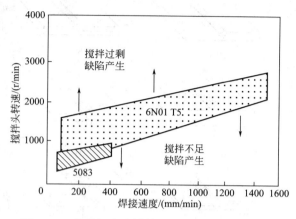

图 5.19　几种铝合金搅拌摩擦焊的最佳工艺参数

金的搅拌摩擦焊焊接速度与搅拌头转速的关系图，可以看出，焊接速度与搅拌头的转速存在着最佳范围。在高转速低焊接速度的情况下，由于接头获得了搅拌摩擦过剩的热量，部分焊缝金属由肩部排出形成飞边，使焊缝金属的塑性流动不好，焊缝中会产生孔洞（中空）状的焊接缺欠，甚至产生搅拌指棒的破损。接头区的最佳参数范围因搅拌头（特别是搅拌指棒）的形状不同而有所变动。

图 5.19 为几种铝合金搅拌摩擦焊的工艺参数，可以看出，Al-Si-Mg 合金（6000 系）对搅拌摩擦焊的工艺适应性比 Al-Mg 合金（5000 系）的适用范围要大得多。

（2）FSW 接头装配精度

搅拌摩擦焊对被焊工件的装配精度要求较高，比常规电弧焊接头更加严格。搅拌摩擦焊时，接头的装配精度要考虑几种情况，即接头间隙、错边量和搅拌头中心与焊缝中心线的偏差，如图 5.20 所示。

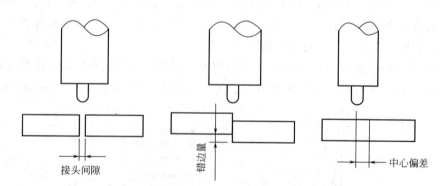

图 5.20　FSW 接头间隙、错边量及中心偏差

1）接头间隙及错边量

6N01 铝合金接头装配精度（即接头间隙、错边量）对焊接接头力学性能的影响如图 5.21 所示。图中○表示接头间隙的影响，接头间隙 0.5mm 以上时接头的抗拉强度显著下降；△表示错边量的影响，同样错边量 0.5mm 以上时接头强度显著降低。工艺参数与图 5.21 相同的情况下，保持接头间隙和错边量 0.5mm 以下，即使焊接速度达到 900mm/min，也不会产生缺陷。焊接速度较低时（300mm/min），接头间隙可稍大一些。

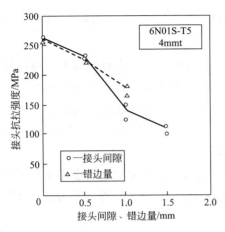

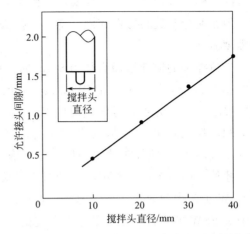

图 5.21　接头装配精度对焊接接头力学性能的影响　图 5.22　搅拌头肩部直径对允许接头间隙的影响

接头装配精度还与搅拌头的位置有关。图 5.22 示出搅拌头肩部的直径与允许接头间隙的关系，可以看出搅拌头的肩部直径越大，允许接头间隙越大。这是因为搅拌头肩部与被焊金属的塑性流动有密切的联系，间接说明了搅拌头的形状、肩部直径有一个最佳的配合。

搅拌头肩部表面与母材表面的接触程度，也是影响接头质量的一个重要的因素。可通过焊接结束后搅拌头肩部外观判别搅拌头的旋转方向，以及搅拌头肩部表面与母材表面的接触程度。搅拌头肩部表面完全被侵蚀，表明搅拌头肩部表面与母材表面接触是正常的；当肩部周围 75% 表面被侵蚀，表明搅拌头肩部表面与母材表面接触程度在允许范围；肩部表面被侵蚀在 70% 以下，表明搅拌头肩部表面与母材表面接触不良，这种情况在工艺上是不允许的。

2）搅拌头中心的偏差

搅拌头中心与焊缝中心线的相对位置，对搅拌摩擦焊接头质量，特别是接头抗拉强度有很大的影响。搅拌头的中心位置对接头抗拉强度影响的示例见图 5.23，图中也表示了搅拌头中心位置与焊接方向及搅拌头旋转方向之间的关系。由图 5.23 可见，对于搅拌头旋转的

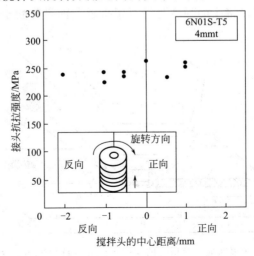

图 5.23　搅拌头中心位置对接头抗拉强度的影响

反方向一侧，搅拌头中心与接头中心线偏差 2mm 时，对焊接接头的抗拉强度几乎没什么影响。但在搅拌头旋转方向相同一侧，搅拌头中心与接头中心线偏差 2mm 时，FSW 接头的抗拉强度显著降低。

当搅拌头的搅拌指棒直径为 5mm 时，搅拌头中心与接头中心线允许偏差为搅拌指棒直径的 40% 以下，这是对于 FSW 焊接性好的材料而言，而对于焊接性较差的其他合金，允许范围要小得多。为了获得优良的焊接接头，搅拌头的中心位置必须保持在允许的范围。接头间隙和搅拌头中心位置都发生变化时，对其中一个因素必须严格控制。例如，接头间隙 0.5mm 以下时，搅拌头的中心位置允许偏差为 2mm。

此外，还应考虑接头中心线的扭曲、接头间隙不均匀、接合面的垂直度或平行度等。确定 FSW 工艺参数时，还要考虑搅拌指棒的形状、焊接胎夹具、FSW 焊机等因素。这些因素对确定 FSW 的最佳工艺参数也有一定的影响。

搅拌摩擦焊在生产应用中发展很快。在焊接铝及铝合金的工业领域已受到极大重视，在航空航天、交通运输工具的生产中有很好的前景。

5.2.4 复合搅拌摩擦焊

搅拌摩擦焊较适用于熔点较低的金属，如铝及铝合金、镁及镁合金等，影响其应用的主要障碍是耐热旋转搅拌头的开发。例如，搅拌摩擦焊用得较多的是铝及铝合金，焊接温度为 400～450℃，用现有的 SKD61 工具钢来制造搅拌工具已经足够。但是用搅拌摩擦焊来焊接钢铁材料，焊接温度为 1000～1200℃，现有的钢制搅拌头的高温强度不足。因此，可以采用现有的超硬耐热工具材料（如 WC-Co、W-Re 合金、氮化硼陶瓷等）来制造搅拌工具，可对钢铁材料进行搅拌摩擦焊。

用氮化硼陶瓷制造的搅拌工具对钢铁能进行 60～90m 焊缝长度的搅拌摩擦焊。但是，如果用激光束在搅拌摩擦焊的搅拌头前方进行预加热的所谓混合搅拌摩擦焊（如图 5.24 所示），可以加快焊接速度。这样，搅拌摩擦焊也可以用来焊接不锈钢，如已能焊接铁素体不锈钢（430）、奥氏体不锈钢（304L、316L、310L）以及双相不锈钢等。所有这些不锈钢的搅拌区都得到了细晶粒的组织，硬度高于母材。图 5.25 所示为搅拌摩擦焊焊接速度与接头强度之间的关系，可见焊接接头的强度与母材很接近，而且都断于母材处。

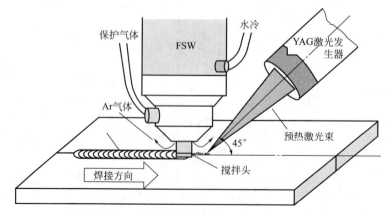

图 5.24　激光束在搅拌摩擦焊的搅拌头前方进行预热的复合搅拌摩擦焊
（自左而右及自上而下——保护气体，Ar 气体；YAG 激光发生器，预热激光束，搅拌头）

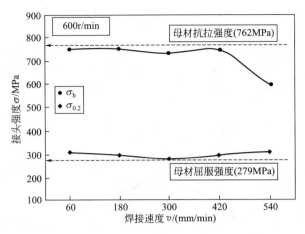

图 5.25　搅拌摩擦焊焊接速度对接头强度的影响

5.3　搅拌摩擦焊接头的组织与性能

5.3.1　FSW 的焊接热输入和温度分布

搅拌摩擦焊的热输入（E）是以搅拌头的转速（R）与焊接速度（v）之比来表示，即单位焊缝长度上搅拌头的转速

$$E = R/v \tag{5.10}$$

式中，R 是搅拌头的转速，r/min；v 是搅拌头纵向行走的速度，即焊接速度，mm/s。

相对于电弧焊的焊接热输入定义来说，搅拌摩擦焊的热输入不是单位能的概念。搅拌摩擦焊通过高速旋转把机械能转变为热能，这个过程产生的热量与搅拌头的转速大小密切相关。因此，用搅拌头的转速与焊接速度的比值 R/v，可以定性地表明在搅拌摩擦焊过程中对母材热输入的大小。

R/v 比值越大，表明对母材的热输入越大。R/v 比值的大小，也对应着被焊金属焊接的难易程度。显然，要求搅拌摩擦焊热输入越大的金属，焊接难度越大。

搅拌头的转速与焊接速度的比值一般为 2~8。搅拌摩擦焊的热输入在此范围可获得优良的焊接接头。在实际生产中，焊接 5083 铝合金可采用较小的热输入，焊接 7075 铝合金可采用稍大些的热输入。焊接 2024 铝合金的焊接热输入应较大些。

搅拌摩擦焊对接头处给予摩擦热加之旋转搅拌，产生强烈的塑性流动和再结晶，焊缝为非熔化状态，所以将其归类为固相焊。但也有研究发现，在搅拌头的肩部正下方温度高，对于 7030 铝合金搅拌摩擦焊来说，焊缝为瞬时固-液共存状态。由于搅拌头肩部正下方焊缝金属的升温速度达到 330℃/s，造成局部瞬间熔化也是可能的。

搅拌摩擦焊接头的组织性能与焊接区温度分布密切相关。但搅拌摩擦焊的热循环和温度分布的测定是很困难的。因为，采用热电偶测量焊接接头区温度分布时，焊缝金属的塑性流动，易损坏热电偶端头，目前多是在热影响区进行温度测量。

图 5.26 所示为 A6063-T6 铝合金搅拌摩擦焊的热循环曲线，距离焊缝中心线 2mm 处的温度大于 500℃。

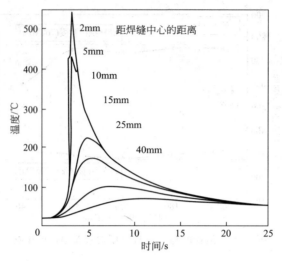

图 5.26　A6063-T6 铝合金搅拌摩擦焊的热循环曲线

（板厚 4mm，焊接速度 0.5mm/min，搅拌头直径 15mm）

　　有人试验得到纯铝搅拌摩擦焊的焊缝区温度最高为 450℃。由于纯铝的熔化温度为 660℃，因此搅拌摩擦焊实质上是在金属熔点以下的温度发生塑性流动。英国焊接研究所试验结果表明，搅拌摩擦焊的焊缝区最高温度为熔点的 70%，纯铝焊接最高温度不超过 550℃。热传导计算结果与以上的实测值基本一致。

　　搅拌指棒的温度是一个很重要的问题，至今还没有令人信服的实测数据。因为搅拌指棒插入在焊缝金属内旋转，温度测量十分困难。有人在被焊金属固定的情况下，将旋转的搅拌指棒压入到板厚 12.7mm 的 A6061-T6 铝合金中，测量距离搅拌指棒端部 0.2mm 处的温度；根据这个温度，用计算机模拟的方法计算出搅拌指棒的温度，计算结果如图 5.27 所示。

　　根据搅拌指棒压入速度可以推定，约 24s 搅拌指棒全部压入被焊金属中。由图 5.27 可见，从 15s 到 24s 搅拌指棒外围温度为一常数（约 580℃），达到 A6061 铝合金固相线温度。搅拌摩擦焊时搅拌指棒的温度不能高于这个温度，因为搅拌指棒的高温抗剪强度或高温抗疲劳强度就处于这个温度范围。因此搅拌指棒外围区的温度比前述焊缝金属的温度高几十摄氏度。

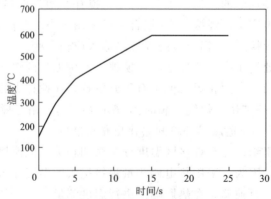

图 5.27　搅拌指棒外围温度的计算结果

（搅拌指棒直径 5mm，长度 5.5mm）

图 5.28 所示是 Al6063 铝合金搅拌摩擦焊焊缝区等温线分布的计算结果。图中的斑点为搅拌头的肩部区，图中曲线上的数字为等温线的最高温度。

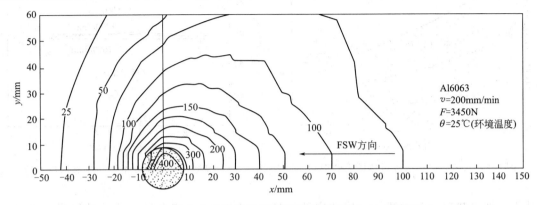

图 5.28 Al6063 铝合金搅拌摩擦焊焊缝区的等温线分布（板厚为 5mm）

焊接速度对搅拌摩擦焊接头区温度分布影响很大，由于热源（搅拌头）在固体金属中移动，焊缝中心处最高温度的上限不会超过母材的固相线温度。焊接速度对焊缝最高温度影响的计算结果见图 5.29，可以看出，焊接速度低时的焊缝最高温度为 490℃，焊接速度高时的焊缝最高温度为 450℃。虽然二者最高温度差并不大，但在实际搅拌摩擦焊中大幅度提高焊接速度是困难的，因为母材热输入低，焊缝金属塑性流动性不好，易造成搅拌头损坏。因此，提高焊接速度是以在适当的摩擦焊作用下焊缝金属发生良好的塑性流动为前提的。

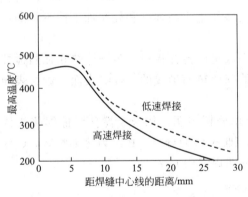

图 5.29 焊接速度对最高温度的影响

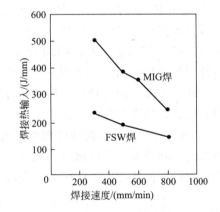

图 5.30 FSW 和 MIG 焊接热输入的比较
（厚度 4mm 的 6N01 铝合金）

日本学者对板厚 4mm 的 6N01 铝合金搅拌摩擦焊过程中的热输入量进行测量。图 5.30 示出在相同的焊接速度和铝合金焊件完全熔透情况下，搅拌摩擦焊（FSW）和熔化极氩弧焊（MIG）的焊接热输入比较，搅拌摩擦焊的热输入范围为 $1.2\sim2.3$ kJ/cm，FSW 大约是 MIG 焊接热输入的一半。

铝合金搅拌摩擦焊的焊接速度对热输入的影响如图 5.31 所示，图中总热输入量 Q 是搅拌指棒热输入 q_1 和肩部热输入 q_2 之和。可以看出，铝合金母材总的热输入量随着焊接速度的增大和搅拌头旋转速度的降低而减小。

搅拌指棒形状及肩部直径对总热输入也有影响。搅拌指棒及肩部直径越大，在同等转速下总热输入也越大。这样的规律在焊接 6000 系和 2000 系铝合金时是一样的。根据图 5.31

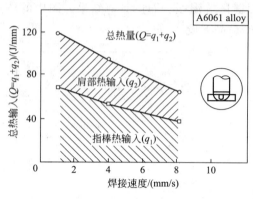

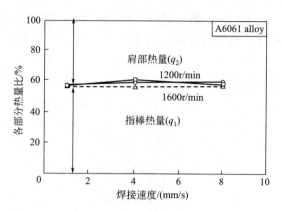

图 5.31　FSW 焊接速度对热输入的影响　　图 5.32　焊接速度对搅拌指棒和肩部热输入的影响

的结果，把总热输入分为搅拌指棒和肩部各自的热输入，对二者进行比较的结果如图 5.32所示。可以看出，搅拌指棒的发热量为总热输入的 55％～60％，这个热输入的比率在转速800～1600r/min 的参数下几乎不受影响。

带有螺纹的搅拌指棒已用于焊接生产，这种搅拌指棒对产生热量的影响特别显著。

5.3.2　搅拌摩擦焊的焊缝组织特征

铝合金搅拌摩擦焊的焊缝是在摩擦热和搅拌指棒的强烈搅拌作用下形成的，与熔焊熔化结晶形成的焊缝组织，或与扩散焊、钎焊形成的焊缝组织相比有明显的不同。

① 焊缝形状　搅拌摩擦焊的焊缝断面形状分为两种：一种为圆柱状，另一种为熔核状。大多数搅拌摩擦焊的焊缝为圆柱状；熔核状的断面多发生于高强度和轧制加工性不好的铝合金（如 A7075、A5083）搅拌摩擦焊焊缝中。

搅拌摩擦焊焊缝断面大多为一倒三角形，中心区是由搅拌指棒产生摩擦热在强烈搅拌作用下形成的，上部是由搅拌头的肩部与母材表面的摩擦热而形成的。焊缝表面与母材表面平齐，没有增高，稍微有些凹陷。

② 焊接区的划分　对搅拌摩擦焊焊缝区的金相分析表明，铝合金搅拌摩擦焊接头依据金相组织的不同分为 4 个区域（如图 5.33 所示），即 A 区为母材，B 区为热影响区，C 区为塑性变形和局部再结晶区，D 区为完全再结晶区（即焊缝中心区）。

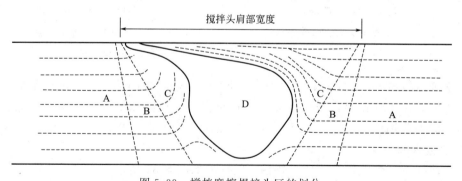

图 5.33　搅拌摩擦焊接头区的划分

A—母材；B—热影响区；C—热-机影响区；D—完全再结晶区

其中，母材（A 区）和热影响区（B 区）的组织特征与熔焊条件下的组织特征相似。与熔焊组织完全不同的是 C 区和 D 区。C 区也称为热-机影响区（thermal mechanical affected zone），这个区域可以看到部分晶粒发生了明显的塑性变形和部分再结晶。D 区即焊核区（weld nugget）实质上是一个晶粒细小的熔核区域，在此区域的焊缝金属经历了完全再结晶的过程。

也有人将搅拌摩擦焊接头组织分为三个部分（母材除外），即焊核区（weld nugget）、热-机影响区（thermal mechanical affected zone）和热影响区（heat-affected zone）。如图 5.34 所示为实际搅拌摩擦焊接头的显微组织。若将显微组织细分，还包括冠状区（crown zone），即受轴肩作用的焊缝上部分区域，此区域也承受较大的热机械作用。与母材原始组织相比，焊缝组织发生了很大变化，晶粒变得细小、均匀。

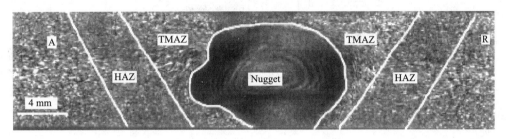

图 5.34　搅拌摩擦焊接头的组织划区（焊核区，热影响区，热-机影响区）
A—前进面侧；R—回撤面侧

通过对 A5005 铝合金搅拌摩擦焊焊缝组织的分析，在焊缝中心区发现了等轴结晶组织，但是晶粒的细化不很明显，晶粒大小多在 $20\sim30\mu m$。这可能是由于焊接热输入量过大，产生过热而造成的。

对 A2024 铝合金和 AC4C 铸铝的异种金属搅拌摩擦焊接头的分析表明，由于圆柱状焊缝金属的塑性流动，出现了环状组织（称为洋葱环状组织）。这种洋葱环状组织是搅拌摩擦焊接头特有的组织特征。

5.3.3　搅拌摩擦焊接头的力学性能

（1）FSW 接头区的硬度

图 5.35 所示是 6N01-T5 铝合金搅拌摩擦焊接头的硬度分布，并与 MIG 焊接头的硬度分布进行比较。可以看出，铝合金搅拌摩擦焊接头的硬度比较高。铝合金时效有自然时效和人工时效之分。对 A2014 和 A7075 铝合金搅拌摩擦焊接头焊后进行了 9 个月自然时效，最初 2 个月接头区硬度回复速度很快。经自然时效 9 个月后，A2014 和 A7075 铝合金焊接接

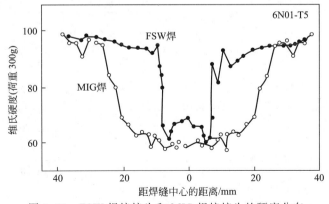

图 5.35　FSW 焊接接头和 MIG 焊接接头的硬度分布

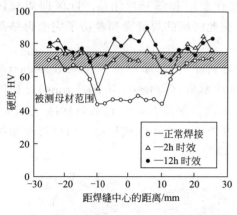

图 5.36 A6063-T5 铝合金 FSW
接头硬度的变化

头都没有回复到母材的硬度值，但 A7075 铝合金焊接接头硬度的回复大一些。对人工时效来说，厚度 6mm 的 A6063-T5 铝合金搅拌摩擦焊接头，经人工时效的硬度分布如图 5.36 所示。由图可见，在 175℃保温 2h 后焊接接头的硬度接近于母材的硬度，人工时效促使焊缝金属中的针状析出物和 β′相析出，导致接头硬度的恢复。但人工时效 12h 后，接头区一部分处于过时效状态。

（2）拉伸性能

搅拌摩擦焊和其他方法焊接的 A6005-T5 铝合金接头的拉伸试验结果（见表 5.2）表明。等离子弧焊的接头强度性能最高为 194MPa，MIG 焊为 179MPa，搅拌摩擦焊接头的强度最低（175MPa），但搅拌摩擦焊接头的伸长率最高为 22%。2000 系铝合金搅拌摩擦焊接头的断裂发生在热影响区。

表 5.2 焊接方法对 A6005-T5 铝合金接头拉伸性能的影响

焊接方法	屈服强度 $\sigma_{0.2}$ /MPa	抗拉强度 /MPa	伸长率 /%	断裂位置
搅拌摩擦焊	94	175	22	焊缝金属
等离子弧焊	107	194	20	焊缝金属
MIG 焊	104	179	18	焊缝金属

英国焊接研究所（TWI）试验认为，2000 系、5000 系和 7000 系铝合金的搅拌摩擦焊接头强度性能接近于母材（也有的低于母材）。表 5.3 给出铝合金搅拌摩擦焊接头的拉伸试验结果。对于热处理强化铝合金，采用熔焊方法时焊接接头性能明显下降是一个大问题。飞机制造用的 2000 系、7000 系硬铝，时效后进行搅拌摩擦焊，或搅拌摩擦焊后进行时效处理，二者焊接接头的抗拉强度可达到母材的 80%~90%。

表 5.3 铝合金搅拌摩擦焊接头的拉伸试验结果

母 材	焊接速度 /cm·min⁻¹	屈服强度 $\sigma_{0.2}$ /MPa	抗拉强度 /MPa	伸长率 /%	断裂位置
2014-T6	—	247	378	6.5	HAZ
5083-0	—	142	299	23.0	PM
5083	4.6	143	—	19.8	WM
5083	6.6	156	—	20.3	WM
5083	9.2	144,154	—	16.2,18.8	WM
5083	13.2	141	—	13.6	WM
5083-H112	15.0	156	315	18.0	HAZ/PM
6082	26.4	132	—	11.3	WM
6082	37.4	144	—	10.7	HAZ
6082	53.0	141	—	10.7	HAZ

续表

母 材	焊接速度 /cm·min⁻¹	屈服强度 $\sigma_{0.2}$ /MPa	抗拉强度 /MPa	伸长率 /%	断裂位置
6082	75.0	136	254	8.4	HAZ
6082-T4 时效	—	285	310	9.9	—
6082-T5	—	—	260		
6082-T6	150	145	220	7.0	
6082-T6 时效	150	230	280	9.0	
7075-T7351	—	208	384	5.5	HAZ/PM
7108-T79	90	205	317	11	—

注：PM—断裂在母材，WM—断裂在焊缝，HAZ—断裂在热影响区，HAZ/PM—断裂在热影响区和母材交界处。

6000 系的 6N01-T6 铝合金广泛应用于日本的铁路车辆制造。焊接和时效处理顺序对接头力学性能有很大的影响。该合金在大气和水冷中进行搅拌摩擦焊的接头拉伸试验结果（见表 5.4）表明，经时效处理后，焊接接头的抗拉强度得到了提高。特别是在水冷中焊接的试件经时效处理后改善效果最为显著。因为水冷使软化区变小，这样的时效处理硬度回复效果好。一边水冷一边进行搅拌摩擦焊时，接头强度与被焊金属的厚度有关，随着板厚的增大，接头强度下降，如图 5.37 所示。

表 5.4 冷却方式和时效处理对接头拉伸性能的影响

状态	屈服强度 $\sigma_{0.2}$ /MPa	抗拉强度 /MPa	伸长率 /%
空冷	122	203	12.5
空冷时效处理	185	230	7.6
水冷	143	220	11.1
水冷时效处理	238	267	6.0

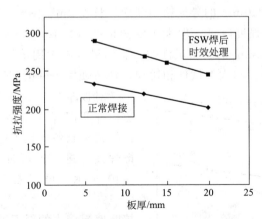

图 5.37 搅拌摩擦焊接头强度与板厚的关系
（6N01-T6 铝合金，水冷中搅拌摩擦焊）

铝合金搅拌摩擦焊焊缝金属承受载荷的能力，等于或高于母材垂直于轧制方向的承载能力。与电弧焊接头弯曲试验不同，搅拌摩擦焊接头弯曲试验的弯曲半径为板厚的 4 倍以上。在这种试验条件下，各种铝合金搅拌摩擦焊接头的 180°弯曲性能都很好。

（3）FSW 接头的疲劳强度和韧性

与气体保护焊（如 TIG、MIG）等熔焊方法相比，铝合金搅拌摩擦焊接头的抗疲劳性能良好。其原因一是因为搅拌摩擦焊接头经过搅拌头的摩擦、挤压、顶锻得到的是精细的等轴晶组织；二是焊接过程是在低于材料熔点温度下完成的，焊缝组织中没有熔焊时常出现的凝固结晶过程中产生的缺陷，如偏析、气孔、裂纹等。

针对不同铝合金（如 A2014-T6、A2219、A5083、A7075 等）的搅拌摩擦焊接头的疲劳性能试验表明，铝合金 FSW 接头的抗疲劳性能优于熔焊接头，其中 A5083 铝合金搅拌摩擦焊接头的疲劳性能可达到与母材相同的水平。

试验结果表明，搅拌摩擦焊接头的疲劳破坏处于焊缝上表面位置，而熔化焊接头的疲劳破坏则处于焊缝根部。图 5.38 示出板厚为 40mm 的 6N01-T5 铝合金搅拌摩擦焊接头的疲劳性能试验结果（应力比为 0.1），可见，10^7 次疲劳寿命达到母材的 70%，即 50MPa，这个数值为激光焊、熔化极气体保护焊的 2 倍。

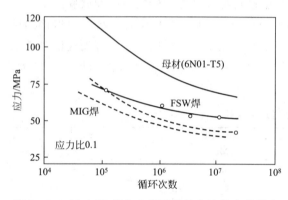

图 5.38　6N01-T5 铝合金各种焊接方法的疲劳强度　　图 5.39　6N01S-T5 铝合金甲板结构的疲劳强度

为了确定 6N01S-T5 铝合金甲板结构的疲劳强度，进行了箱型梁疲劳试验。疲劳试件为宽度 200mm、腹板高度 250mm 的异形箱型断面，长度 2m。图 5.39 给出了这一疲劳试验的结果。在 10^6 次以上疲劳强度降低，但大于欧洲标准（Eurocod 9）的疲劳强度极限一倍以上。同一研究做的宽度 20mm 的小型试件的试验结果（图中用虚线示出的曲线），显示出同样的疲劳强度降低的现象。与大型试件相比较，疲劳强度下降的程度小。

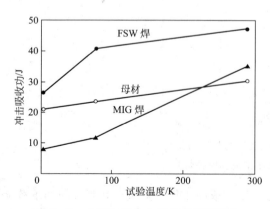

图 5.40　A5083 铝合金搅拌摩擦焊接头
的冲击韧性

对板厚为 30mm 的 A5083 铝合金进行双道搅拌摩擦焊（焊接速度 40mm/min），用焊得的接头制备比较大的试件，然后对该搅拌摩擦焊接头进行低温冲击韧性试验，结果如图 5.40 所示。可以看到，无论是在液氮温度（−196℃），还是液氦温度下（−269℃），搅拌摩擦焊接头的低温冲击韧性都高于母材，断面呈现韧窝状，原因是搅拌摩擦焊（FSW）焊缝组织晶粒细化的结果。相比之下，MIG 焊接头室温以下的低温冲击韧性均低于母材。同时采用断裂韧性值（K_{IC}）来评价接头的韧性，与冲击韧性试验一样，搅拌摩擦焊接头的断裂韧性值高于母材，而在低温下发生晶界断裂。

5.3.4　搅拌摩擦焊缺陷与摩擦塞焊

（1）搅拌摩擦焊缺陷

搅拌摩擦焊是一种新型的固态焊接方法，适于焊接铝、镁及其轻合金。搅拌摩擦焊的工艺裕度比熔焊工艺宽松得多，但在焊接过程中出现工艺波动、装配不良或参数匹配不好时，也会产生自身固有的焊接缺陷。

搅拌摩擦焊接头易出现以下几种缺陷。

1）未熔透

未熔透是搅拌摩擦焊接头中最常见的焊接缺陷，是指在焊缝底部未形成连接或不完全连接而出现的"裂纹状"缺陷，未焊透的产生实际上是由于搅拌头长度不足、压力过小或装配偏差而造成的。采用长度略小于接头厚度的搅拌头压入焊缝结合部，借助肩台与焊缝表面的摩擦加热和搅拌而形成连接。当装配良好时，搅拌头产生的金属向下塑性流动可完全填充未焊透处，但当装配出现偏差时，焊缝背面易形成可见的未焊透。

2）吻接

吻接是搅拌摩擦焊特有的焊接缺陷，典型特征是被连接材料之间紧密接触但并未形成有效的冶金结合。在搅拌摩擦焊过程中，由于摩擦热输入不足或焊接速度过快，造成前一层转移金属与后一层金属之间（或焊缝金属与前行边之间）虽然宏观上形成紧密接触，但微观上并未形成可靠连接。这种缺陷会严重降低接头的性能和整体焊接结构的可靠性。

产生吻接缺陷的原因是搅拌头设计不合理、焊接速度过快或热输入过低。常规的外观检测方法很难发现这种缺陷，须采用超声波检测才能发现此类缺陷，所以这种缺陷的危害性很大，应引起关注。

3）虫孔

类似于熔焊焊缝中的蠕虫状气孔。主要是由于搅拌摩擦焊过程中热输入不够，达到塑性流变状态的材料不足，焊缝金属因搅拌所形成的塑性流动不充分而形成的，常见于搅拌摩擦焊缝前行边一侧的焊趾部位。采用不带螺纹的柱状或锥状的搅拌头进行焊接时，也容易出现虫孔缺陷。焊缝表面附近的虫孔方向与焊接方向一致，有时在焊缝长度方向上延伸较长。焊接速度过快、搅拌头转速过低、搅拌头设计不合理等会产生这种缺陷。

4）摩擦面缺陷

是指因搅拌头轴肩的摩擦作用而造成的焊缝表面不均匀、不连续缺陷，如沟槽、飞边等。

① 沟槽缺陷的特征是沿搅拌头的前行边形成一道可见的犁沟，常位于前进侧焊缝表面。沟槽形成的原因是由于焊接速度过快或压力过小，因而造成热输入偏低，搅拌头周围的金属塑态软化不充分所致。

② 飞边缺陷出现在焊缝表面，是由于焊接压力过大而导致较多的塑性材料从轴肩两侧挤出形成飞边。搅拌摩擦焊过程中，搅拌头轴肩、针部、未熔化的母材金属形成一个"挤压模"，塑性流变材料在"挤压模"中流动（材料体积不变）。如果焊接压力过大，也就是搅拌头扎入过深，会使"挤压模"体积小于正常焊接时的体积，导致部分塑性材料从轴肩两侧挤出，冷却后形成飞边缺陷。

5）根趾部缺陷

是指搭接或 T 型接头搅拌摩擦焊时，接头的根部和焊趾部位因未焊透而存在缺口，形成根趾部缺陷。对接搅拌摩擦焊时，如果背面出现未焊透现象，发生于搅拌头端部的未填充缺陷，也属于根部缺陷。这类缺陷是由于摩擦热输入不足（如搅拌头转速低、焊接速度过快或焊件厚度大等）造成的。搅拌头周围金属没有达到塑性状态，流动性差，易在根趾部位形成此类缺陷。铝合金大厚度板搅拌摩擦焊由于在板厚方向存在较大的温度梯度，产生根趾部缺陷的倾向较大。

根据对搅拌摩擦焊工艺参数和接头组织性能的分析，很多因素能对搅拌摩擦焊接头缺陷产生影响，如搅拌头形状尺寸、搅拌头旋转速度和焊接速度、搅拌针轧入深度和倾斜角度、对接板间隙、试板厚度匹配等。当工艺参数偏离最佳范围时，搅拌摩擦焊接头中会出现上述缺陷中的一种或数种。

搅拌摩擦焊接头中的缺陷具有明显的紧贴和微细特点，通常采用 X 射线、超声无损检测以及金相观察等方法进行检测。高分辨率超声反射法对搅拌摩擦焊接头微细缺陷（如微细孔洞）有较好的检测能力，可通过分析超声波在焊缝区的声波入射角、缺陷取向和缺陷紧贴性对声波反射影响，确定缺陷的状态。

（2）缺陷修复——摩擦塞焊

搅拌摩擦焊从试验研究走向工程应用，在解决了接头缺陷检测后，还必须解决接头缺陷的修复问题。搅拌摩擦焊作为一种固态焊接方法，接头成形属于塑态再结晶连接，接头缺陷与熔化焊缺陷的成形机制、类型和分布有本质的不同。搅拌摩擦焊接头的强度系数远高于常规熔焊接头，采用何种方法修复 FSW 焊接缺陷并保证接头的性能是值得重视的。

由于搅拌摩擦焊接头的强度系数非常高，常规的熔焊修复会显著降低接头的强度，不仅抵消了搅拌摩擦焊接头的性能优势，也为接头的设计带来困难。所以必须采用高质量的固态修复技术才能保证高的接头强度系数。摩擦塞焊技术为此提供了完善的工艺解决方案。

摩擦塞焊的工艺原理与过程如图 5.41 所示。摩擦塞焊由耗材摩擦焊衍生而来，是一种高效的固相修复技术。与熔焊修复工艺相比，摩擦塞焊具有高效、修复接头性能优异、残余应力与变形小等突出的技术优势。采用摩擦塞焊工艺进行缺陷修复，其最大的优势在于一次焊补即可去除缺陷，修复合格率高达 100%。而熔焊方法修复往往需要反复几次打磨、焊接填充。摩擦塞焊消除了熔焊修复带来的局部变形和矫形工序，节省了修复时间，是搅拌摩擦焊接头理想的缺陷修复工艺。

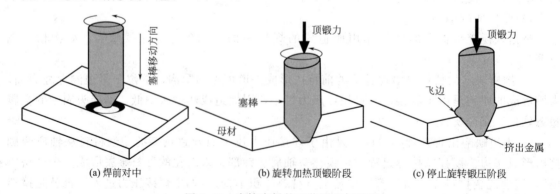

(a) 焊前对中　　　(b) 旋转加热顶锻阶段　　　(c) 停止旋转锻压阶段

图 5.41　摩擦塞焊的工艺原理与过程

摩擦塞焊技术还有效解决了搅拌摩擦焊用于小厚度构件环缝或封闭焊缝的匙孔修复问题，大大扩展了搅拌摩擦焊的应用范围。

5.3.5 搅拌摩擦焊应用示例

（1）船舶铝合金构件的搅拌摩擦焊

船舶制造中常用金属材料为合金钢，但是考虑到船舶的重量及耐蚀性等因素，在高速船舶制造中广泛使用铝合金材料，常用的主要有防锈铝 5083（LF4）和锻铝 6082。防锈铝 5083 耐蚀性能优异，主要应用于船舶外侧与海水接触的具有防腐要求的壁板结构中；锻铝 6082 热塑性能好，并且可以热处理强化，常用于船舶结构的型材结构中。

船舶制造中，考虑到生产效率和成本因素，船舶设计师和造船厂通常希望选用商业化的工业板材及型材作为铝合金船舶制造的初始材料。铝合金型材在船舶制造中的应用可以有效提高船舶制造的标准化、批量化和节省时间。

对于船舶外侧，尤其是经常与海水接触的部分，考虑到耐腐蚀和焊接性，结构设计通常为 5083（LF4）铝合金板材和 6082 挤压型材加强筋结构，如图 5.42（a）熔焊结构所示。但是搅拌摩擦焊不同，采用的结构如图 5.42（b）和图 5.42（c）所示。

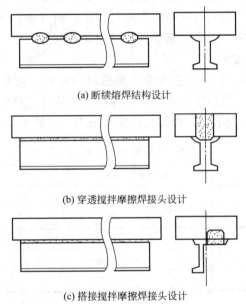

(a) 断续熔焊结构设计

(b) 穿透搅拌摩擦焊接头设计

(c) 搭接搅拌摩擦焊接头设计

图 5.42　不同焊接设计结构的船舶加强壁板

对于铝合金船舶的内围壁板、甲板和上层建筑，焊接接头的设计主要考虑结构的强度和重量，所以一般采用 6082 铝合金，供货状态基本上为挤压型材。该种型材焊接接头主要为对接形式，考虑到铝合金已经过沉淀强化热处理，焊接过程会因为焊接热循环而产生强化相脱熔现象，与母材相比焊接接头的强度有不同程度的降低，所以接头设计一般有一定幅度的加强高。

对于铝合金船舶构件的制造，防锈铝 5083 和锻铝 6082 都非常适于用搅拌摩擦焊实现连接。5083 为非热处理强化铝合金，搅拌摩擦焊工艺参数选择范围大，6082 铝合金一般为挤压型材，出厂材料经过了热处理，强度高，搅拌摩擦焊接性好。船舶铝合金结构件摩擦焊接头的力学性能见表 5.5。

防锈铝 5083 搅拌摩擦焊接头性能优异，可以达到与母材等强，虽然室温拉伸强度较低，但是在温度高于 200℃时热强性较高，对搅拌工具的寿命要求较高；锻铝 6082 对搅拌工具的要求较低，但是接头性能降低较多，可以达到母材强度的 75% 以上。

167

表 5.5 船舶铝合金结构件摩擦焊接头的力学性能

材料	厚度/mm	接头	旋转速度/r·min⁻¹	抗拉强度/MPa	弯曲性能	母材强度/MPa	接头强度系数
6082	3	对接	1200	245	正、背弯180°	320	0.76
	4		1200	240			0.75
	5		1500	240			0.75
	6		1800	230		300	0.76
5083 (LF4)	3	对接	1200	320	正、背弯180°	338	0.92
	3.5		1200	323		333	0.97

（2）大厚度机翼框架铝合金搅拌摩擦焊

大厚度航空高强铝合金是飞机机翼框架、油箱底板等飞机结构中常用的材料。搅拌摩擦焊作为铝合金较为理想的焊接技术，在焊接大厚度铝合金板方面有明显优势。采用搅拌摩擦焊以后，不仅焊缝的接头性能有所提高，变形量较小，而且操作环境好，生产效率大幅度提高。整个焊接过程绿色环保，无需填充焊丝和使用保护气体，生产制造费用也大大降低。

1）试验材料及工艺参数

试验材料为厚度 40mm 的 7050 铝合金轧制板材，材料状态为 T7（固溶-时效处理）。试验采用平板对接焊的形式，选用锥形带螺纹搅拌针，搅拌针长度为 39.6mm，其轴肩直径为46mm，搅拌针根部直径为 28mm，顶部直径为 10mm。试样编号及焊接工艺参数见表 5.6。

表 5.6 试样编号及焊接工艺参数

试样编号	焊接速度/mm·min⁻¹	旋转速度/r·min⁻¹
W1	25	200
W2	25	160
W3	25	120
W4	30	140
W5	30	120

2）接头力学性能测试

对搅拌摩擦焊接头分别进行分层拉伸试验和全截面拉伸试验，图 5.43 为分层拉伸试验和全截面拉伸试验中试样的截取方式示意图，分层拉伸试验参照国标 GB 2649。对试件沿水平方向分层，每层截取的厚度为 2.8mm，经打磨、抛光后，制成厚度为 2.6mm、长度为140mm 的标准拉伸试样。

将各层试样在 ZWICK100KN 电子万能材料试验机上进行力学性能测试。取各层试样力学性能的平均值，即为分层拉伸试验得到的接头力学性能。全截面拉伸试验是在平行于焊缝横截面方向上截取不同厚度的试样。经打磨、抛光后，制成厚度分别为 2mm、3mm、4mm、5mm、6mm、8mm、10mm 的全截面试样。分别测得各试样的拉伸性能，取其平均值即为焊缝全截面的力学性能。

图 5.44 为焊件及母材沿厚度方向，由上至下各层试样的拉伸试验结果。W5 试样除表层抗拉强度稍低外，接头抗拉强度沿厚度方向上相差不大。其他各组焊件，接头抗拉强度沿板厚方向差别很大。接近于焊缝表层的试样接头抗拉强度偏低，但随着厚度的增加，抗拉强

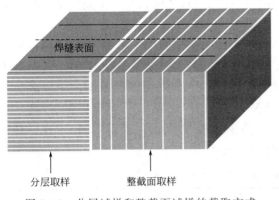

图 5.43　分层试样和整截面试样的截取方式

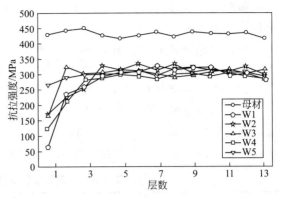

图 5.44　焊件及母材分层拉伸的试验结果

度增加，当厚度到达一定值后，接头抗拉强度性能趋于稳定，焊缝底层试样抗拉强度稍低。

接头抗拉强度性能较为稳定的焊件 W5，试样断裂位置均处于热影响区，呈 45°剪切断裂。其他焊件的焊缝除表面几层试样断裂于焊缝处，其他各层断裂于热影响区。试样表层断口呈锯齿状，在断口周围出现微孔，发生断裂可能是由于焊缝表层材料疏松所致。

将以上同一焊件不同试样的测试结果取平均值，即为接头的分层拉伸试验结果。焊件接头分层拉伸试验结果的最终测试结果见表 5.7，可以看出，选择不同的工艺参数组合，接头的抗拉强度差别很大。对比 W1、W2、W3 试样，焊接速度均为 25mm/min。随着旋转速度的增加，焊缝的抗拉强度先增加，后减小，在转速为 160r/min 时，抗拉强度达到 301MPa。当焊速为 30mm/min、搅拌头转速为 120r/min 时，接头抗拉强度最高，达到 303MPa，为母材抗拉强度的 70%。由于受到设备最大扭矩的限制，焊接时搅拌头的最小转速为 120r/min。厚板的搅拌摩擦焊，工艺参数发生较小的变动，接头的抗拉强度也差别较大。因此，对于厚板的搅拌摩擦焊，获得优良接头的工艺参数选择范围较窄。

表 5.7　焊件接头分层拉伸试验结果的平均值

试样号	W1	W2	W3	W4	W5
抗拉强度/MPa	280	301	271	283	303

图 5.45 为不同厚度的接头全截面试样拉伸试验结果。由图可见，对于接头试样 W2、W4、W5，不同厚度的全截面试样的抗拉强度较为稳定，整体力学性能较为接近。W1 试样

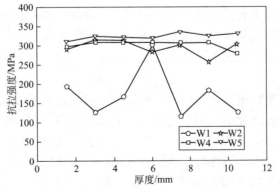

图 5.45　不同厚度的接头全截面拉伸试验结果

的抗拉强度变化较大，主要是由于接头表层中存在微孔、材料疏松，导致不同的试样抗拉强度性能出现较大的波动。

全截面拉伸试验中试样的断裂位置见表 5.8，W1 的所有试样均断裂于焊缝区；W2、W4、W5 试样的大部分断裂在热影响区，只有少部分试样断裂于焊缝，主要原因仍是由于部分试样表层出现微孔所致。焊件 W1 的断裂位置集中于焊缝的回退侧，逐渐向焊缝底部中心延伸。焊缝的断口形貌近似呈直线。这是由于 W1 试样的转速较高，焊缝区温度过高，对接界面可能出现弱结合，导致焊缝沿弱结合面发生断裂。在拉伸试验过程中，由于表层材料出现疏松，焊缝上表面接头抗拉较低，成为断裂的起裂源。

表 5.8　全截面拉伸试验中接头试样的断裂位置

试样名称	厚度/mm						
	2	3	4	5	6	8	10
W1	W	W	W	W	W	W	W
W2	T	T	T	T	T	W	T
W4	T	T	T	T	T	T	T
W5	T	T	T	W	T	W	T

注：M 代表试样断裂于母材区（表中母材无断裂）；T 代表试样断裂于热影响区；W 代表试样断裂于焊缝区。

将不同厚度试样的抗拉强度测试结果取平均值，即为接头全截面的抗拉强度，计算结果见表 5.9。全截面试验表明，W5 试样的抗拉强度最高，为 322MPa，达到母材抗拉强度的 75%。以上测试结果稍高于分层拉伸试验的测试结果 303MPa。

表 5.9　不同厚度焊件的抗拉强度

试样号	W1	W2	W4	W5
抗拉强度/MPa	172	294	305	322

全截面拉伸试验和分层拉伸试验所得到的 W2、W4、W5 试样的接头抗拉强度相差不大，性能较为稳定。对于 W1 接头，全截面拉伸试验结果远远低于分层拉伸试验结果，这是由于全截面拉伸试样受到表层材料疏松的影响，接头抗拉强度普遍较低。而在分层拉伸试验中，只有部分试样受到材料疏松的影响，接头抗拉强度较高。

分层拉伸试验和全截面拉伸试验都表明 W5 接头的抗拉强度性能最高，因此最优的工艺参数组合为：焊接速度 30mm/min，旋转速度 120r/min。

3）改善措施

大厚度铝合金结构的搅拌摩擦焊，主要难点在于焊缝表层及次表层金属的力学性能较低，焊缝沿板厚方向上抗拉强度性能差别较大。不同的工艺参数对焊缝沿板厚方向的温度梯度影响较大，而焊缝沿板厚方向上力学性能的差异正是由于焊缝组织沿板厚方向上的温度梯度较大造成的。

厚板铝合金搅拌摩擦焊过程中，随着试板厚度的增加，焊接轴向压力也随之增大。焊缝上表层由于受到轴肩和搅拌针的作用，瞬时产生大量的热量，焊接时的热输入过大，表面组织易出现过热。而焊缝的中部和下部，热量的主要来源是搅拌针和材料的摩擦热，接触面较小，热量明显减小。热输入的不均匀导致轴肩作用区同搅拌针作用区的温度差别明显，温度梯度较大，从而在轴肩作用区和搅拌针作用区之间易出现组织疏松，甚至可能出现孔洞等缺陷。

在厚板焊接中，为了减小搅拌工具的轴向压力，一般采用锥形搅拌针。减小焊缝下层搅拌针作用区域，与周围金属产生的热量也较少，出现焊缝底部热输入不足，可能导致未焊合等缺陷。因此，大厚板的焊接，既要保证焊缝底部产生足够的热量，又要控制焊缝表层的热输入不能太大，减小焊缝沿板厚方向的温度梯度是保证大厚度铝合金搅拌摩擦焊接头质量的关键。

针对大厚板铝合金的搅拌摩擦焊，可从以下几方面开展工作。

① 选择合理的工艺参数。厚板搅拌摩擦焊工艺窗口较窄，选择合理的工艺参数至关重要，一般选较低焊接速度和低转速。这是由于如果转速过高，焊缝表面易出现表面过热，温度梯度沿厚度方向太大，接头性能较差。当焊接速度和转速都较低时，焊缝上表面产热量得到控制，热传递较为充分，焊缝下部材料的热输入提高，整个焊缝沿厚度方向的温度梯度降低。但是，随着转速的降低，搅拌头在搅拌过程中受到的扭矩增大，当扭矩达到设备要求的最大扭矩时，转速就不能降低了。同时，如果转速太低，接头热输入量不足，焊缝无法成形。因此，选择合适的焊接速度和转速是大厚板焊接的关键。

② 选择合适的搅拌头。搅拌头的形状对接头的性能至关重要，对大厚板的焊接更为关键。厚板搅拌摩擦焊应考虑搅拌针的刚度和强度要求，搅拌头轴肩一般选锥形搅拌头，搅拌针直径较大。为了防止焊缝表面出现过热，搅拌头轴肩直径相对较小。采用带螺纹的搅拌针以及带螺旋线的轴肩有利于增加材料塑性流动，减小接头的温度梯度。

③ 焊前预热。厚板焊接的关键是降低焊缝沿厚度方向的温度梯度，那么在焊接前对焊件进行预热，将一个预置温度场加载到板件上，可减小焊接过程中焊缝沿厚度方向的温度梯度，提高焊接质量。由于搅拌摩擦焊的焊前预热很难控制，目前开展的工作较少，但可作为厚板焊接时减小温度梯度的一个途径。

（3）FSW 在地铁、高速列车铝合金车体上的应用

1）搅拌摩擦焊（FSW）的焊接性试验

针对地铁、高速列车车体铝合金，厚度 3mm 的 5083 铝合金板材、厚度 6mm 的 6082＋5083 板材、和厚度 6mm 和 10mm 的 6082 板材进行搅拌摩擦焊，焊接接头采用对接形式，试板尺寸为 365mm×150mm。

按照拟定的工艺参数对试件进行焊接，在试验中优化工艺参数；用优化后的搅拌摩擦焊参数进行试板焊接。对试板做 X 射线检验和着色检验，在合格试板上切取试样进行宏观、微观金相检验和拉伸、弯曲（正弯、背弯）、冲击（厚度 $t＝10mm$）等力学性能试验。搅拌摩擦焊接头外观检验、无损探伤结果见表 5.10。

表 5.10　FSW 接头外观检验、无损探伤结果

试验材料	外观检验			无损探伤	
	焊缝厚度/mm	压痕深度/mm	粗糙度	渗透探伤	X 射线探伤
5083	2.86/2.815	0.045	12.5	合格	合格
	2.88/2.83	0.05	12.5	合格	合格
	2.96/2.907	0.053	12.5	合格	合格
6082 (6mm)	6.00/5.957	0.043	12.5	合格	合格
	6.00/5.79	0.21	12.5	合格	合格
	6.00/5.877	0.123	12.5	合格	合格

续表

试验材料	外观检验			无损探伤	
	焊缝厚度/mm	压痕深度/mm	粗糙度	渗透探伤	X射线探伤
6082 （10mm）	10.4/10.118	0.282	12.5	合格	合格
	10.4/9.927	0.473	12.5	起弧处长50mm过透	合格
	10.34/10.34	—	—	合格	合格
	10.32/10.32	—	—	合格	合格
	10.4/10.4	—	—	合格	合格
6082+5083	6.08/6.077	0.003	12.5	收尾处40mm长 未焊透	合格
	6.2/6.097	0.103	12.5	合格	合格
	6.2/6.033	0.167	12.5	中间50mm长 未焊透	合格
	6.00/6.18	—	—	合格	合格
	6.00/6.18	—	—	合格（离端头有一 0.5mm夹杂）	合格

拉伸、弯曲（正弯、背弯）试验和金相检验结果见表5.11。

表5.11 FSW拉伸、弯曲试验和金相检验结果

试验 材料	转速 /r·min^{-1}	行走速度 /mm·min^{-1}	倾角 /(°)	拉伸强度 /MPa	冷弯角		金相	母材强度 /MPa	FSW 接头系数 /%	熔焊 接头系数 /%
					正弯	背弯				
5083	540	30	1	290 断母材	180° 完好	180° 完好	无缺陷	280～295	105～99	62～58 TIG
				295 断母材	180° 完好	180° 完好				
6082 （6mm）	1500	256	2	224	180°	180°	无缺陷	319～320	69.4	—
				221	180°	180°				
6082 （6mm）	1500	180	2	219	180°	56°	无缺陷	310～320	71	58 MIG
				221	79°	95°				
6082+ 5083	800	80	2	212 断焊缝	120° 开裂	180° 完好	无缺陷	317～336 （母材6082）	62～66 （母材6082）	—
	800	64	2	210 断焊缝	180° 完好	180° 完好	无缺陷	280～295 （母材5083）	71～75 （母材5083）	—

5083铝合金搅拌摩擦焊焊缝的抗拉强度为母材的99%～105%，比TIG焊焊缝接头系数（58%～62%）提高约40%，且试件弯曲试验全部合格、金相检验结果表明焊缝内部无缺陷。因此搅拌摩擦焊工艺在5083铝合金上应用是合适的。

6082铝合金搅拌摩擦焊焊缝的抗拉强度相当于母材T6（固溶-人工时效）状态下强度的约70%，但仍比MIG焊焊缝的抗拉强度高约13%，且试件弯曲试验大部分合格、金相检验结果表明焊缝内部无缺陷，因此对于6082铝合金而言，搅拌摩擦焊接头性能优于MIG焊接头。在摩擦热作用下，焊缝区硬度大幅下降，6082铝合金母材区硬度为70HV，焊缝区硬度为49HV，搅拌摩擦焊焊缝区相当于被软化的过时效区，热输入直接影响焊缝的抗拉强度。

6082＋5083 异种铝合金搅拌摩擦焊焊缝的抗拉强度为 6082 母材抗拉强度的 66％，为 5083 母材抗拉强度的 75％，且试件弯曲试验合格，金相检验结果表明焊缝内部无缺陷。搅拌摩擦焊用于异种铝合金焊接，其接头强度的降低与热处理强化铝合金在摩擦热作用下产生过时效软化有关。

2）6082 铝合金 FSW 焊接工艺

针对 6082 铝合金 FSW 焊接工艺进行优化，试板尺寸为 365mm×150mm×10mm，焊接过程选用的搅拌头为：直径 18mm 内凹型轴肩，带螺纹搅拌针，针长 10.22mm。

6082 铝合金搅拌摩擦焊接头抗拉强度与焊接速度和旋转速度有关，在焊接速度为 40mm/min、旋转速度为 1400r/min、焊接倾角为 2.5°的工艺参数条件下，FSW 接头抗拉强度最高。在优选工艺参数下，FSW 接头拉伸试验结果见表 5.12。由表可见，FSW 焊接头的抗拉强度较高而且稳定性较好，平均抗拉强度 244MPa，约为母材抗拉强度（310MPa）的 78％，断口大多断于焊缝外的热影响区。

表 5.12　6082 铝合金 FSW 接头的拉伸试验结果

编号	抗拉强度 /MPa	屈服强度 /MPa	接头强度系数（母材 310MPa）	伸长率 /％
1	246	160	79.2％	3.8
2	244	158	78.8％	4.3
3	243	161	78.3％	4.2
4	244	161	78.8％	4.4
5	240	156	77.6％	4.9
平均	244	159	78.5％	4.3

在 PLG-200C 高频疲劳试验机上对接头试样进行拉伸疲劳试验，疲劳试验选取应力比 $R=0.1$，加载方向与对接焊缝垂直，载荷为恒幅 sin 加载波形，加载频率范围为 80～250Hz。6082 铝合金母材及 FSW 焊接头试样的疲劳 S-N 曲线如图 5.46 所示。厚度 10mm 的 6082 铝合金母材、FSW 接头试验的疲劳 S-N 曲线的斜率范围在 5.39～6.65 之间，S-N 曲线的变化趋势基本类似，FSW 接头的疲劳强度约为母材疲劳强度的 87％。FSW 接头区为细小的等轴晶组织，FSW 断口大多发生在轴肩边缘，而起裂于焊缝根部试样的疲劳寿命偏低，采用工艺措施严格控制 FSW 接头根部质量，是提高 FSW 接头疲劳性能的关键。

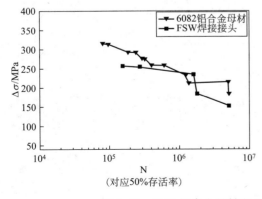
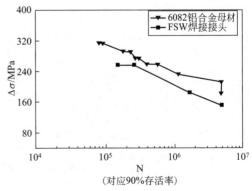

图 5.46　6082 铝合金母材和 FSW 焊接接头试样的疲劳 S-N 曲线

世界各国列车制造公司正在把搅拌摩擦焊技术作为先进铝合金列车制造主导技术。如日本轻金属公司已将 FSW 工艺用于地铁车辆，制造的工件长度已经超过 3km，接头质量良好；住友轻金属公司生产的挤压型材 FSW 焊接拼板，用于日本新干线高速列车的制造，列车时速可达 285km/h。显然，铝合金列车的搅拌摩擦焊制造是技术发展的必然结果，应推动搅拌摩擦焊技术在地铁铝合金车体上的应用。

思 考 题

1. 简述搅拌摩擦焊的原理、特点及适用场合。

2. 分析搅拌摩擦焊的产热特点，指出搅拌摩擦焊的主要技术术语有哪些。

3. 搅拌摩擦焊设备主要由哪几部分组成？

4. 简述 FSW 搅拌头形状不同对焊接过程有什么影响。

5. 搅拌摩擦焊的接头形式设计与常规熔焊方法的接头形式有什么不同？搅拌摩擦焊的接头形式主要有哪几种？

6. 简述搅拌摩擦焊工艺过程及其焊接接头的质量控制方式。

7. 搅拌摩擦焊有哪些焊接缺陷？与熔焊接头相比有什么不同？

8. 何谓复合搅拌摩擦焊，有什么特点，对焊接质量有什么影响？

9. 搅拌摩擦焊的主要工艺参数有哪些？这些参数对焊接接头质量有什么影响？如何正确地选择这些工艺参数？

10. 搅拌摩擦焊接头区域是如何划分的？与熔焊接头相比有什么不同？

第6章 超声波焊

超声波焊是利用超声波的高频（超过16kHz）振动能量使焊件接触表面产生强烈的摩擦作用，以清除表面氧化物并加热而实现焊接的一种压焊方法。焊接时既不向工件输送电流，也不向工件引入高温热源，只是在静压力下将弹性振动能量转变为工件间的摩擦功、形变能及随后有限的温升。这种方法具有不受冶金焊接性的约束、没有气、液相污染等特点，是一种快捷、干净、有效的焊接工艺。因此，它既可以焊接同种或异种金属，又可以焊接半导体、塑料及金属-陶瓷等。

6.1 超声波焊原理及特点

6.1.1 超声波焊原理

超声波焊接是对被焊处施加超声频率的机械振动使之达到连接的过程。接头之间的冶金结合是在母材不发生熔化的情况下实现的，因而是一种固态焊接方法。超声波焊接的原理如图6.1所示。

焊接时，工件被夹在上、下声极之间，上声极用来向工件引入超声波频率的弹性振动能和施加压力；下声极是固定的，用于支撑工件。上声极传输的弹性振动能是经过一系列的能

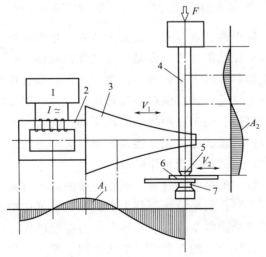

图 6.1 超声波焊接的原理

1—发生器；2—换能器；3—聚能器；4—耦合杆；5—上声极；6—工件；7—下声极；

A_1，A_2—振幅分布；F—静压力；V_1—纵向振动方向；V_2—弯曲振动方向；I—超声波振荡电流

量转换及传递环节而产生。这些环节中，超声波发生器是一个变频装置，它将工频电流转变为超声波频率（16～80kHz）的振荡电流。换能器则通过磁致伸缩效应将电磁能转换成弹性机械振动能。聚能器用来放大振幅，并通过耦合杆，上声极耦合到负载（工件）。由换能器、聚能器、耦合杆及上声极所构成的整体一般称为声学系统。声学系统中各部件的自振频率按同一个频率设计。当发生器的振荡电流频率与声学系统的自振频率一致时，系统即产生了谐振，并向工件输出弹性振动能。工件在静压力及弹性振动能的共同作用下，将机械动能转变成工件间的摩擦功、形变能和随之而产生的温升，使工件在固态下实现连接。

热塑性塑料的超声波焊接是利用工件接触面间高频率的摩擦而使分子间急速产生热量，当此热量足够熔化工件时，停止超声波发生，此时工件接触面由熔融而固化，完成超声焊接过程。

（1）接头的形成

超声波焊焊缝的形成主要由振动剪切力、静压力和接头区的温升三个因素所决定。超声波焊接过程分为预压、焊接和维持三个阶段，组成一个焊接循环。超声波焊接时，由上声极传输的弹性振动能量是经过一系列的电能、磁能和机械能的转变过程得到的，这是一个复杂的能量转换和传递过程，如图6.2所示。

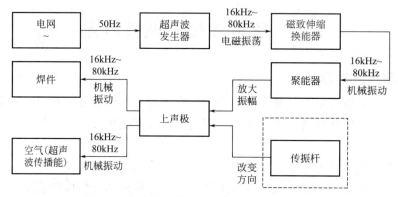

图 6.2 超声波焊接中能量的转换与传递过程

超声波焊接电源为工频电网，通过超声波发生器输出超声波频率的正弦波电压，然后由换能器将电磁能转变为机械振动能。聚能器是传递高频机械振动的元件，与换能器相耦合处于谐振状态，同时通过聚能器来放大振幅和匹配负载。聚能器直接与上声极相连，通过上声极与上焊件接触处的摩擦力将超声波机械振动能传递给焊件，因此与上声极相接触的上焊件表面留有金属塑性挤压的痕迹。由于上声极的超声振动，使其与上焊件之间产生摩擦而造成暂时的连接，然后通过他们直接将超声振动能量传递到焊件间的接触界面上，在此产生剧烈的相对摩擦，开始超声波焊接的第一个预压阶段。

超声波焊接的预压阶段主要是摩擦过程，其相对摩擦速度与摩擦焊相近，只是振幅仅仅为几十微米。这一过程的主要作用是清除工件表面的油污、氧化物等杂质，使纯净的金属表面暴露出来。超声波焊第二个阶段是焊接，主要是应力应变过程，在这一过程中剪切应力的方向每秒将变化几千次，这种应力的存在也是造成摩擦的起因，只是在工件间发生局部连接后，这种振动的应力和应变将成为金属间实现冶金结合的条件。

在上述两个阶段，由于弹性滞后，局部表面滑移及塑性变形的综合结果使焊接区的局部温度升高，达金属熔点的35％～50％。采用光学显微镜和电子显微镜对超声波焊缝进行观察表明，金属材料超声波焊接过程中，由摩擦造成焊件间发热和强烈塑性流动，使焊件的微观接触部分产生严重的塑性变形。此时焊接区出现涡流状的塑性流动层，导致焊件表面之间的机械咬合并引起了物理冶金反应，在结合面上产生联生晶粒，出现再结晶、扩散、相变或金属间的键合等冶金现象，是一种固相焊接过程。

整个超声波焊接过程没有电流流经焊件，也没有火焰或电弧等热源的作用，而是一种特殊物理现象的焊接过程，具有摩擦焊、扩散焊或冷压焊的某些特征。

（2）焊接机理

由于超声波焊接接头区呈现复杂多样的组织形态，其形成原因也是多方面的。超声波焊接机理可从三个方面进行分析：

1）材料在两焊件接触处塑性流动层内相互的机械嵌合

焊件接触处塑性流动层内相互的机械嵌合在大多数超声波焊接接头中出现，对连接强度起到有利的作用，但并不能认为是金属连接的关键。但是在金属与非金属之间的超声波焊接时，这种机械嵌合作用却起着主导的地位，因为他们之间排除了物理冶金的可能。

2）金属原子间的键合过程

超声波焊接接头的常见显微组织是在界面消失，而被连接的部位存在大量被歪扭的晶粒，有些是跨越界面的"联生晶粒"，而且晶粒大小与基体金属的晶粒度无明显差别。根据这一事实，认为超声波接头的形成是通过金属原子的键合而获得的。这种键合可以描述为：在焊接开始时，被焊材料在摩擦作用下发生的强烈的塑性流动，为纯净金属表面之间的接触创造了条件，而继续进行的超声弹性机械振动以及温升，又进一步使金属晶格上原子处于受激状态。因此当有共价键性质的金属原子相互接近到约 $0.1nm$ 的距离时，就有可能通过公共电子云形成原子间的电子桥，这就实现了所谓金属的键合过程。金属原子相互接近时，原子间相互作用力的大小和性质与它们之间的距离有关。

超声波焊接的物理过程虽然十分复杂，但有这样一个事实，即具有未饱和外层电子结构的金属原子相互接触便能相互结合。如果两种相同（或不同）金属的表面绝对清洁和光滑，彼此贴紧，则两金属表面层的原子的未饱和电子将结合从而形成真正的冶金键合。

通常状态下金属表面并不是绝对清洁和光滑的，即使经过精密加工，金属表面还有具有很强吸引力的不平整层。它可从大气中吸收氧，形成金属氧化物，而且像自由金属表面原子一样，具有未饱和键的表面分子。这种金属氧化物的分子对"对偶分子"（如氧）的吸引力很弱，而对"非对偶分子"（如水汽）的吸引力较强。因此，在金属氧化物表面凝聚着液体、气体和有机物薄膜。这层薄膜和氧化物，在金属表面形成一个"壁垒"，阻碍具有未饱和结构的原子接触。所以，要实现金属的焊接，必须首先清除这个"壁垒"。

在超声波焊接过程中，超声频率的机械振动在焊接界面处产生"交变剪应力"，同时施加一垂直压力使被焊件紧密接触。在这两种力的作用下，金属之间发生超声频率的摩擦。摩擦的作用一是消除金属接触处的表面"壁垒"；二是在焊接界面处产生大量的热量，使金属表面层发生塑性形变。从而实现纯净金属表面的紧密接触，形成金属间牢固的冶金键合。

3）焊接过程中金属间的物理冶金反应

金属材料的超声波焊接接头中，存在着由于摩擦生热所引起的冶金反应，例如再结晶、扩散、相变以及金属间化合物的形成等。

人们对超声波接头区再结晶、扩散和相变等现象有不同的看法。有人认为这些物理冶金反应是提高接头强度的基本原因；也有人认为，再结晶或是扩散需要有一定的反应温度和时间，而在一般的超声波焊接时间内（小于2s）是难以完成。超声波焊接接头的再结晶、扩散和相变，常常是通过人工处理后接头区才能呈现出它们的组织，例如铜接头中的再结晶现象必须是焊接时间远远超过接头形成所需时间才能出现，而采用一般的焊接工艺参数所得接头中不一定出现再结晶组织。相变也同样，例如钛的超声波焊接接头中，必须在1000℃时才有α→β的相变过程，而一般钛的超声波焊接温度低于1000℃，此时无相变存在而同样可形成接头。

6.1.2　超声波焊的分类

根据超声波弹性振动能量传入焊件的方向不同，超声波焊接的基本类型可分成两类：一类是振动能由切向传递到焊件表面而使焊接界面之间产生相对摩擦，这种方法适用于金属材料的焊接；另一类是振动能由垂直于焊件表面的方向传入焊件，这一类方法主要用于塑料的焊接。

根据接头形式，常见的金属超声波焊可分为点焊、缝焊、环焊和线焊等类型。不同类型的超声波焊得到的焊缝形状不同，分别为焊点、密封连续焊缝、环焊缝和平直连续的焊缝。

（1）点焊

根据上声极的振动状况，点焊有纵向振动式（轻型结构）、弯曲振动式（重型结构）以及介于两者之间的轻型弯曲振动式等几种，如图6.3所示。

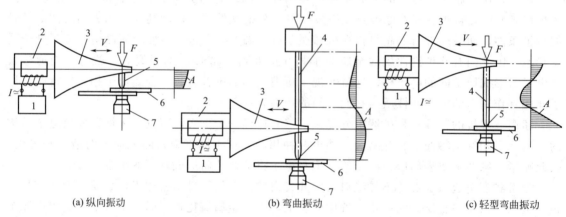

(a) 纵向振动　　　　　　　(b) 弯曲振动　　　　　　　(c) 轻型弯曲振动

图6.3　超声波点焊的振动系统类型

1—发生器；2—换能器；3—聚能器；4—耦合杆；5—上声极；6—工件；7—下声极；

A—振幅；F—静压力；V—振动方向

纵向振动系统主要用于功率小于500W的小功率超声波焊机，弯曲振动系统主要用于千瓦级大功率超声波焊机。而轻型弯曲振动系统适用于中小功率的超声波焊机，兼有两种振动系统的诸多优点。

随着应用不断扩大，超声波点焊方法被派生出许多新的形式。其中最突出的一种是胶点焊，这种方法的原理如图6.4所示。目前，超声波胶点焊在电线接头和电器制造业中得到了广泛应用。

在电器工业，超声波胶点焊方法在中国制造的50万伏超高电压变压器的屏蔽构件中获得成功应用。这项技术兼容了超声波固相连接的诸多优点和金属胶结高强度的特点，这种以"先胶后焊"为特征的方法具备了高导电性、高可靠性及耐腐蚀性的优点，可有效地预防尖端放电的隐患，已在50万伏超高压变压器的制造中取代了国际上通用的钎焊及铆焊工艺。

178

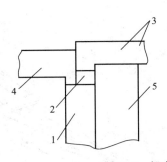
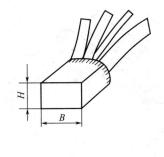

图 6.4　超声波胶点焊原理图

1、4、5—夹具；2—工件；3—上声极；B—焊后零件宽度；H—焊后零件高度

例如 ODFPS2-25000/500 型超高压变压器及其屏蔽构件的焊接结构，共采用了 500 个组件，50000 个焊点，焊接结构中选用的屏蔽铝箔厚度为 0.06mm，每个焊点接地电阻值小于 0.7Ω。

（2）缝焊

超声波缝焊是通过旋转运动的圆盘状声极传输给工件，并形成一条具有密封性的连续焊缝，如图 6.5 所示。根据圆盘状声极的振动状态，超声波缝焊可分为纵向振动、弯曲振动和扭转振动三种形式，如图 6.6 所示。其中较为常用的是纵向振动和弯曲振动形式，其声极的振动方向与焊接方向垂直。实际生产中由于弯曲振动系统具有较好的工艺及技术性能，因此应用最为广泛。在某些特殊情况下，超声波缝焊也可以采用平板式下声极。

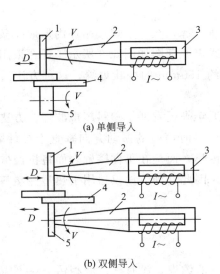

图 6.5　超声波缝焊的工作原理

1—盘状上声极；2—聚能器；3—换能器；

4—焊件；5—盘状下声极；

D—振动方向；V—旋转方向；I—超声波振荡电流

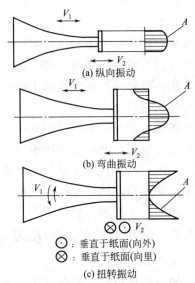

图 6.6　超声波缝焊的振动系统类型

A—焊盘上振幅分布；V_1—聚能器上振动方向；

V_2—焊点上的振动方向

（3）环焊

超声波环焊采用的是扭转振动系统，可以一次形成封闭形焊缝，如图 6.7 所示。这种焊缝一般是圆环形的，也可以是正方形、矩形或椭圆形的。上声极的表面按所需要的焊缝形状制成。

179

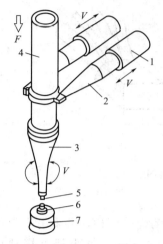

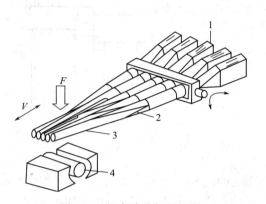

图 6.7　超声波环焊的工作原理

1—发生器；2、3—聚能器；4—耦合杆；

5—上声极；6—工件；7—下声极；

F—静压力；V—振动方向

图 6.8　超声波线焊原理图

1—换能器；2—聚能器；3—125mm 长焊接声极头；

4—心轴；V—振动方向；F—静压力

超声波环焊时，耦合杆带动上声极做扭转振动，振幅相对于声极轴线呈对称分布，轴心区振幅为零，边缘振幅最大。所以这种焊接方法适用于微电子器件的封装，有时环焊也用于对气密要求高的直线焊缝的场合，以替代缝焊。超声波环焊获得的一次性焊缝面积较大，需要有较大的功率输入，因此常常采用多个换能器的反向同步驱动方式。

（4）线焊

线焊是利用线状上声极或将多个点焊声极叠合在一起，在一个焊接循环内形成一条直线焊缝，也可以看成是点焊方法的一种延伸。超声波线焊原理图如图 6.8 所示。现在采用超声波线焊方法，已经可以通过线状上声极一次获得长约 150mm 的线状焊缝，这种方法适用于金属箔的线状封口。

除上述四种常见的金属超声波焊接方法以外，近年来还发展了塑料超声波焊接方法。其工作原理与金属超声波焊接方法不同，塑料超声波焊接时声极的振动方向垂直于焊件表面，与静压力方向一致。这时热量并不是通过工件表面传热，而是在工件接触表面将机械振动直接转化为热能使界面结合，属于一种熔化焊接方法。因此这种方法仅适用于热塑性塑料的焊接，而不能应用于热固性塑料的焊接。

6.1.3　超声波焊的特点及应用

（1）超声波焊的特点

由于超声波焊接属于固态焊接，不受冶金焊接性的约束，没有气、液相污染，不需其他热输入（电流），不仅可以焊接金属材料，而且几乎所有塑性材料都可以采用超声波焊接。超声波焊具有以下特点。

① 不仅能实现同种金属的焊接，还适用于物理性能差异较大、厚度相差较大的异种材料（包括金属与金属、金属与非金属以及塑料之间）的焊接。

② 特别适用于金属箔片、细丝以及微型器件的焊接。可焊接厚度只有 0.002mm 的金箔及铝箔。由于是固态焊接，不会有高温氧化、污染和损伤微电子器件，所以最适用于半导体硅片与金属丝（Au、Ag、Al、Pt、Ta 等）的精密焊接。

③ 可以用于焊接厚薄相差悬殊以及多层箔片等特殊焊件。如热电偶丝焊接、电阻应变片引线以及电子管灯丝的焊接，还可以焊接多层叠合的铝箔和银箔等。

④ 对高导热率和高导电率的材料（如铝、铜、银等）很容易焊接。

⑤ 焊接区金属的物理和力学性能不发生宏观变化，与电阻焊相比，耗电小、焊件变形小、接头强度高且稳定性好。主要是由于超声波焊点不存在熔化及受高温影响较小。

⑥ 超声波焊接操作对焊件表面的清洁要求不高，允许少量氧化膜及油污存在。因为超声波焊接具有对焊件表面氧化膜自动破碎和清理的作用，焊件表面状态对焊接质量影响较小，甚至可以焊接涂有油漆或塑料薄膜的金属。

超声波焊接的主要缺点是由于焊接所需的功率随工件厚度及硬度的提高而呈指数增加，所以大功率的超声波点焊机制造困难且成本很高。再是，超声波焊接目前仅限于焊接丝、箔、片等细薄件，并且接头形式只限于搭接接头。此外，超声波焊点表面容易因高频机械振动而引起边缘的疲劳破坏，对焊接硬而脆的材料不利。由于缺乏精确的无损检测方法和设备，因此超声波焊接质量目前难以进行在线准确检验，在实际生产中还难以实现大批量机械化生产。

（2）超声波焊的应用

超声波焊接广泛应用于电子电器、航空航天和包装工程等领域，例如晶体管芯的焊接、晶闸管控制极的焊接、电子器件的封装及宇宙飞船核电转换装置中铝与不锈钢组件的超声波焊接等。

在电子工业中，超声波焊广泛应用于微电子器件、集成电路元件、晶体管芯的焊接。例如，在 $1mm^2$ 的硅片上，将有数百条直径为 $25\sim50\mu m$ 的 Al 或 Au 丝通过超声波焊将焊点部位互连起来；在太阳能硅光电池的制造中，超声波焊接将取代精密电阻焊，涂膜硅片的厚度为 $0.15\sim0.2mm$，铝导线的厚度为 $0.2mm$；锂电池的制造中金属锂片与不锈钢底座之间的连接，采用超声波焊接方法可以将锂片直接焊接在不锈钢底座上，不仅能够改善接头质量，而且大大提高了生产率。

电机制造尤其是微电机制造中，超声波点焊方法正在逐步代替原来的钎焊及电阻焊方法。微电机制造中几乎所有的连接工序都可用超声波焊来完成，包括通用电枢的铜导线连接、整流子与漆包导线的连接、铝励磁线圈与铝导线的焊接以及编织导线与电刷极之间的焊接等。汽车电器中各种热电偶的焊接是近年来出现的重要应用成果。在钽或铝电解电容器生产中，采用超声波点焊方法焊接引出片。

超声波焊正被广泛用于焊接封装工业中的包装材料，从软箔小包装到密封管壳材料的焊接。用超声波环焊、缝焊和线焊能焊接成气密性封装结构，如铝制罐及挤压管的密封包装，食品、药品和医疗器械等无污染包装，以及精密仪器部件和雷管的包装等。随着塑料工业的发展，大量的工程塑料被广泛应用于机械电子工业中的仪表框架、面板、接插件、继电器、开关、塑料外壳等制造中，这些构件均需要采用超声波塑料焊接工艺。此外超声波焊还可应用于金属与塑料的连接及聚酯织物的"缝纫"等。

此外，超声波焊接在宇航工业中已经开始应用。例如，宇宙飞船的核电转换装置中，铝与不锈钢组件、导弹的地接线以及卫星上的铍窗都是采用超声波焊接的。直升机的检修孔道、卫星用太阳能电池的制造也使用了超声波焊接技术。

6.2 超声波焊接设备及工艺

6.2.1 超声波焊接设备

根据焊件的接头形式，超声波焊机分为点焊机、缝焊机、环焊机和线焊机四种类型。还可根据振动系统的性质或振动能量传入焊件的方式等分为不同类型的超声波焊设备。超声波焊机的组成基本相同，主要由超声波发生器、电-声换能耦合装置（声学系统）、加压机构和焊接时间及加压程序的定时控制装置等组成。此外，还有专门用于塑料焊接的超声波焊机。

（1）超声波点焊机

典型的超声波点焊机组成如图 6.9 所示。

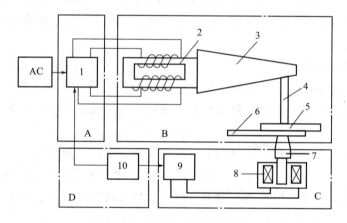

图 6.9　超声波点焊机的组成

A—超声波发生器；B—声学系统；C—加压机构；D—控制装置；

1—超声波发生器；2—换能器；3—聚能器；4—耦合杆；5—上声极；6—焊件；

7—下声极；8—电磁加压装置；9—控制加压电源；10—程控器

1）超声波发生器

超声波发生器是焊机中的核心设备，其性能好坏直接影响焊接质量。它是一种具有超声频率的正弦电压波形的电源，实质上是一个包括机械振动系统在内的单级或多级放大的自激振荡器。它的作用是用来将工频（50Hz）电流变换成 16～80kHz 的振荡电流，并通过输出变压器与换能器相耦合。

根据功率输出元件的不同，焊接所用超声波发生器的电路结构有电子管式、晶体管式和晶闸管式等几种。电子管式超声波发生器设计使用较早，性能可靠稳定，功率也较大。超过 2kW 的超声波发生器多数都是电子管式的。晶体管式超声波发生器目前主要用于小功率焊机。晶闸管式超声波发生器是利用晶闸管逆变原理来实现变频的一种装置，其电路简单、体积小、频率高以及操作方便、安全，但易受干扰、过载能力差。现代采用最先进的是逆变式超声波发生器，具有体积小、效率高、控制性能优良的优点。

超声波发生器必须与声学系统的负载相匹配，才能获得高频率的最大输出功率，使系统处于最佳的工作状态，这种状态取决于负载的大小。超声波焊接过程中机械负载往往有很大的变化，换能元件的发热也可引起材料热物理性能的改变。而换能元件温度的波动，会引起谐振频率的改变，导致焊接质量的明显变化。为了确保焊接质量的稳定，一般都在超声波发生器的内部设置输出自动跟踪装置，使发生器与声学系统之间维持谐振状态以及恒定的输出功率。

2）超声波电-声换能耦合装置

超声波焊机的关键部件是电-声耦合装置（即声学系统），它由换能器、聚能器（变幅杆）、耦合杆（传振杆）和上下声极等部件组成，主要作用是传输弹性振动能量给焊件，以实现焊接。声学系统的设计关键在于按照选定的频率计算每个声学组元的自振频率。

① 换能器　用来将超声波发生器的电磁振荡能转换成相同频率的机械振动能，所以它是焊机的机械振动源。常用的换能器有两种，即磁致伸缩式和压电式换能器。

磁致伸缩式换能器是依靠磁致伸缩效应而工作。磁致伸缩效应是当铁磁材料置于交变磁场中时，将会在材料的长度方向上发生宏观的同步伸缩变形现象。磁致伸缩现象所引起的形变相当小，长度的相对变化仅为 10^{-6} 数量级。有些材料的形变与磁场强度有关。常用的铁磁材料有镍片和铁铝合金。材料的磁致伸缩效应与合金含量和温度有关。磁致伸缩式换能器是一种半永久性器件，工作稳定可靠，但换能效率只有 $20\%\sim40\%$。除了一些特殊用途外，已经被压电式换能器所替代。

压电式换能器是利用某些非金属压电晶体（如石英、锆酸铅、锆钛酸等）的逆压电效应而工作。当压电晶体材料在一定的结晶面上受到压力或拉力时，就会出现电荷，称之压电效应。相反，当压电晶体在压电晶片轴方向发生同步的伸缩现象，即逆压电效应。压电式换能器的主要优点是效率高和使用方便，一般效率可达 $80\%\sim90\%$。缺点是比较脆弱，使用寿命较短。

② 聚能器（变幅杆）　作用是将换能器所转换成的高频弹性振动能量传递给焊件，用它来协调换能器和负载的参数。此外，聚能器还有使输出振幅放大和集中能量的作用。根据超声波焊接工艺的要求，其振幅值一般在 $5\sim40\mu m$ 之间。而一般换能器的振幅都小于这个数值，所以必须放大振幅，使之达到工艺所需值。

聚能器的设计要点是其谐振频率等于换能器的振动频率。各种锥形杆都可以用作聚能器，常见的聚能器形式见图 6.10。其中阶梯形的聚能器放大系数较大，加工方便，但其共振范围小，截面的突变处应力集中最大，所以只适用于小功率超声波焊机；指数形聚能器工作稳定，结构强度高，是超声波焊机应用最多的一种。圆锥形聚能器有较宽的共振频率范围，但放大系数最小。

聚能器作为声学系统的一个组件，最终要被固定在某一装置上，以便实现加压及运转等。聚能器工作在疲劳条件下，设计时应重点考虑结构的强度，特别是声学系统各个组件的

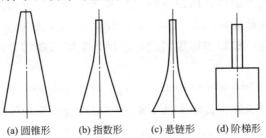

(a) 圆锥形　　(b) 指数形　　(c) 悬链形　　(d) 阶梯形

图 6.10　常见聚能器的结构形式

连接部位。材料的抗疲劳强度及减少振动时的内耗是选择聚能器材料的主要依据,目前常用的材料有 45 号钢、30CrMnSi 低合金钢、T8 工具钢、钛合金及超硬铝合金等。

③ 耦合杆 主要用来改变振动形式,一般是将聚能器输出的纵向振动改变成弯曲振动。当声学系统中含有耦合杆时,振动能量的传输及耦合作用都是由耦合杆完成。耦合杆的自振频率应根据谐振条件来设计,还可以通过波长的选择来调整振幅的分布。耦合杆结构简单,通常为圆柱形杆,但工作状态较为复杂,设计时需考虑弯曲振动时的自身转动惯量及其剪切变形的影响。由于约束条件也很复杂,因此耦合杆常选用与聚能器相同的材料制作。

④ 声极 分为上、下声极,是超声波焊机直接与工件接触的声学部件。超声波点焊机的上声极可以用各种方法与聚能器或耦合杆连接。上声极所用的材料、端面形状和表面状况等会影响到焊点的强度和稳定性。实际生产中,要求上声极的材料具有尽可能大的摩擦系数以及足够的硬度和耐磨性,良好的高温强度和疲劳强度能够提高声极的使用寿命。目前焊接铝、铜、银等较软金属的声极材料较多采用高速钢、滚珠轴承钢;焊接钛、锆、高强度钢及耐磨合金常采用沉淀硬化型镍基超级合金等作为上声极。平板搭接点焊时,上声极的端部应制成球面形,一般声极球面半径取与其相接触焊件厚度的 50～100 倍。不同工件材料所用上声极端部球面半径见表 6.1。此外,上声极与工件的垂直度对焊点质量也会造成较大影响,随着上声极垂直偏离,接头强度将急剧下降。上声极横向弯曲和下声极或砧座的松动会引起焊接变形。

表 6.1 不同工件材料所用上声极端部球面半径

材 料	状 态	厚度/mm	上声极端部球面半径/mm
2024 铝合金	固溶处理	1.0	76
TD 镍	退火	0.6	25
Co5V5Mo12V	再结晶	0.15	18
Ti6Al4V	固溶处理	0.25	25
Ti5Al2.5Sn	退火	0.3	25
S35350 不锈钢	—	0.25	25
Co10Mn10Ti	冷轧及消除应力	0.1	12
		0.25	25
		0.4	25
Mo0.5Ti	冷轧及消除应力	0.1	12
		0.25	18

下声极为质量较大的碳钢件,用以支撑工件和承受所加压力的反作用力,在设计时应选择反谐振状态,从而使振动能可以在下声极表面反射以减少能量损失。超声波缝焊机的上、下声极大多就是一对滚盘,塑料焊用焊机的上声极,其形状随零件形状而改变。

3) 加压机构

向焊接部位施加静压力的加压机构是形成超声波焊接头的必要条件,目前主要有液压、气压、电磁加压和自重加压等。其中大功率超声波焊机较多采用液压方式,冲击力小;小功率超声波焊机多用电磁加压或自重加压方式,这种方式可以匹配较快的控制程序。实际使用中加压机构还包括工件的夹持机构,如图 6.11 所示。

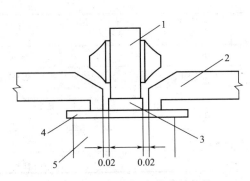

图 6.11 超声波焊工件夹持机构

1—声学头；2—夹紧头；3—丝；4—工件；5—下声极

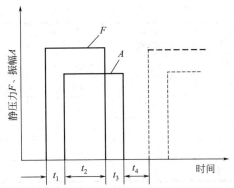

图 6.12 典型的超声波点焊控制程序

t_1—预压时间；t_2—焊接时间；

t_3—消除粘连时间；t_4—休止时间

4）程序控制器

随着电子技术的发展以及程控器的不断更新，超声波焊机的声学反馈及自动控制较多采用计算机进行程序控制。典型的超声波点焊控制程序见图 6.12。向焊件输入超声波之前需有一个预加压时间 t_1，这样既可防止因振动而引起工件的切向错位，以保证焊点尺寸精度，又可以避免因加压过程中动压力与振动复合而引起的工件疲劳破坏。在时间段 t_3 内静压力（F）已被解除，但超声波振幅（A）继续存在，上声极与工件之间将发生相对运动，可以有效地清除上声极和工件之间可能发生的粘连现象。例如，超声波焊接 Al、Mg 及其合金时，上声极和工件之间容易发生这种粘连现象。

超声波焊机的机械振幅由超声波发生器和焊机系统产生，并在整个焊接过程中始终保持恒定（设定的振幅值），有些用途要求系统振幅要准确地与焊接情况匹配。因此，除上述部件外，超声波焊机可以另外安装一个振幅设定器，其可调范围是正常振幅的 25％～100％。

在超声波焊接过程中，超声波系统可以使焊机在负荷和焊接压力不足时，保持恒定的机械振幅。但由于焊机振幅和超声波发生器的高频电流成正比，因此，超声波焊机的电压也随着负荷和功率的增加而增大。增加焊接压力和振幅，可以提高其输出功率，从而提高焊接的可靠性。当然靠增加振幅而提高输出功率是有界限的。如果超声波发生器发射的功率超过正常值，其动态过载保护电路将动作。超声波焊接过程中这种过载状态一定要避免，否则，经常过载容易损坏焊接设备。

（2）超声波缝焊机

超声波缝焊机的组成与超声波点焊机相似，仅声极的结构形状不同而已。焊接时工件夹持在盘状上、下声极之间，在特殊情况下可采用滑板式下声极。另外，还可以利用改变点焊机的上、下声极进行超声波环焊和线焊。

超声波焊接设备型号及主要技术参数见表 6.2。

表 6.2 超声波焊接设备型号及主要技术参数

型号	发生器功率/W	谐振频率/kHz	静压力/N	焊接时间/s	可焊工件厚度/mm	备注
SD-1	1000	18～20	980	0.1～3.0	0.8	点焊机
SD-2	2000	18～20	1470	0.1～3.0	1.2	点焊机

续表

型号	发生器功率/W	谐振频率/kHz	静压力/N	焊接时间/s	可焊工件厚度/mm	备注
SD-3	5000	18~20	2450	0.1~3.0	1.2	点焊机
CHJ-28	0.5	45	15~120	0.1~0.3	30~120	点焊机
SD-0.25	250	19~21	13~180	0.1~1.5	0.15	点焊机
P1925	250	19.5~22.5	20~193	0.1~1.0	0.25	点焊机
FDS-80	80	20	20~200	0.05~60	0.06	缝焊机
SF-0.25	250	19~21	300	—	0.18	缝焊机

6.2.2 超声波焊接工艺

超声波焊接接头的质量主要由焊点质量决定,影响焊点质量的因素除焊接设备外,主要是焊接工艺。一个好的焊点,不仅要求有较好的表面质量,还要求有较高的强度。除了表面不能有明显的挤压坑和焊点边缘的凸肩,还应注意观察与上声极接触部位的焊点表面状态。例如 2A12 硬铝焊点表面为灰色时,说明焊点质量较好;而光亮表面说明焊点强度不高,或者根本没有形成接头,只是焊件上产生局部塑性变形而已。因此,为确保获得良好的超声波焊接接头质量,必须严格控制焊接工艺,主要包括接头设计、表面准备和工艺参数的选择等。

（1）接头设计

超声波焊接头形式为搭接接头,焊接过程母材不发生熔化,焊点不受过大压力,也没有电流分流等问题,因此可以较为自由地设计焊点的点距 s、边距 e 和行距 r 等参数,如图 6.13 所示。

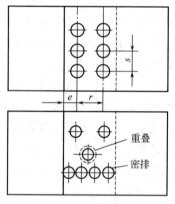

图 6.13　超声波点焊接头设计

超声波点焊接头边距（e）只要保证声极不压碎或穿破薄板的边缘,就采用最小的边距,以节省母材,减轻重量。点距（s）可以根据接头强度要求设计,点距越小,接头承载能力越高,甚至可以重叠点焊。焊点行距（r）可任意选择。

超声波焊的接头设计中一个值得注意的问题是如何控制工件的谐振问题。当上声极向工件输入超声波时,如果工件沿振动方向的自振频率与输入的超声振动频率相等或接近,就可能使焊件受超声波焊接系统的激发而产生振动（共振）。出现这种情况时,可能引起先焊好的焊缝断开,或焊件的疲劳开裂。解决上述问题的方法是改变工件与声学系统振动方向的相对位置或在工件上夹持一个质量块以改变工件的自振频率,如图 6.14 所示。

（2）焊件表面准备

超声波焊接时,对焊件表面不需进行严格清理,因为超声振动本身对焊件表面层有破碎清理作用。例如对于易焊金属,如铝、铜和黄铜等,若表面未经严重氧化,在轧制状态下就能进行焊接,即使表面带有较薄的氧化膜也不影响焊接。同时,超声波焊接时,焊接区材料的塑性流动过程中促使这些氧化膜在一定范围内成弥散状分布,对焊接质量的影响比较小。但如果焊件表面被严重氧化或已有锈蚀层,焊前仍需清理。通常采用机械磨削或化学腐蚀方

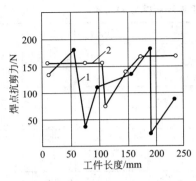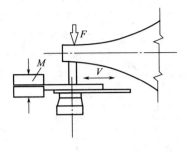

图 6.14　工件与声学系统振动方向的相对位置试验

1—自由状态；2—夹固状态；M—夹固；F—静压力；V—振动方向

法清除。

透过某些表面保护膜或绝缘层也可以进行超声波焊，但需要较高能量的超声波焊接设备，否则焊前仍需进行表面清除。

（3）工艺参数的选用

超声波焊接应用最为普遍的是点焊。超声波点焊的主要工艺参数是功率 P、振动频率 f、振幅 A、静压力 F 和焊接时间 t 等。

1）功率

焊接功率取决于工件的厚度 δ 和材料的硬度 H。并可按下式确定

$$P = kH^{3/2}\delta^{3/2} \tag{6.1}$$

式中，P 为焊接功率，W；k 为系数；H 为材料的硬度，HV；δ 为工件厚度，mm。

一般说来，所需的超声波焊接功率随工件厚度和硬度的增加而增加。板厚和硬度与焊接功率的关系如图 6.15 所示。几种材料超声波焊所需要的功率见表 6.3。

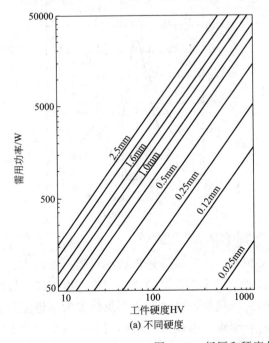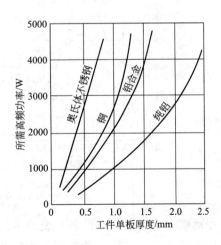

(a) 不同硬度　　　　　　　　　　　(b) 不同厚度

图 6.15　板厚和硬度与焊接功率的关系

表 6.3 几种材料超声波焊所需要的功率

不锈钢	工件上板厚度/mm	0.1	0.2	0.4	0.5	0.6	0.7	0.8
	所需功率/W	500	1000	2100	2600	3100	3600	4100
铝合金	工件上板厚度/mm	0.3	0.55	1.0	1.2	1.4	1.5	1.6
	所需功率/W	500	1000	2100	2600	3100	3600	4100
铜	工件上板厚度/mm	0.2	0.4	0.6	0.8	1.0	1.1	1.25
	所需功率/W	500	1000	1400	1900	2800	3300	4500
纯铝	工件上板厚度/mm	0.4	0.6	0.9	1.6	1.9	2.2	2.5
	所需功率/W	300	500	900	2000	2500	3100	4400

2）振动频率

超声波焊接时振动频率包括谐振频率的数值和谐振频率的精度。谐振频率的选择以工件的厚度及物理性能为依据，一般控制在 15～75kHz 之间。薄件焊接时，宜选用较高的谐振频率，因为在维持声功能不变的前提下，提高振动频率就可以相应降低振幅，从而减轻薄件因交变应力而可能引起的疲劳破坏。通常小功率超声波焊机（100W 以下）多选用 25～75kHz 的谐振频率。焊接厚件时或焊接硬度及屈服强度都比较低的材料时，宜选用较低的振动频率。大功率超声波焊机一般选用 16～20kHz 较低的谐振频率。

由于超声波焊接过程中负载变化剧烈，随时可能出现失谐现象，从而导致接头强度的降低和不稳定。因此焊机的选择频率一旦被确定以后，从工艺角度讲就需要维持声学系统的谐振，这是焊接质量及其稳定性的基本保证。图 6.16 是超声波焊点抗剪力与振动频率的关系，可见材料的硬度越高，厚度越大，振动频率的影响越明显。

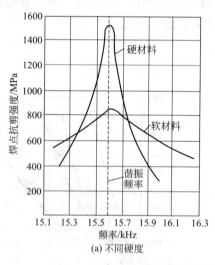
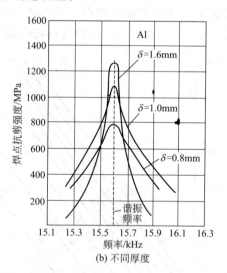

图 6.16 超声波焊点抗剪力与振动频率的关系

振动频率决定于焊接设备系统给定的名义频率，但其最佳操作频率可随声极极头、工件和静压力的改变而变化。谐振频率的精度是保证焊点质量稳定的重要因素。由于超声波焊接过程中机械负荷的多变性，可能会出现随机的失谐现象，以致造成焊点质量的不稳定。

由于实际应用中超声波焊接功率的测量尚有困难，因此常常用振幅表示功率的大小。焊接功率与振幅的关系可由下式确定

$$P = \mu SFv = \mu SF 2A\omega / \pi = 4\mu SFAf \tag{6.2}$$

式中，P 为焊接功率，W；F 为静压力，MPa；S 为焊点面积，mm^2；v 为相对速度，m/s；A 为振幅，m；μ 为摩擦系数；ω 为角频率，$\omega = 2\pi f$；f 为振动频率，Hz。

3）振幅

振幅是超声波焊接的基本工艺参数之一，它决定着摩擦功的大小，关系到材料表面氧化膜的清除效果、塑性流动的状态以及结合面的加热温度等。因此针对被焊材料的性质及其厚度来正确选择一定的振幅值是获得良好接头质量的保证。

超声波焊接所选用的振幅由焊件厚度和材质决定，常选用范围为 $5 \sim 25\mu m$。较低的振幅适合于硬度较低或较薄的焊件，所以小功率超声波点焊机其频率较高而振幅范围较小。随着材料硬度及厚度的提高，所选用的振幅值相应增大。因为振幅的大小表征着焊件接触表面间的相对移动速度的大小，而焊接区的温度、塑性流动以及摩擦功的大小均由这个相对移动速度所确定。因此振幅的大小与焊点强度有着密切的联系。对于某一确定材料的焊件，存在着一个合适的振幅范围。图 6.17 为 Al-Mg 合金（厚度 0.5mm）不同振幅下超声波焊点的抗剪强度。

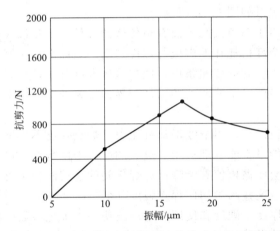

图 6.17　Al-Mg 合金超声波焊点抗剪力与振幅的关系

当振幅为 $17\mu m$ 时焊点剪切强度最大，振幅减小时，强度随之降低；振幅小于 $6\mu m$ 时已经不可能形成接头，即使增加振动作用的时间也不会促进接头的形成。这是因为振幅值过小，焊件间接触表面的相对移动速度过小所致。当振幅过大（大于 $17\mu m$）时，焊点剪切强度反而下降，这主要与金属材料内部及表面的疲劳破坏有关。因为振幅过大，由上声极传递到焊件的振动剪力超过了它们之间的摩擦力。在这种情况下，声极将与工件之间发生相对的滑动摩擦现象，并产生大量热和塑性变形，上声极埋入焊件，使焊件截面减小，从而降低了接头强度。

超声波焊机的换能器材料和聚能器结构，决定焊机振幅的大小。当它们确定以后，要改变振幅可以通过调节超声波发生器的功率来实现。振幅的选择与其他工艺参数也有一定的关系，应综合考虑。应指出，在合适的振幅范围内，采用偏大的振幅可大大缩短焊接时间，提高超声波焊接生产率。

4）静压力

静压力用来直接向工件传递超声振动能量，是直接影响功率输出及工件变形条件的重要因素。静压力的选用取决于材料的厚度、硬度、接头形式和使用的超声波功率。超声波焊点

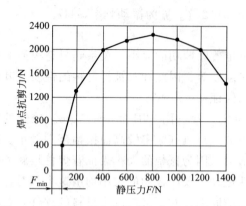

图 6.18　超声波焊点抗剪力与静压力之间的关系

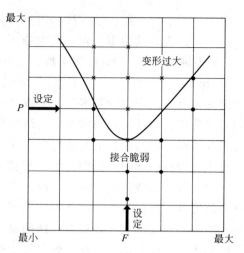

图 6.19　静压力与功率的临界曲线

P—功率；F—静压力

抗剪力与静压力之间的关系如图 6.18 所示。

当静压力过低时，由于超声波几乎没有被传递到焊件，不足以在焊件之间产生一定的摩擦功，超声波能量几乎全部损耗在上声极与焊件之间的表面滑动，因此不可能形成连接。随着静压力的增加，改善了振动的传递条件，使焊接区温度升高，材料的变形抗力下降，塑性流动的程度逐渐加剧。另外由于静压力的增加，界面接触处塑性变形的面积增大，因而接头的破断载荷也会增加。

当静压力达到一定值以后，再继续增加静压力，焊点强度不再增加反而下降，这是因为当静压力过大时，振动能量不能合理运用。过大的静压力使摩擦力过大，造成焊件之间的相对摩擦运动减弱，甚至会使振幅值有所降低，焊件间的连接面积不再增加或有所减小，加之材料压溃造成截面削弱，这些因素均使焊点强度降低。

通常在确定材料的厚度、硬度和使用的超声波功率等工艺参数的相互影响时，可以通过绘制临界曲线的方法来选择静压力。图 6.19 即表示静压力与功率的临界曲线。对某一特定产品，静压力可以与超声波焊功率的要求联系起来加以确定。表 6.4 中列出各种功率的超声波焊机的静压力范围。

表 6.4　各种功率的超声波焊机的静压力范围

焊机功率/W	静压力范围/N
20	0.04～1.7
50～100	2.3～6.7
300	22～800
600	310～1780
1200	270～2670
4000	1100～14200
8000	3560～17800

在其他焊接条件不变的情况下，选用偏高一些的静压力，可以在较短的焊接时间内得到同样强度的焊点。因为偏高的静压力能在振动早期比较低的温度下开始同样程度的塑性变形。同时，选用偏高的静压力，将在较短的时间内达到最高温度，使焊接时间缩短，提高焊

接生产率。

5）焊接时间

焊接时间是指超声波能量输入焊件的时间。每个焊点的形成有一个最小焊接时间，小于该时间不足以破坏金属表面氧化膜而无法焊接。通常随焊接时间的延长，接头强度也增加，然后逐渐趋于稳定值。但当焊接时间超过一定值后，反使焊点强度下降。这是因为焊件受热加剧，塑性区扩大，声极陷入焊件，使焊点截面减弱；另一方面是由于超声振动作用时间过长，引起焊点表面和内部的疲劳裂纹，降低接头强度。

焊接时间的选择随材料性质、厚度及其他工艺参数而定，高功率和短时间的焊接效果通常优于低功率和较长时间的焊接效果。当静压力、振幅增加及材料厚度减小时，超声波焊接时间可取较低数值。对于金属细丝或箔片，焊接时间 0.01～0.1s，对于金属厚板超声波焊接时间一般不会超过 1.5s。

表 6.5 列出几种材料超声波焊接的工艺参数。

表 6.5　几种材料超声波焊接的工艺参数

| 材料 | | 厚度/mm | 焊接工艺参数 | | | 上声极材料 |
名称	牌号		静压力/N	焊接时间/s	振幅/μm	
铝及铝合金	1050A	0.3～0.7	200～300	0.5～1.0	14～16	45 号钢
		0.8～1.2	350～500	1.0～1.5	14～16	
	5A03	0.6～0.8	600～800	0.5～1.0	22～24	
	5A06	0.3～0.5	300～500	1.0～1.5	17～19	
	2A11	0.3～0.7	300～600	0.15～1.0	14～16	
	2A12	0.3～0.7	300～600	0.15～1.0	18～20	轴承钢 GCr15
		0.8～1.0	700～800	1.0～1.5	18～20	
纯铜	C11000	0.3～0.6	300～700	1.5～2	16～20	45 号钢
		0.7～1.0	800～1000	2～3	16～20	
钛及钛合金	TA3	0.2	400	0.3	16～18	上声极头部堆焊硬质合金60HRC
		0.25	400	0.25	16～18	
		0.65	800	0.25	22～24	
	TA4	0.25	400	0.25	16～18	
		0.5	600	1.0	18～20	
非金属	树脂68	3.2	100	3	35	钢
	聚氯乙烯	5	500	2.0	35	橡皮

超声波焊接除了上述的主要工艺参数外，还有一些影响焊接过程的其他工艺因素，例如焊机的精度以及焊接气氛等。一般情况下超声波焊无需对焊件进行气体保护，只有在特殊应用场合下，如钛的焊接、锂与钢的焊接等才可用氩气保护。在有些包装应用场合，可能需在干燥箱内或无菌室内进行焊接。

6.3　不同材料的超声波焊接

超声波焊接属于固相焊接，目前主要用于小型薄件的焊接，焊接质量可靠，并具有一定的经济性。超声波焊接不仅可以焊接较软的金属材料，如铝、铜、金等；也可用于钢铁材料、钨、钛、钼等金属以及其他材料的焊接，如塑料、异种材料等。对于物理性质相差悬殊的异种金属，甚至金属与半导体、金属与陶瓷等非金属以及塑料等，均可以采用超声波焊接。

6.3.1 金属材料的超声波焊接

从金属超声波焊接性的角度，要求材料具有随温度升高硬度变小、塑性提高的特点。超声波焊可以焊接多种金属和合金。

超声波焊接所需的功率与被焊材料的性质及厚度有关，厚度为 1.0～1.5mm 的铝板，超声波焊接仅需 1.5～4kW 功率的焊机，而电阻焊则至少需要 75kW，前者仅为后者的 5%。目前有功率为几瓦的超声波焊机可焊厚度为 2μm 的金属箔，也有功率 25kW 的超声波焊机，可焊的铝合金厚度达 3.2mm。图 6.20 示出超声波焊接的材料范围。

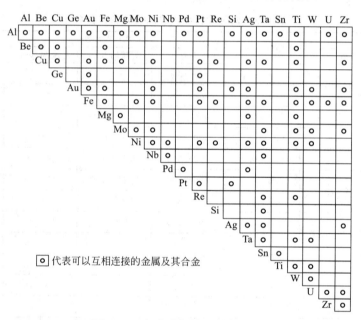

图 6.20　超声波焊接的材料范围

超声波焊接的材料范围很广，例如：

① 高导热、高导电性材料（铝、铜、银等）的焊接。尤其铝合金是超声波焊接性最好的材料之一。

② 物理性能相差悬殊的材料焊接。如在宇航工业中曾经利用这一特点，采用超声波重叠点焊方法，实现了卫星部件中不锈钢与铝合金之间高气密性要求的连接。

③ 金属与半导体及其他非金属材料之间的焊接。正是由于超声波焊接的这一独特优点，使其在电子工业中获得了广泛的应用。

④ 钼、铍等对热影响特别敏感的材料焊接。

铝及铝合金是应用超声波焊接最多，也是最能显示出这种焊接方法优越性的一种材料。不论是纯铝，Al-Mg 及 Al-Mn 合金，或是 Al-Cu、Al-Zn-Mg 及 Al-Zn-Mg-Cu 合金等高强度合金，它们在任何状态下，如铸造、轧制、挤压及热处理状态均可焊接。但其可焊性的程度是随着合金的种类和热处理方法而变化。

对于较低强度的铝合金，超声波点焊和电阻点焊或缝焊的接头强度大致相同。然而在较高强度的铝合金中，超声波焊的接头强度可以超过电阻焊的强度。例如，Al-Cu 合金的超声波点焊强度比电阻点焊平均高出 30%～50%。接头强度提高的主要原因，是超声波焊接材料不受熔化和高温对热影响区性能的影响，并且焊点的尺寸一般较大。

超声波焊接铝及铝合金的表面准备要求比其他任何一种焊接方法都低。正常情况下，铝的表面一般进行除油处理。铝合金进行热处理后和合金中的含镁量的百分比高时，会形成一层厚的氧化膜，为了获得令人满意的焊接接头，焊前应将这层氧化膜去除。除铝及铝合金外，镁、铜、钛也有很好的超声波焊接性。焊前铜及铜合金的表面只需去除油污，严格控制焊接工艺参数即可获得强度较高的超声波焊接头。常用铝、铜及其合金超声波焊接的工艺参数见表 6.6。

表 6.6　常用铝、铜及其合金超声波焊接的工艺参数

材料		厚度 /mm	工艺参数			振动头			焊点 直径 /mm	接头剪 切力 /N
			静压力 /N	焊接时间 /s	振幅 /μm	球面半径 /mm	材料 牌号	硬度 HV		
纯铝	1017	0.3～0.7	200～300	0.5～1.0	14～16	10	45	160～180	4	530
		0.8～1.2	350～500	1.0～1.5	14～16				4	1030
铝合金	5A03	0.6～0.8	600～800	0.5～1.0	22～24	10	45 轴承钢 GCr15	160～180 330～350	4	1080
		0.3～0.7	300～600	0.5～1.0	18～20				4	720
		0.8～1.0	700～800	1.0～1.5	18～20				4	2200
	2A12	0.3～0.7	500～800	1.0～2.0	20～22	10	轴承钢 GCr15	330～350	4	2360
		0.8～1.0	900～1100	2.0～2.5	20～22				4	1460
纯铜	C11000	0.3～0.6	300～700	1.5～2.0	16～20	10～15	45	160～180	4	1130
		0.7～1.0	800～1000	2.0～2.5	16～20	10～15	45	160～180	4	2240
		1.1～1.3	1100～1300	3.0～4.0	16～20	10～15	45	160～180	4	—

注：振动频率为 19.5～20kHz。

由于镁合金在电化学方面是最易氧化的金属，而且合金中的杂质将使其耐蚀性大大降低，因而为确保其耐蚀性常在镁合金表面进行各种处理。镁合金的表面处理对超声波焊接接头性能有重要的影响。例如 AZ31B 镁合金板材表面分别经过湿式抛光、湿式抛光＋碱洗（15g/L 的氢氧化钠＋22g/L 的碳酸钠水溶液、处理温度为 100℃，处理时间为 600s）、湿式抛光＋碱洗＋铬酸水溶液处理（CrO_3 180g/L，处理温度为室温，处理时间为 180s）、湿式抛光＋碱洗＋铬酸和硫酸混合液处理（CrO_3 180g/L＋H_2SO_4 0.5mL/L，处理温度为室温，处理时间为 180s），获得的覆层厚度不同。不同的表面处理对超声波焊接头抗剪力的影响如图 6.21 所示。

钛及其合金的超声波焊接工艺参数区间较宽，见表 6.7。焊点经显微组织分析有时产生 α→β 相变，也有未经相变的焊点组织，但均能获得满意的接头强度。

对于金属钼、钨等高熔点的材料，由于超声波焊接可避免接头区的加热脆化现象，从而可获得高强度的焊点质量，如图 6.22 所示。目前采用超声波焊可以焊接厚度达 1mm 的钼板。但由于钼、钽、钨等具有特殊的物理化学性能，在超声波焊接操作时较为困难，必须采用相应的工艺措施。如振动头和工作台需用硬度较高和耐磨材料制造，所选择的焊接工艺参数也应适当的偏高，特别是振幅值及施加的静压力应取较高值，焊接时间则应较短。

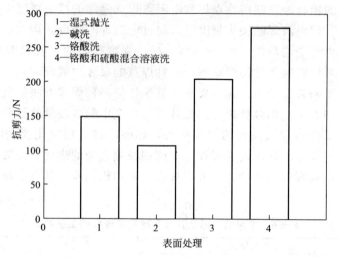

图 6.21　AZ31B 镁合金表面处理对超声波焊接头抗剪力的影响
（厚度 0.9mm，焊接压力 882N，焊接时间 2s，振幅 18μm）

表 6.7　钛及钛合金超声波焊接的工艺参数

材料	厚度 δ /mm	工艺参数			振动头硬度[①] HRC	焊点直径 /mm	接头剪切力/N		
		静压力 /N	焊接时间 /s	振幅 /μm			最小	最大	平均
TA3	0.2	400	0.30	16～18	60	2.5～3	680	820	760
	0.25	400	0.25	16～18	60	2.5～3	700	830	780
	0.65	800	0.25	22～24	60	3.0～3.5	3960	4200	4100
TA4	0.25	400	0.25	16～18	60	2.5～3	690	990	810
	0.5	600	1.0	18～20	60	2.5～3	1770	1930	1840
TB2	0.5	800	0.5	20～22	60	2.5～3	1620	2510	2000
	0.8	900	1.5	22～24	60	3.0～3.5	2850	3600	3300
	1.0	1200	1.5	18～20	60	2.5～3	2670	3430	2930

①表示振动头上带有硬质堆焊层。

注：振动头的球形半径为 10mm。

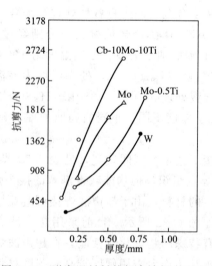

图 6.22　耐高温材料的超声波焊点强度

194

18-8 型不锈钢在冷作硬化或淬火状态下的超声波焊接性也比较好。

高硬度金属材料之间的超声波焊接，或焊接性较差的金属材料之间的焊接，可通过另一种硬度较低的金属箔片作为中间过渡层。例如采用厚度为 0.062mm 的镍箔片作为过渡层，焊接厚度为 0.62mm 的钼板，焊点抗剪力可达 2400N；采用厚度为 0.025mm 的镍箔片作过渡层，焊接厚度为 0.33mm 的镍基高温合金，焊点抗剪力为 3500N。

对于多层金属结构，也可以采用超声波焊接。例如，采用超声波焊可将数十层的铝箔或银箔一次焊上，也可利用中间过渡层焊接多层结构。并且随着电子工业的发展，半导体和集成电路的制造工艺中铝丝和铝膜，以及锗、硅半导体材料的超声波焊接质量正迅速提高，以适应高可靠性的要求。

6.3.2　塑料的超声波焊接

塑料超声波焊接的原理是塑料的焊接面在超声波能量作用下进行高频机械振动而发热熔化，同时施加焊接压力，从而把塑料焊接在一起。塑料焊接时，通常尽量将焊件的结合面设置于谐振曲线的波节点上，以便在这里释放出最高的局部热量，以达到焊接的目的。由于这种能量的集聚效果，使得超声波焊接塑料具有效率高、热影响区小的特点。

塑料超声波焊机一般由超声波发生器、压台和焊具三大部分组成。其中，焊具包括超声波换能器、调幅器、超声波声极（又称超声波振头）和底座。用于塑料焊接的超声波振动频率一般在 20～40kHz。超声波焊机可以半机械化、机械化或自动化地进行操作。根据焊具与工件位置不同，塑料超声波焊接分为近程和远程两种，前者又称为直接式超声波焊接，或接触式超声波焊接；而后者又称为间接式超声波焊接。

近程超声波焊接塑料是指超声波振头和塑料焊接面之间的相互作用距离很近（小于6mm），与振头端面接触的整个塑料焊接面都发生熔化，从而实现焊接。远程超声波焊接塑料是指超声波振头和塑料焊接面之间的作用距离较远（大于 6mm），超声波能量必须经过被焊工件传递至焊接面，并仅在焊接面上产生机械振动，从而发热熔化实现焊接，而位于超声波振头和焊接面之间起传能作用的工件本身并不发热。

塑料的超声波焊接方法从机理上讲虽然属于熔化焊，但它不是表面热传导熔化接头，而是直接通过工件与接触面将弹性振动能量转化为热量，因而具有以下优点。

① 焊接效率高，焊接时间通常不超过 1s。而且这种焊接方法焊后无干燥及冷却工序，进一步提高了生产效率。

② 焊前工件表面可不处理，由于残存在塑料零件上的水、油、粉末、溶液等不会影响正常焊接，因而特别适用于各类物品的封装焊。

③ 焊接过程仅在焊合面上发生局部熔化，因而可避免污染工作环境，而且焊点美观，不产生浑浊物，可获得全透明的焊接成品。

④ 焊接过程中不会对广播、电视等视听设备产生高频干扰。

超声波对塑料件的可焊性与塑料材料本身的熔融温度、弹性模量、摩擦系数和导热性等物理性能有关，大部分热塑性塑料能够通过超声波进行焊接。一般而言，硬质热塑性塑料的焊接性能比软质的好，非结晶性塑料的焊接性能比结晶性的好（见表 6.8）。所以焊接结晶性塑料和软质塑料时，需要在离上声极较近的近场区焊接。超声波焊主要用于焊接模塑件、薄膜、板材和线材等，在焊接时不需加热或添加任何溶剂和黏结剂。

塑料超声波焊接的焊接面预加工有一些特殊要求，在焊接面上，常设计带有尖边的超声波导能筋（见图 6.23）。超声波导能筋具有减小超声波焊接的起始接触面积以达到较理想的

表 6.8　热塑性塑料的超声波焊接性

材料名称		焊接性能	
		近程焊接	远程焊接
非结晶性材料	丙烯腈-丁二烯-苯乙烯共聚物(ABS)	优良	良好
	ABS-聚碳酸酯合金	良好	良好
	聚甲基丙烯酸甲酯(PMMA)	良好	良好~一般
	丙烯酸系多元共聚物	良好	良好~一般
	丁二烯-苯乙烯共聚物	良好	一般
	聚苯乙烯	优良	优良
	橡胶改性聚苯乙烯	良好	良好~一般
	纤维素	一般	差
	硬质聚氯乙烯(PVC)	一般	差
	聚碳酸酯	良好	良好
	聚苯醚	良好	良好
结晶性材料	聚甲醛	良好	一般
	聚酰胺	良好	一般
	热塑性聚酯	良好	一般
	聚丙烯	一般	一般~差
	聚乙烯	一般	差
	聚苯硫醚	良好	一般

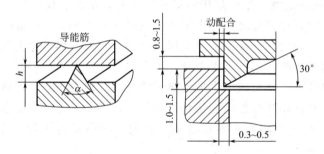

图 6.23　塑料超声波焊接面上的导能筋

起始加热状态、准确地控制材料熔化后的流动以及防止工件自身过热的作用。

　　焊接模塑件时，超声波导能筋的形式及其设计原则取决于被焊塑料的种类和模塑件的几何形状。图 6.24 给出了无定形和部分结晶性塑料超声波焊接时焊接面的设计举例。

　　塑料超声波焊接的焊缝质量主要与母材的焊接性、被焊工件和焊缝的几何形状和公差范围、超声波振头、焊接工艺参数以及振头压入深度的调整和稳定控制等因素有关。所以塑料超声波焊接时，应针对不同的材料选择合适的超声波振头、严格控制焊接工艺参数。常用塑料的超声波焊接工艺参数见表 6.9。

6.3.3　其他材料的超声波焊接

　　异种材料之间的超声波焊接，决定于两种材料的硬度。材料的硬度越接近、越低，超声波焊接性越好。两者硬度相差悬殊的情况下，只要有其中一种材料的硬度较低、塑性较好时，也可以形成性能良好的接头。当两种被焊材料塑性都较低时，可通过添加塑性较高的中

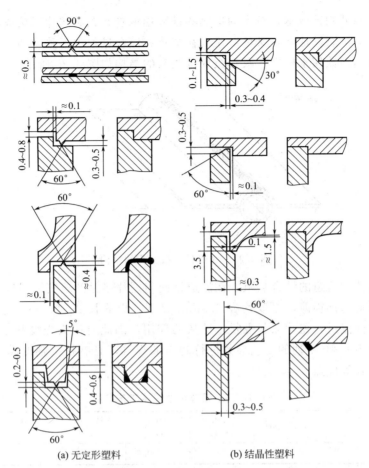

(a) 无定形塑料　　　　　　(b) 结晶性塑料

图 6.24　无定形和部分结晶性塑料超声波焊接面预加工设计举例

表 6.9　常用塑料的超声波焊接工艺参数

工件材料	接头形式	单件厚度/mm	振幅/μm	静压力/N	焊接时间/s
聚氯乙烯	十字	5	35	500	2.0
聚氯乙烯	十字	10	35	600	3.0
聚氯乙烯	对接	5	35	700	3.0
聚氯乙烯	对接	2.2	35	50	2.0
树脂 88	十字	3.2	38	100	3.0
CHH	对接	2.2	35	50	1.0
CHH	十字	2.2	35	50	0.6

间过渡层来实现连接。

　　不同硬度的金属材料焊接时，硬度低的材料置于上面，使其与上声极相接触，焊接所需要的工艺参数及焊机的功率也取决于上焊件的性质。例如对铜、铝不同材质的焊接接头，若使用常规的热能熔焊法进行焊接，则因铝材表面坚固的氧化层、金属熔点不同、金属高的导热系数以及金属熔合而导致的脆性较大等原因，易生成不稳定的金属间化合物，影响接头质量的可靠性。而采用超声波焊接，不会产生脆性金属间化合物，可获得高质量的焊接区，且不需中间工序，提高了焊接生产率。

　　平板太阳能集热器吸热板就是采用超声波焊接制成的。目前为了提高太阳能集热器的吸热能力，同时又降低制造成本，较多的集热器都采用铜管和铝制翅片焊接成吸热板。这种吸热板既具有较好的抗腐蚀性能，又可以使水在加热和储存过程中不致受到二次污染，保持水质的清洁，使其达到饮用水标准。吸热板焊接接头的结构如图 6.25 所示。

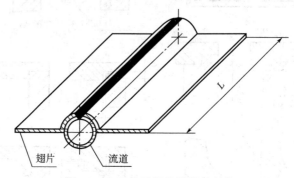

翅片　　　流道

图 6.25　吸热板焊接接头的结构

为了减小翅片和流道的结合热阻，在流道轴向与翅片接触部位实施焊接。它是一种搭接接头，翅片和流道壁都很薄，厚度均在 0.5mm 以下，焊缝长 2～2.5m，并且焊件工作时，介质在流道中加热流过，翅片只起吸收传导热的作用，因此对接头强度和密封性要求不高。研究表明，采用表 6.10 所列的工艺参数进行超声波焊接，具有接头强度高、生产率高、耗能小、劳动条件好等优点。

表 6.10　铜-铝超声波焊接工艺参数

材料	厚度/mm	振动频率/kHz	静压力/MPa	焊接时间/s	振幅/μm	连续焊接速度/m·min^{-1}
铜＋铝(C11300＋1200)	0.5＋0.5	20	0.4～0.6	0.05～1	16～20	10

超声波焊接广泛应用于集成电器元件的焊接。在 1mm^2 的硅片上有许多条直径为 25～50μm 的铝或铝丝，通过超声波焊接方法将接点连接起来，其中局部铝薄膜及芯片上 Au-Pd 膜与 Au、Al 引线之间也用超声波焊接方法焊接。集成电器元件常用的焊接参数为超声波点焊机功率 0.02～2kW；谐振频率 60～80kHz；静压力 0.2～2kN；焊接时间 10～100s，获得焊接成品率高达 90%～95%。

在焊接铝制点火模件衬底和铜制衬垫时，通过超声波自动焊接系统可达到每小时完成 3000 个焊点的生产效率。采用超声波焊接方法焊接汽车起动机电场线圈内的铜-铝接头，解决了由于生成铝材接头的非导电性氧化层以及因热循环引起的损耗问题。

常用超声波焊接的电子精密部件见表 6.11。

表 6.11　常用超声波焊接的电子精密部件

焊接部件	金属膜	内引线材料	直径/μm
在玻璃母体上的薄膜线路	Al	Al(Au)丝	50～250(25～100)
	Ni	Al(Au)丝	50～100
	Cu	Al 丝(Cu 带)	50～250(70×70)
	Au	Al(Au)丝	50～250(50～100)
	Cr-Ni	Al 丝	50～500
	Pt(Pt-Au)	Al 丝	250
	Ag	Al 丝	250

续表

焊接部件	金属膜	内引线材料	直径/μm
在 Al_2O_3 母体上的薄膜线路	Pt-Au	Al 丝	250
	Mo	Al 丝(Al 带)	50~500(75×75)
	Au(Cu)覆于 Mo 的双金属	Ni 带	50×50
在陶瓷母体上的薄膜线路	Ag	Al(Au)丝	250(50~100)
硅或锗晶体管	Al	Al(Au)丝	18~75(18~50)
电解电容	光亮 Al	Al 丝	≤2mm
	化学处理 Al	Cu 丝	≤1mm
		Al 箔	0.025~0.25mm

　　超声波焊接可以用于不同厚度材料的焊接，甚至焊件的厚度相差可以是很大的，例如可将热电偶丝焊到待测温度的厚大物件上；厚度为 25μm 的铝箔与厚度为 25mm 的铝板之间的超声波焊接也可以顺利实现，获得满足要求的接头。

思　考　题

1. 简述超声波焊接的原理及接头形成过程。
2. 超声波焊接接头的形成机理是什么？
3. 超声波焊接方法有哪几类？各自的特点是什么？
4. 超声波焊机的组成部分有哪些，各部分的作用是什么？
5. 设计超声波焊接接头时应考虑的问题有哪些？
6. 超声波焊接的主要工艺参数有哪些？它们对焊接质量有何影响？
7. 如何确定超声波焊接的功率及振动频率？
8. 超声波适用于焊接哪些金属材料？焊接铝合金时，对其表面处理有何要求？
9. 超声波焊接塑料的工艺特点有哪些？
10. 不同硬度的材料超声波焊接时，接头设计注意事项及其焊接工艺要点有哪些？

参考文献

[1] 关桥. 高能束流加工技术——先进制造技术发展的重要方向 [J]. 航空制造技术, 1995 (1): 6-10.

[2] Larry Jeffus. Welding Principles and Applications [M]. Delmar Publishers Inc., 1993.

[3] 任家烈等. 近代材料加工原理 [M]. 北京: 清华大学出版社, 1999.

[4] 李志远, 钱乙余, 张九海等. 先进连接方法 [M]. 北京: 机械工业出版社, 2000.

[5] Jean Cornu. Advanced Welding Systems (Vol. 1-3) [M]. IFS Publication/Springer-Verlag Berlin, 1988.

[6] 邹家生. 材料连接原理与工艺 [M]. 哈尔滨: 哈尔滨工业大学出版社, 2005.

[7] 钱乙余. 先进焊接技术 [M]. 北京: 机械工业出版社, 2000.

[8] 栾国红, 关桥. 搅拌摩擦焊——革命性的宇航制造新技术 [J]. 航天制造技术, 2003 (4): 16-23.

[9] 李亚江, 王娟等. 特种焊接技术及应用 (第三版) [M]. 北京: 化学工业出版社, 2011.

[10] Howard B. Cary. Modern Welding Technology (Third Edition) [M]. American Welding Society, 1989.

[11] 陈祝年. 焊接工程师手册 [M]. 北京: 机械工业出版社, 2002.

[12] 陈彦宾. 现代激光焊接技术 [M]. 北京: 科学出版社, 2005.

[13] 陈彦宾, 陈杰, 李俐群. 激光与电弧相互作用时的电弧形态及焊缝特征 [J]. 焊接学报, 2003, 24 (1): 55-57.

[14] 王成, 张旭东, 陈武柱, 张红军, 田志凌. 填丝 CO_2 激光焊的焊缝成形研究 [J]. 应用激光, 1999 (5): 269-272.

[15] 梅汉华, 肖荣诗, 左铁钏. 采用填充焊丝激光焊接工艺的研究 [J]. 北京工业大学学报, 1996, 22 (3): 38-42.

[16] 胡伦骥, 刘建华, 熊建钢等. 汽车板激光焊工艺研究 [J]. 钢铁研究, 1995 (3): 46-50.

[17] 左铁钏等. 高强铝合金的激光加工 [M]. 北京: 国防工业出版社, 2002.

[18] 雷玉成. 铝合金等离子弧立焊焊缝成形稳定性的研究 [J]. 焊接技术, 1994 (3): 12-14.

[19] W. L. Galvery, F. M. Marlow. Welding Essentials: Questions and Answers [M]. Industrial Press, Inc., U. S. A. 2001.

[20] 戚正风. 固态金属中的扩散与相变 [M]. 北京: 机械工业出版社, 1998.

[21] 方洪渊, 冯吉才. 材料连接过程中的界面行为 [M], 哈尔滨: 哈尔滨工业大学出版社, 2005.

[22] 李志强, 郭和平. 超塑成形/扩散连接技术的应用与发展现状 [J]. 航空制造技术, 2004 (11): 50-52.

[23] 何鹏, 冯吉才, 钱乙余, 张九海. 扩散连接接头金属间化合物新相的形成机理 [J]. 焊接学报, 2001 (1): 53-55.

[24] 郭伟, 赵熹华, 宋敏霞. 扩散连接界面理论的现状与发展 [J]. 航天制造技术, 2004 (5): 36-39.

[25] 张贵锋, 张建勋, 王士元, 邱凤翔. 瞬间液相扩散焊与钎焊主要特点之异同 [J]. 焊接学报, 2002, 23 (6): 92-96.

[26] 邹贵生, 吴爱萍, 任家烈, 彭真山. 耐高温陶瓷-金属连接研究的现状及发展 [J]. 中国机械工程, 1999, 10 (3): 330-332.

[27] 邹贵生, 吴爱萍, 任家烈, 任维佳, 李盛. Ti/Ni/Ti 复合层 TLP 扩散连接 Si_3N_4 陶瓷结合机理 [J]. 清华大学学报 (自然科学版), 2001, 41 (4/5): 51-54.

[28] 冯吉才, 刘会杰, 韩胜阳, 李卓然, 张九海. SiC/Nb/SiC 扩散连接接头的界面构造及接合强度 [J]. 焊接学报, 1997 (18) 2: 20-23.

[29] 赵熹华, 冯吉才. 压焊方法及设备 [M]. 北京: 机械工业出版社, 2005.

[30] 张田仓, 郭德伦, 栾国红, 陈沁刚. 固相连接新技术——搅拌摩擦焊技术 [J]. 航空制造技术, 1999 (2): 35-39.

[31] K. Colligan. Material flow behavior during friction stir welding of aluminum [J]. Welding Journal. 1999, 78 (7): 229-237.

[32] T. U. Seidel, A. P. Reynolds. Visualization of the material flow in AA2195 friction-stir welds using a marker insert technique [J]. Metallurgical and Materials Transactions: 2001, 32A (11): 2879-2884.

[33] 关桥. 轻金属材料结构制造中的搅拌摩擦焊技术与焊接变形控制（上）[J]. 航空科学技术, 2005 (4): 13-16.

[34] C. J. Dawes. An introduction to friction stir welding and its development [J]. Welding and Metal Fabrication. 1995, 63 (1): 13-16.

[35] 栾国红, 郭德伦, 关桥, 张田仓. 飞机制造工业中的搅拌摩擦焊研究 [J]. 航空制造技术, 2002 (10): 43-46.

[36] 张华, 林三宝, 吴林, 冯吉才, 栾国红. 搅拌摩擦焊研究进展及前景展望 [J]. 焊接学报. 2003, 24 (3): 91-96.

[37] K. V. Jata. Friction stir welding of high strength aluminum alloys [J]. Materials Science Forum. 2000, 331-337: 1701-1712.

[38] 张应立, 周玉华. 特种焊接技术 [M]. 北京: 金盾出版社, 2012.

[39] 张洪涛, 陈玉华, 宋晓国等. 特种焊接技术 [M]. 北京: 哈尔滨工业大学出版社, 2013.

[40] 齐志扬. 铝塑复合管的大功率超声波缝焊技术 [J]. 电焊机, 1999, 29 (6): 7-9.

[41] Tsujino Jiromaru, Ueoka Tesugi, Hasegawa, Koichi. New methods of ultrasonic welding of metal and plastic materials [J]. Ultrasonics, 1996, 34 (2-5): 177-185.

[42] 关长石, 费玉石. 超声波焊接原理与实践 [J]. 机械设计与制造, 2004 (6): 104-105.

[43] 苏晓鹰. 特种焊接工艺超声波焊接的现状及未来前景 [J]. 电焊机, 2004, 34 (3): 20-24.

[44] Li Xiangchao, Ling Shih-Fu, Sun Zheng. Heating mechanism in ultrasonic welding of Thermoplastics [J]. International Journal for the Joining of Materials, 2004, 16 (2): 37-42.

[45] Franklin Gordon. Precision jointing with ultrasonic welding [J]. Materials World, 1995, 3 (6): 279-280.

[46] 魏嵬, 魏一康. 一种铜铝接头特点及超声波焊应用技术分析 [J]. 焊接技术, 2002, 31 (5): 22-23.

[47] 李翠梅. 表面处理对 AZ31B 镁合金板材超声波焊接性的影响 [J]. 国外金属热处理, 2003, 24 (2): 17-23.

[48] 杨圣文, 吴泽群, 陈平等. 铜片-铜管太阳能集热板超声波焊接实验研究 [J]. 焊接, 2005 (9): 32-35.